철근콘크리트 구조물의 안전진단기술

이중원 · 최광호 · 김세환

머리말

건축물은 주변 환경에 의해 끊임없이 노후화되며 적절한 유지·관리가 이루어지지 않으면 균열, 누수, 박리 등 구조물에 다양한 형태의 하자가 발생하며, 이에 따라 그 건물의 수명은 단축된다. 따라서 건축물의 관리는 시공 시부터 건축물에 발생하는 하자를 방지하기 위한 예방대책이 강구되어야 하며 완공 후에도 지속적인 유지관리가 필요하다. 또한 부득이하게 균열이나 누수 등의 하자가 발생할 시에는 신속한 현장조사를 통해 그 원인을 규명하고 그에 따른 적절한 조치를 취하는 것이 매우 중요하다.

본 교재는 대학 학부 학생을 대상으로 철근콘크리트 구조물의 안전진단 관련 기술을 교육하기 위해, 먼저 건축물의 안전진단의 흐름을 관계법령에 근거하여 살펴보고, 그에 따른 안전진단 장비의 활용법을 배우고 건축물에 발생하는 균열의 원인과 대책을 이해하고 습득할 수 있도록 하였다. 또한 안전진단 후 구조물의 내구성 및 안정성 확보를 위해 필요한 건축물의 보수·보강기술과 화재, 지진 및 구조물의 진동 등 특수 조건을 비롯해 건축물의 피해진단 시 필요한 진단기법과 그에 따른 기술적 사항 등을 살펴봄으로써 보다 심화된 엔지니어링 능력을 배양하게 된다.

끝으로 구조안전진단 회사에서 수행된 안전진단 사례를 진단과정에 따라 살펴봄으로써 실용적인 실무기술을 습득할 수 있도록 하였다.

아무쪼록 본 교재를 통해 철근콘크리트 구조물의 구조안전진단 관련 기술사항에 대한 포괄적인 이해와 습득을 통해 향후 실무 수행 시에 많은 도움이 되었으면 하는 바람이다.

2015년 8월 저자 일동

차례

제4장 보수 및 보강 기술

제5장 화재 및 지진피해 진단

제6장 구조물의 진동 및 계측

제 7 장 | 안전진단 사례(○○골프장 지하주차장)

제 1 장

건축물의 안전관리

1.1 안전점검 일반사항

1.1.1 안전점검 목적(시설물의 안전관리에 관한 특별법 제2조)

건축물의 안전점검은 현 상태를 조사하여 상태 및 안전성평가를 위한 기본자료를 제공하고, 건축물의 상태와 노후화 정도에 대한 지속적인 기록과 보수 및 성능 회복 작업의 우선순위 등을 결정하는 데 필요하다. 안전점검은 육안으로 보이는 결함은 물론이고 내재되어 있는 위험성의 예측까지도 포함시켜야 한다.

그러므로 안전점검 및 진단은 정확해야 할 뿐만 아니라 건축물의 과학적 관리체계의 개발을 위하여 수행되어야 한다. 안전점검의 목적은 건축물의 상태를 조사, 평가하고 그 결과에 따라 적절한 안전조치를 취함으로써 기능과 안전을 유지하고 재해 및 재난을 예방하는 것이다.

1.1.2 안전점검의 필요성

현재 사용 중인 건축물이 유지관리의 여러 가지 문제점과 관심 부족으로 건축물의 조기 노후화가 일어나고 있으며, 특히 건축물의 상당량이 시공된 지 20~

30년이 경과하고 있다면 이에 대한 안전점검 및 유지보수가 어느 때보다 더욱 필요할 것이다.

유지관리란 사용 중인 구조물의 기능을 유지하고 사용성과 안전성을 향상시키기 위하여 건축물을 일상적으로 점검 · 정비하고, 손상된 부분을 원상복구하며, 사용시간에 따라 요구되는 시설물의 보수 · 보강에 필요한 일련의 활동이다. 건축물의 효율적인 유지관리를 위해서는 안전점검과 정밀안전진단이 정확히 이루어져야 한다. 그림 1.1과 같이 적절한 유지관리가 이루어질 경우에는 구조물의 수명을 연장시키며 생애주기비용(Life Cycle Cost)을 감소시킨다.

건축물에 대한 제한된 예산의 효율적인 집행에 있어 새로운 건축물을 신축하는 것보다 기존 건축물에 대한 유지보수가 더욱 경제적임을 인식하고 이에 대한 적정한 조직 보강, 교육이 필수적이라 할 수 있다. 또한 건축물의 특수성을 감안하여 진단과 결함 판정을 위한 정기점검 체계를 확립하고, 그에 대한 적절한 점검방법의 보안이 요구된다.

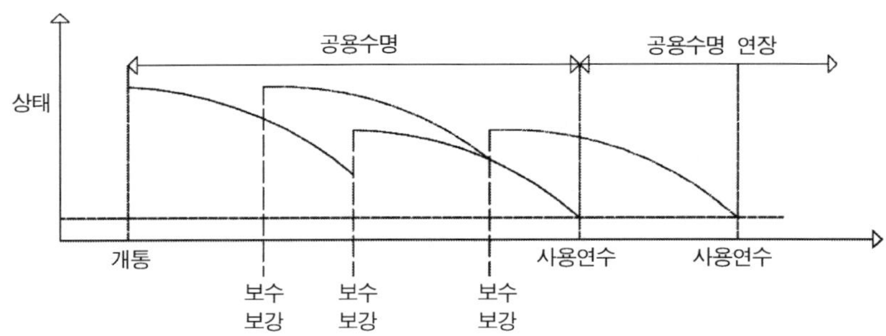

그림 1.1 유지관리 수행에 따른 구조물의 수명 상태

1.1.3 안전점검의 종류(시설물의 안전관리에 관한 특별법 제2조)

안전점검의 종류는 건축물의 안전관리에 관한 특별법(이하 “시설물안전법”)에 설명되어 있는 정기점검, 초기점검, 정밀점검, 긴급점검 등이 있으며 그 내용을 정리하면 다음과 같다.

1) 초기점검

초기점검은 건축물관리대장에 최초로 기록하기 위해 실시되는 정밀점검을 말한다. 신설 건축물의 경우는 준공 후 6개월 이내에 시행한다. 또한 구조형태가 변화되었을 때에도 초기점검이 필요한데, 초기점검은 시설물안전법 시행령 제7조에 명기된 정밀점검 책임기술자로서의 자격을 갖춘 자에 의하여 수행되어야 하며 필요한 경우 내하력평가를 실시한다.

초기점검의 목표는 첫째로 시설물안전법에서 요구하는 건축물관리대장 및 평가자료, 그리고 관리주체가 수집하는 관련 자료를 얻기 위함이며, 둘째로 구조물 상태의 판단 및 구조물의 문제점 또는 문제 가능성이 있는 구조부위를 확인하고 기록하는 것이다.

도면의 사전 상세 검토를 통하여 붕괴유발 부재 또는 부위에 대하여 주의를 기울여야 하며, 추후 특별한 주의를 필요로 하는 사항에 대하여 점검 기간 중에 평가해야 한다.

또한 초기점검은 이후 실시되는 안전점검 · 진단 시 평가에 필요한 초기값과 기초자료를 제시할 수 있도록 해야 하며 육안검사 시 결함이 있는 경우에는 도면으로 기록해야 한다.

2) 정기점검

정기점검은 경험과 기술을 갖춘 자에 의한 세심한 육안검사 수준의 점검으로서, 건축물의 기능적 상태를 판단하고 건축물이 현재의 사용요건을 계속 만족시키고 있는지 확인하기 위하여 필요한 점검이다.

점검자는 건축물의 전반적인 외관 형태를 관찰하여 심각한 손상 · 결함의 가능성을 발견할 수 있도록 세심한 주의를 기울여야 하며, 정기점검 실시 후 필요할 경우 결함의 정도에 따라 긴급점검 또는 정밀안전진단을 실시하는 등 필요한 조치를 취해야 한다.

점검 시기는 시설물의 준공일 또는 사용승인일로부터 6개월에 1회 이상 실시해야 하며 정밀점검, 긴급점검 및 정밀안전진단의 실시기간과 중복되는 경우에는 생략할 수 있다.

3) 정밀점검

정밀점검은 계획된 정기적 점검으로서 건축물의 현 상태를 정확히 판단하고, 최초 또는 이전에 기록된 상태로부터의 변화를 확인하며, 구조물이 현재의 사용요건을 계속 만족시키고 있는지 확인하기 위하여 필요한 면밀한 육안검사와 간단한 측정기구에 의한 측정으로 이루어진다.

면밀하고 지속적인 감시가 필요한 건축물 부위는 사전 현장조사 및 안전성평가를 위한 구조 해석 및 구조 검토를 통하여 결정한다. 지속적인 감시가 필요한 부위의 점검은 안전점검 체크리스트에 따라 수행되어야 하며 감시부위의 육안검사 결과는 도면으로 기록되어야 한다.

정밀점검 결과는 사진 및 유지관리 혹은 보수기록, 그리고 필요한 경우 정밀안전진단계획에 관한 사항과 함께 보관한다. 구조상태 및 외력의 조건이 변화되어 안전성평가에 영향을 주는 경우에는 필요한 구조 해석 및 구조 검토를 다시 하여 보관해야 한다. 정밀점검에는 건축물의 상태평가 및 안전성평가의 필요시 내진설계 여부 판단이 포함된다.

점검 시기는 안전등급에 따라 다음 표 1.1의 실시 주기에 의해서 정기적으로 정밀점검을 실시 완료해야 한다.

건축물에는 그 건축물의 부대시설인 옹벽과 절토사면을 포함하며, 항만시설물 중 썰물 시 바닷물에 항상 잠겨 있는 부분은 4년에 1회 이상 정밀점검을 해야 한다.

표 1.1 정밀점검 시기

안전등급	정밀점검	
	건축물	그 외 시설물
A등급	4년에 1회 이상	3년에 1회 이상
B · C등급	3년에 1회 이상	2년에 1회 이상
D · E등급	2년에 1회 이상	1년에 1회 이상

최초로 실시하는 정밀점검은 시설물의 준공일 또는 사용승인일(임시 사용승인 포함)을 기준으로 3년 이내(건축물은 4년 이내)에 실시해야 하며, 정밀점검 또

는 정밀안전진단을 받은 경우 점검일을 기준으로 정밀점검의 실시주기를 정한다. 다만, 정밀안전진단 실시 기간과 중복되는 경우에는 생략할 수 있다.

4) 긴급점검

긴급점검은 관리자가 필요하다고 판단한 때, 또는 관계행정기관의 장이 필요하다고 판단하여 관리자에게 요청한 때에 실시하는 정밀점검 수준의 안전점검이며, 실시목적에 따라 손상점검과 특별점검으로 구분한다.

(1) 손상점검

손상점검은 비계획적인 점검으로서 재해나 사고에 의해 비롯된 구조적 손상을 평가하는 것이다. 점검의 범위는 긴급한 사용제한이나 사용금지의 필요성이 있는지의 판단과 보수를 수행하는 데 있어 필요한 작업량의 정도를 결정할 수 있어야 한다. 신속하게 하중제한 등 사용제한 여부를 결정할 수 있도록 현장에서의 계산능력이 필요하다. 손상점검은 정밀점검의 보완수단으로서 손상의 정도와 보수의 긴급성, 그리고 보수작업의 규모를 파악할 수 있어야 하며 시험장비에 의한 현장측정 및 사용 제한기간에 대한 검토가 필요하다.

(2) 특별점검

특별점검은 관리주체가 판단하여 행하는 정밀점검 수준의 점검이다. 이 점검은 기초침하 또는 세굴과 같은 결함이 의심되는 경우나 하중제한 중인 건축물의 지속적인 사용 여부를 판단하기 위한 점검으로서 점검 시기는 결함의 심각성을 고려하여 결정한다.

5) 정밀안전진단

정밀안전진단은 정밀점검 과정을 통해서는 쉽게 발견하지 못하는 결함부위를 발견하기 위하여 행해지는 정밀한 육안검사 및 측정장비에 의한 조사와 부재내력을 평가하고 보수 및 보강방안을 제시하는 진단이다. 필요할 경우에는 교통통제를 해야 하며, 건축물 하부 점검용 접근 장비, 비계, 작업선과 같은 특수장비 및 잠수부와 같은 특수기술자가 필요하다.

결함의 유무 및 범위에 대한 확인이 필요한 때에는 비파괴 현장시험과 기타 필요한 재료시험을 병행해야 한다. 육안검사 결과는 전체 구조물의 표면에 대하여 도면에 기록해야 하며, 구조물 전체에 대한 조사 결과 분석 및 상태평가가 포함되어야 한다.

정밀안전진단에서는 노후화 또는 손상 정도에 따라 구조물의 성능이나 잔존수명을 평가하기 위한 안전성평가가 포함되어야 한다. 이 안전성평가를 위해서 건축물의 안정과 내하력, 내진성 등을 결정하는 데 필요한 조사나 시험을 실시할 수 있다. 정밀안전진단 결과 보수·보강이 필요한 경우에는 보수·보강방법을 제시해야 한다.

점검 시기는 1종 시설물(공동주택 및 폐기물매립시설을 제외)에 대하여 준공일 또는 사용승인일을 기준으로 산정하여 10년이 지난 때부터 1년 이내에 실시 완료해야 하며, 다음 회의 정밀안전진단은 전 회의 정밀안전진단 완료일을 기준으로 해당 시설물의 안전등급에 따라 다음 표 1.2의 실시주기에 의해서 정기적으로 정밀안전진단을 실시 완료해야 한다.

다만, 시설물의 특성상 정밀안전진단이 1년 이상 소요되는 시설물은 국토교통부장관과 협의하여 실시 완료한다.

표 1.2 정밀안전진단 시기

안전등급	정밀안전진단
A등급	6년에 1회 이상
B·C등급	5년에 1회 이상
D·E등급	4년에 1회 이상

또한 안전점검을 실시한 결과 시설물의 재해 및 재난 예방과 안전성 확보 등을 위하여 필요한 경우에는 정밀안전진단을 실시한다.

1.1.4 건축물 안전관련 법규

국내에서는 1970년대 이후 급속한 경제성장과 더불어 건축물이 대량으로 건설되기 시작하였는데 1980년대 초의 200만호 주택 건설로 인하여 자재파동 및 건설인력 부족 등으로 부실한 건축물이 시공되었다. 또한 1993년 청주 우암상가 아파트 붕괴사고, 1994년 성수대교 붕괴, 1995년 삼풍백화점 붕괴와 대구 지하철 가스폭발사고 등은 건축물의 안전관리에 새로운 인식의 계기가 되었다. 대형 붕괴사건들로 인하여 급기야 정부는 1995년, 건축물의 안전관리에 관한 특별법을 제정하고 대형 건축물에 대해서 특별관리를 하게 되었으며, 또한 재난관리법을 재정하여 국가 및 지방자치단체의 재난관리체계를 확립하고 노후화된 일정 규모 이상의 건축물을 특별 관리하게 하였다.

또한 공사 중인 1종 및 2종 건축물은 건설기술관리법에 의하여 공종별로 안전관리계획서를 작성하여 안전점검을 하도록 규정하고 있다.

표 1.3 1종 및 2종 건축물 현황*

건축물명	합계	비율(%)	구분	소계	1종	2종
건축물	17,855	70.4	공공	1,043	228	815
			민간	16,812	4,778	12,034
교량	4,390	17.3	도로	3,987	1,102	2,885
			철도	403	136	267
터널	917	3.6	도로	437	107	330
			철도	480	425	55
상하수도	1,013	4.0	상수도	823	59	764
			하수도	155	2	153
			공업용수	18	18	–
			폐기물	17	8	9
하천	533	2.1	하구	10	10	–
			제방	42	2	40
			수문	501	245	256
철도	414	1.6	고가	36	24	12
			역사	378	–	378
항만	178	0.7	–	178	41	137
댐	64	0.3	–	64	51	13
합 계	25,384	100		25,384	72,236	18,148

* 2001년 12월말 현재 현황

2001년 12월 현재 시설물안전법 대상건축물의 현황은 표 1.3과 같이 25,384개소이며, 이 중 1종 건축물이 7,236개소(28.5%)이고 2종 건축물이 18,148개소(71.5%)이며, 건축물의 종류별로는 건축물이 17,855개소(70.4%), 교량이 4,390개소(17.3%), 상하수도가 1,013개소(4.0%), 터널이 917개소(3.6%)이다.

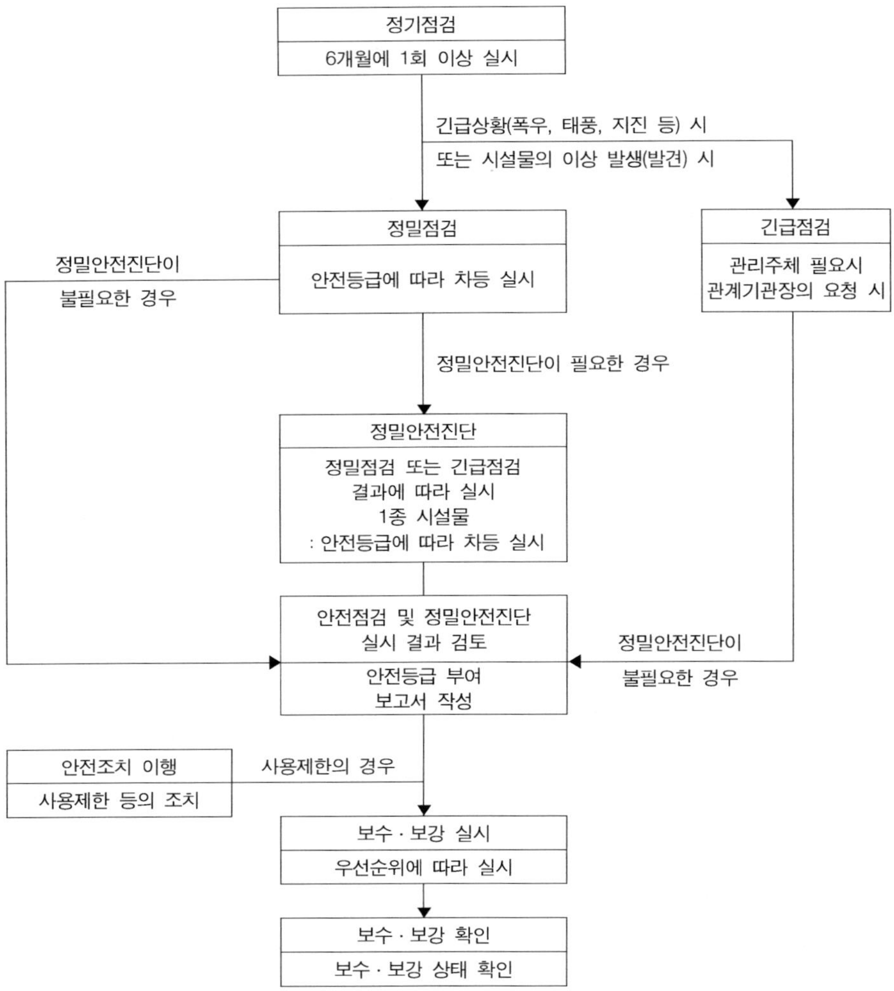

그림 1.2 안전관리 업무의 흐름

표 1.4 시설물의 안전관리에 관한 특별법 내용

구분	시설물의 안전관리에 관한 특별법(건축물)
점검대상	가. 1종 건축물 – 공동주택 외의 건축물로서 21층 이상 또는 연면적 5만m^2 이상의 건축물 – 연면적 3만m^2 이상의 철도역 시설 및 관람장 – 연면적 1만m^2 이상의 지하도상가 나. 2종 건축물 – 16층 이상의 공동주택 – 공동주택 외의 건축물로서 16층 이상 또는 연면적 3만m^2 이상의 건축물 – 1종 시설물에 해당하지 않는 고속철도, 도시철도 및 광역철도역 시설 – 다중이용건축물 및 연면적 5천m^2 이상의 전시장 – 1종 시설물에 해당하지 않는 연면적 5천m^2 이상의 지하도상가
점검횟수 (등급별)	가. 정기점검 : A/B/C-1회/6개월 이상, D/E-3회/1년 이상 나. 정밀점검 : A-1회/4년 이상, B/C-1회/3년 이상, D-1회/2년 다. 정밀안전진단 : A-1회/6년 이상, B/C-1회/5년 이상, D-1회/4년
점검내용	가. 건물 전체의 외관 조사 – 균열, 누수, 박리, 백태, 철근 노출 등 – 도장 또는 부식 상태 나. 건물 내부 조사 다. 지반 및 외부 건축물 상태 조사
등급	• A급 : 문제점이 없는 최상의 상태 • B급 : 보조 부재에 경미한 결함이 발생하였으나 기능 발휘에는 지장이 없으며 내구성 증진을 위하여 일부의 보수가 필요한 상태 • C급 : 주요 부재에 경미한 결함 또는 보조 부재에 광범위한 결함이 발생하였으나 전체적인 시설물의 안전에는 지장이 없으며, 주요 부재에 내구성, 기능성 저하 방지를 위한 보수가 필요하거나 보조 부재에 간단한 보강이 필요한 상태 • D급 : 주요 부재에 결함이 발생하여 긴급한 보수·보강이 필요하며 사용제한 여부를 결정해야 하는 상태 • E급 : 주요 부재에 발생한 심각한 결함으로 인하여 시설물의 안전에 위험이 있어 즉각 사용을 금지하고 보강 또는 개축을 해야 하는 상태

표 1.5 1종 및 2종 시설물

구분	1종 건축물	2종 건축물
1. 도로 가. 교량	• 특수 교량(현수교, 사장교, 아치교, 최대 경간장 50m 이상의 교량 • 연장 500m 이상의 교량	• 연장 100m 이상의 교량으로서 1종 건축물에 해당하지 아니하는 교량
나. 터널	• 연장 1천m 이상의 터널 • 3차선 이상의 터널	• 고속국도, 일반국도 및 특별시도·광역시도의 터널로서 1종 건축물에 해당하지 아니하는 터널
다. 지하차도	• 연장 500m 이상의 지하차도	• 연장 100m 이상의 지하차도로서 1종 건축물에 해당하지 아니하는 지하차도 • 폭 6미터 이상이고 연장 100m 이상인
라. 복개구조물	• 폭 6m 이상으로서 연장 500m 이상인 복개구조물	복개구조물로서 1종 건축물에 해당하지 아니하는 복개구조물
2. 철도 가. 고속철도	• 교량, 터널 및 역사	• 역사
나. 도시철도	• 교량, 고가교 및 터널	
다. 일반철도 a) 교량	• 트러스교량 • 연장 500m 이상의 교량	• 연장 100m 이상의 교량으로서 1종 건축물에 해당하지 아니하는 교량
b) 터널	• 연장 1,000m 이상의 터널	• 특별시 또는 광역시 안에 있는 터널로서 1종 건축물에 해당하지 아니하는 터널
3. 항만	• 갑문시설 • 20만 톤급 이상 선박의 하역시설로서 원유부이(BUOY)식 계류시설 및 그 부대시설인 해저송유관 시설 • 말뚝구조의 계류시설(50만 톤급 이상)	• 1만 톤급 이상의 계류시설로서 1종 건축물에 해당하지 아니하는 계류시설
4. 댐	• 다목적 댐, 발전용 댐 및 저수용량 2천만 톤 이상의 용수 전용 댐	• 1종 건축물 외의 지방상수도 전용 댐으로서 1종 건축물에 해당하지 아니하는 댐
5. 건축물	• 공동주택 외의 건축물로서 21층 이상 또는 연면적 5만m^2 이상의 건축물	• 16층 이상 20층 이하의 공동주택 • 1종 건축물에 해당하지 아니하는 공동주택 외의 건축물로써 16층 이상 또는 연면적 3만m^2 이상의 건축물

(표 계속)

구분	1종 건축물	2종 건축물
		• 1종 건축물에 해당하지 아니하는 건축물로써 연면적 5천m^2 이상의 문화 및 집회시설(전시장 및 동·식물원을 제외한다.), 판매 및 영업시설, 의료시설 중 종합병원 또는 숙박시설 중 관광숙박시설
가. 지하도상가	• 연면적 1만m^2 이상의 지하도상가	• 연면적 5천m^2 이상의 지하도상가로서 1종 건축물에 해당하지 아니하는 지하도상가
6. 하천	• 하구둑 • 특별시 또는 광역시(군 지역을 제외한다.) 안에 있는 국가 하천의 수문	• 특별시 또는 광역시(군 지역을 제외한다) 안에 있는 국가 하천의 제방 및 그 부속시설(수문을 제외한다.) • 특별시 또는 광역시(군 지역을 제외한다) 안에 있는 지방 1급 하천 및 지방 2급 하천의 수문 • 시(읍·면 지역을 제외한다.) 안에 있는 국가·지방 1급 하천의 수문
7. 상하수도	• 광역 상수도(수원지시설을 포함한다) • 공업용 수도(수원지시설을 포함한다) • 1일 공급능력 3만 톤 이상의 지방 상수도(수원지시설을 포함한다.)	• 1종 건축물에 해당하지 아니하는 지방 상수도 • 하수처리장
가. 폐기물 매립시설	• 폐기물매립시설(매립면적 40만m^2 이상인 것에 한한다.)	• 매립면적 20만m^2 이상의 폐기물매립시설로서 1종 건축물에 해당하지 아니하는 폐기물매립시설
8. 도로 가. 철도 나. 항만 다. 댐 또는 건축물의 부대시설로써 옹벽 및 절토사면		• 지면으로부터 노출된 높이가 5m 이상으로서 연장 100m 이상인 옹벽 • 연직 높이 50m 이상(옹벽이 있는 경우 옹벽 상단으로부터의 높이)을 포함한 절토부로서 단일 수평 연장 200m 이상인 절토사면

1) 재난관리법

재난관리책임기관의 장은 재난의 예방을 위하여 필요한 때에는 관내 공무원으로 하여금 재난이 발생할 가능성이 있는 시설 및 지역에 대하여 안전점검을 실시해야 한다.

표 1.6 재난관리법의 내용

구분	재난관리법
점검대상	가. 교량 : 20m 이상으로 10년 이상 경과된 교량 나. 터널 : 전수관리 다. 축대 · 옹벽 : 축조된 지 10년 이상 된 높이 5m, 연장 20m 이상 라. 지하철 : 전수관리 마. 건축물 : 공동주택은 준공 후 15년 이상, 대형 건축물은 11층 이상 연면적 5천m^2 이상, 판매시설, 대형 숙박시설, 관람전시시설, 청소년수련시설은 연면적 1천m^2 이상
점검횟수	가. 정기점검 – 재난위험시설(D, E급) : 매월 1회 이상 – 중점관리대상 시설(A, B, C급) : 매 반기(6개월) 1회 나. 수시점검 : 지방자치단체의 장이 필요시
점검내용	가. 피난시설 규정 및 건축법상의 저촉 여부 나. 기둥, 보 등 주요 구조부의 손상 및 균열 여부 다. 지반침하 등에 따른 구조물의 위험 여부 라. 철골 구조물의 구조내력 저하 여부 – 도장재료 마감 및 부식 상태 – 형광등 관련 부재 변위, 변형 상태 마. 조명, 무대시설, 광고탑 등 부속시설 안전 여부 바. 옥상 물탱크, 물건 적재 등 관리 상태 사. 담장, 축대 등 부대시설의 안전성 여부 아. 건축물 주변 및 옥상 등의 배수시설 자. 기계식 주차시설, 주차타워 등의 안전관리 실태

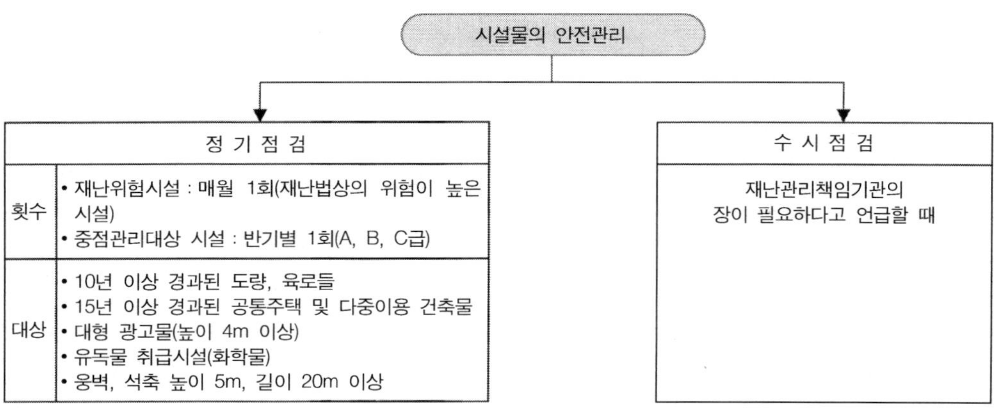

그림 1.3 재난관리법의 건축물안전관리

2) 건설기술관리법의 안전관리

건설공사를 착공하기 전에 건설업자는 안전관리계획서를 작성하여 착공하기 전에 발주자에게 제출해야 한다. 점검대상은 표 1.7에 나타냈으며 안전점검 시 구조적인 결점이 발견되어 안전성에 문제가 있을 경우 정밀점검을 실시하도록 되어 있다.

표 1.7 건설기술관리법의 내용

1. 대상	가. 1종 건축물 및 2종 건축물의 건설공사 나. 지하 10m 이상을 굴착하거나 폭발물을 사용하는 건설공사로 20m 안에 건축물이 있거나 100m 안에 양육하는 가축이 있는 경우
2. 안전관리계획의 내용	가. 건설공사의 개요 및 안전관리조직 나. 공사장 주변의 안전관리대책 다. 통행안전시설의 설치 및 교통소통에 관한 계획 라. 안전관리비 집행계획 마. 안전교육 및 비상시 긴급조치계획 바. 공종별 안전관리계획
3. 안전점검 실시	가. 건설공사의 공사기간 동안 매일 자체 안전점검을 실시 나. 안전관리계획에서 정한 시기와 횟수에 따라 정기안전점검 실시(가설공사, 굴착공사, 발파공사, 콘크리트공사, 강구조물공사, 성토 및 절토공사) 다. 정기안전점검 결과 물리적 · 기능적 결함이 발견되어 보수 · 보강의 조치가 필요한 경우 정밀안전점검을 실시

1.2 안전점검 요령

시설물의 안전관리에 관한 특별법에 규정하고 있는 정기점검 및 정밀점검에 대한 점검요령을 정리하면 다음과 같다.

1.2.1 시설물의 안전법에 의한 안전점검

1) 정기점검

정기점검은 건축물의 관리주체나 유지관리 책임자에 의하여 일반적으로 행해지는 순찰과 유사한 점검이다. 정기점검은 건축구조물의 기능적 상태를 판단하고 현재의 사용요건을 지속적으로 만족시키고 있는지를 확인·관찰하는 것이므로, 점검자는 건축물 전반에 걸쳐 세심하게 관찰하고 다음의 점검 항목에 해당하는 사항에 대하여 심각한 손상이나 결함 등의 상태를 정확하게 기록해야 할 것이다.

(1) 점검 항목

① 건축물의 평면, 입면, 단면, 용도 변경사항

② 구조 부재의 변경사항

③ 작용하중조건, 기초·지반조건, 주변환경조건 등의 변경사항

④ 균열 발생 상태

- 균열 발생 위치
- 균열의 크기
- 균열의 진행상황
- 균열부위의 누수

⑤ 구조물 혹은 부재의 전반적인 상태

- 구조물 혹은 부재의 변위·변형 상태 : 부동침하, 편심 집중하중 상태, 진동·충격 상태, 이상 체감 등
- 콘크리트의 표면 상태 : 위의 ⑤항 이외의 것으로 다음의 노후화 상태
  - 박리
  - 층 분리
  - 박락
  - 백태
  - 손상
  - 누수
- 철근의 노출 및 부식 상태
- 강재구조물의 노후화 상태
  - 부식
  - 피로균열
  - 과재하중

– 외부 충격에 의한 손상

⑥ 구조물의 변위 · 변형 및 균열 등의 발생 및 발견 시기 혹은 추정 시기

⑦ 보수 · 보강 상태의 조사 및 기록

(2) 점검방법

① 정기점검은 원칙적으로 육안과 간단한 측정기구에 의해 검사하여 건축물에 내재되어 있는 위험요인을 찾아내며, 그 진전 상황을 지속적으로 관찰함과 동시에 초기점검에서 도출된 붕괴유발 부재 등에서 문제점이 발견되면 관리 주체에 즉시 보고한다.

② 건축물의 평면, 입면, 단면, 용도 변경사항과 구조 부재의 변경사항, 그리고 작용하중조건, 기초 · 지반조건, 주변환경조건 등의 변경사항 등을 알기 쉽게 점검 표준양식에 상세히 기록해야 하며, 필요할 경우 개략도면에 표시해야 한다.

③ 정기점검은 건축물의 전체적인 구조체의 변위 · 변형 여부와 외형상 나타나는 재료의 노후화 현상의 여부를 육안 검사한다.
결함의 발생 및 발견 시기, 추정 원인 등을 상세히 조사하여 점검 표준양식에 기록해야 하고, 필요할 경우 개략도면에 표시해야 한다.

④ 구조 부재에 대한 전반적인 노후화 상태나 균열 발생 등의 여부와 이들의 발생 및 발견 시기, 추정 원인 등을 상세히 조사하여 점검 표준양식에 기록해야 하고, 필요할 경우 개략도면에 표시해야 한다.

⑤ 구조 부재에 발생한 균열에 대한 조사는 유형별로 구분하고 그 크기와 진전 여부는 육안 검사하여 점검 표준양식에 기록한다.

⑥ 계측관리가 필요한 특수건축물의 경우는 계측계획을 수립하여 정기적으로 실시하며, 재해나 재난 혹은 이상 과재하중 등에 대하여 계측이 필요한 경우에는 별도로 계측을 실시하고 그 기록을 남겨야 한다. 이때의 기록은 측정위치, 계측값을 알 수 있을 정도면 되며, 계측값은 변위량이나 경사도 혹은 수평 · 수직 기울기 등으로 나타낼 수 있다.

⑦ 정기점검에서 이상이 발견된 사항에 대하여는 사진 촬영하여 보고서의 설명자료로 이용할 수 있도록 보존하도록 한다.

• 사진자료는 매 점검 시에 가능한 한 같은 위치에서 얻는 것을 원칙으로 한다.

• 사진자료를 얻어야 할 사항은 전술한 1)항의 점검 항목의 내용을 확인할 수 있는 정도로 한다.

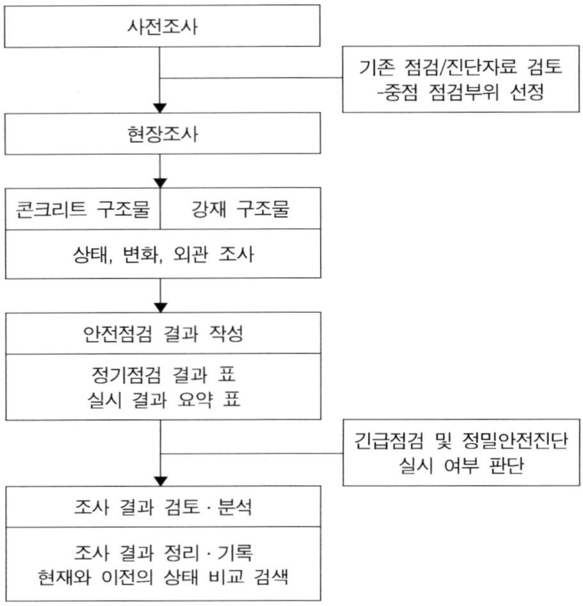

그림 1.4 정기점검의 흐름도

2) 정밀점검

정밀점검은 건축물의 현재 상태를 정확히 판단하고, 최초 및 이전에 기록된 상태로부터 변화를 확인하며, 구조물이 현재의 사용조건을 계속으로 만족시켜 주고 있는지를 확인하는 데 필요한 면밀한 육안과 간단한 측정기구에 의한 검사로 이루어지는 정기적인 점검이다.

(1) 점검 항목

■ **현장조사**

① 형상검사 : 규격, 치수, 변형, 침하 등 현장검측

② 상태검사 : 파열, 손상, 세굴, 마모, 부식, 균열, 누수, 열화 등 육안검사

■ 현장시험 · 측정

① 콘크리트 강도 측정 : 반발경도시험

② 철근피복 측정 : 자기법

③ 철근부식 상태 : 전기법

④ 강재 표면부식 상태 : 와상전류법

⑤ 강재 표면균열 : 염료침투법

■ 관련자료 검토

① 설계도서 검토 : 다음 설계도서의 검토

- 기본 및 실시설계보고서
- 콘크리트 배합설계보고서
- 구조계산서
- 설계 및 준공도면
- 공정관리 및 시공계획서
- 지형, 지질조사보고서
- 운영, 유지관리보고서

② 건축물 관리기록

- 관측, 분석자료
- 안전점검 및 평가기록
- 운영관리 실적자료
- 보수공사 실적 및 기록
- 매설계기 관측기록 및 분석자료
- 건축물관리대장

■ 형상 및 상태검사의 세부점검 항목

정밀점검 시 세부점검 항목은 표 1.8과 같다.

표 1.8 정밀점검 세부점검 항목

구분		조사 항목	내용
부재 상태 및 내구성	RC SRC 조적조	콘크리트 강도 및 규격	콘크리트 압축강도 및 부재의 규격
		균열	균열폭, 면적률
		콘크리트 탄산화	탄산화 깊이
		표면 노후화	박리, 바닥 및 층분리, 누수 및 백태, 철근 노출
	STL	강재의 규격	강재강도 및 부재규격
		용접접합 상태	용접부 결합(균열 및 언더컷 등)
		볼트접합 상태	볼트 누락, 풀림, 이완
		강재의 부식도	도장 및 부식 상태
		내화피복	내화피복 두께 및 손상
변위 · 변형		기울기	건축물 기울기
		기초 침하	부동침하에 의한 구조 및 부재의 기울기

1) R.C : 철근 콘크리트 라멘조, 벽식구조, 프리캐스트 콘크리트조, 무량판구조

(2) 점검방법

① 정밀점검은 원칙적으로 면밀한 육안검사와 간단한 비파괴시험을 중심으로 실시한다.

② 정밀점검에서 면밀하고 지속적인 검사가 필요한 구조 부재나 부위의 선정은 책임기술자가 이전에 실시된 모든 점검 및 진단에서 밝혀진 것이나 사전 예비조사 및 설계도면을 대상으로 한 구조 안전성 검토를 통하여 결정한다.

③ 건축물의 구조적인 조건 변경(재하중, 구조 변경, 구조물의 큰 변형, 부재의 손상이나 보강 등)이 있어 건축물의 안전성평가에 영향을 주는 경우에는 내하력에 대하여 다시 계산하여 평가해야 한다.

④ 정밀점검은 건축물의 전체적인 구조체의 변위 · 변형 여부와 외형상 나타나는 구조 부재의 노후화 상태의 유 · 무를 육안검사와 실측을 통하여 정성 및 정량적으로 지표를 얻어 정기점검 표준양식에 기록하고, 필요한 경우에는 개략도면에 표시해야 하며, 이들을 분석 · 평가에 이용한다.

⑤ 점검대상 부위는 필요한 경우 마감재(천장, 돌, 타일, 도배지, 단열재, 수장재, 마루 등)를 부분적으로 제거하고 실시해야 한다.

⑥ 건축물의 점검에서 조사된 모든 결함사항의 발생 시기 및 발견 시기, 추정 원인을 정기점검 표준양식에 상세히 기록해야 한다.

⑦ 구조 부재에 발생한 균열이나 기타 구조물의 노후화 상태에 대한 조사 결과는 개략도면에 표시하고 정기점검 표준양식에 상세히 기록해야 하며, 기록된 상태는 유형별로 구분하여 그 크기(폭, 길이 혹은 면적, 깊이 등)를 구체적으로 나타낼 수 있도록 한다.

⑧ 콘크리트 강도 측정은 비파괴시험기인 슈미트 해머를 이용하여 실시하고, 부

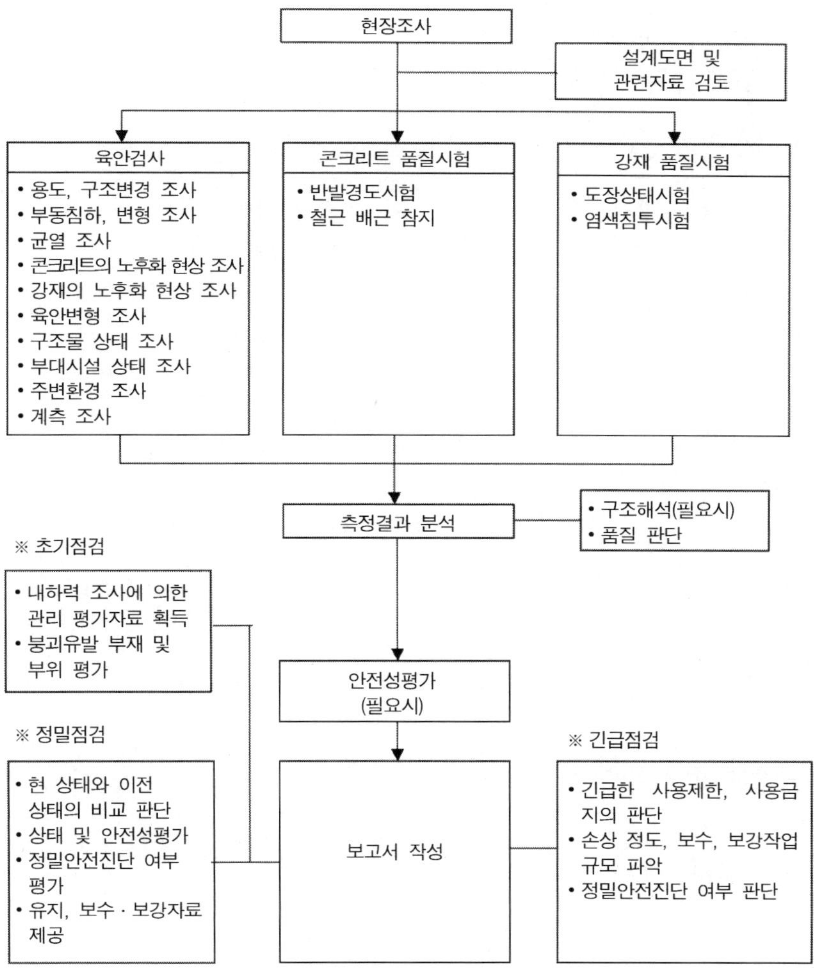

그림 1.5 정밀점검의 흐름도

재의 강도는 같은 부재에서 3개소 이상에서 얻은 자료를 평균한 값으로 평가한다. 평가강도의 신뢰도는 건축공사 재료의 품질관리 요령에 의한다.

⑨ 철근의 배근 상태는 페로스캔, RC 레이더, 프로세큐 등 비파괴시험기 등을 이용하여 철근의 피복 두께 및 배근 간격 등을 파악할 수 있도록 하며, 건축물 내하력평가와 안전성평가에 필요한 기초자료로 이용한다.

⑩ 정밀점검의 사진자료는 전술한 정기점검의 내용과 같이 마련하도록 한다.

1.2.2 안전점검 시 유의사항

표 1.9 안전점검 시 유의사항 및 예방조치요령

유의사항	예방 및 조치요령
내부 및 외부 벽면	
① 건물 외부벽 – 균열, 누수, 결로현상 ② 건물 내부벽	• 노후, 누수 및 지반침하 등에 대한 원인을 기록하고 방수층 손상 시 보완하고 환기 상태를 개선 • 슬래브나 보의 변형 상태를 통해 천장의 균열 등을 확인하고 옥상의 과도한 하중물을 분산시킬 것
건축물의 구조부분	
① 구조체 – 보 · 슬래브의 변형	• 지반침하의 변화 상태 추이를 관찰하고 전문가에게 의뢰할 것 • 물탱크 등 과도한 하중물을 분산시켜 설치하고 설계 이상의 구조물을 증축하지 말 것 • 지반의 침하가 가장 큰 원인으로 전문가에 의한 기초부분의 안전진단 실시 • 건물 주변에 물이 고이는 곳이 없도록 하고 배수로를 정비한다.
② 건축물의 침하 상태 – 건물이 기울어진 곳이나 벽이 경사로 균열된 곳	• 창과 문의 뒤틀림에 대한 점검을 통해 지반침하 및 건물의 변형 상태를 확인할 수 있다. – 건물에 대한 정밀안전점검 실시 • 인접 건물과의 이음(joint) 부위에 대한 변형 누수 등의 상태를 지속적으로 관찰한 후 전문가 의뢰
발코니, 패러핏, 옥상	
① 발코니	• 모르타르의 탈락이나 금이 간 부분에 대해 변형의 추이를 확인하고 연 1회 유지 · 보수 손질, 파손방지
② 옥상통로 관리와 방수 및 배수	• 통로에 장애물이나 물건을 적치하지 말고 상시 통행 가능 상태 유지 • 물고임이 없도록 물매를 주고 물 흐름을 방해하는 장애물을 제거하고 배수로를 확보할 것

(표 계속)

유의사항	예방 및 조치요령
발코니, 패러핏, 옥상	
③ 옥상의 물탱크 – 물탱크 배부름/노후현상 – 물탱크 내부의 청소 상태	• 홈통을 견고하게 고정하고 주변의 이물질 제거, 청결 상태를 유지 • 수압에 의한 변형 발생 시 강도 및 볼트조립 부위를 확인하여 보완한다. • 청결 유지를 위해 연 1회 내부청소를 할 것
창문 및 출입구	
① 창문 ② 출입구	• 파손유리는 즉시 교체하고 창틀이 원활하게 작동되도록 관리한다. • 경첩 및 용접부 균열 등 부착물에 대해 확인 • 출입문의 처짐이나 변형이 없는지를 관찰한다.
건축물 이력 관리	
① 설계도면 – 도면 보존 ② 건축물관리대장 – 점검, 진단, 보수내용의 기록 – 유지 담당자의 임명	• 유지보수 및 관리를 위하여 영구보존 문서로 보관 • 이력관리대장을 비치하고 기록관리 유지 • 담당자 선임에 지속적인 유지관리 필요
기타 사항	
① 수도시설 – 하수구나 상수도 – 욕조, 세면기, 변기의 배수구 상태 ② 기타 – 계단의 경사도 – 외부타일, 화장실타일 탈락	• 배관의 부식과 연결부의 이완 및 밸브에서의 누수 여부를 확인하여 보완한다. • 밸브, 배관 이음부 상태 수시 점검, 청결 유지 • 30° 이하로 유지, 양측에 견고한 안전난간 설치 • 타일 탈락이 건축물의 변형인지 일시적인 충격인지 판단하고 수리한다.

1.2.3 안전점검 시 구비서류

(1) 도면

① 시공도면 : 배치도, 마감표, 평면도, 입면도, 단면도, 구조도 등

② 준공도면 : 배치도, 마감표, 평면도, 입면도, 단면도, 구조도 설비도면 등

③ 보수 · 보강 설계도면

④ 설비 변경 설계도면

(2) 공사내역서 및 시방서

공사내역서는 정산내역서, 보수 · 보강 공사내역서, 설계변경내역서를 포함하며, 시방서는 시공 당시 보수 · 보강 공사, 설계변경 공사의 전문시방서를 포함한다.

(3) 사진

사진자료는 건축물의 정면 및 측면, 주요 결함부위, 시공 당시 보수 · 보강 공사, 설계변경과 관련된 주요 시공사진을 비롯하여 건축물의 유지관리와 관련된 사진을 포함한다.

(4) 보수 · 보강 이력

건축물의 보수 · 보강 이력에는 공사명, 사유, 기간, 개요, 설계자, 시공자, 감리자, 공사비, 기후조건 등이 명시되어야 한다.

(5) 사고기록

사고기록에는 사고명칭, 날짜, 개요, 부재의 손상 상태, 긴급 안전조치사항, 사후조치 결과 등이 명시되어야 한다.

(6) 이전 점검 및 진단 이력

이전의 점검 및 진단 이력에는 종류, 기간, 점검 주요 내용, 안전성평가 등급, 시행기관, 책임기술자 등이 명시되어야 한다.

(7) 건축물관리대장

건축물관리대장은 표준서식을 바탕으로 관리주체 및 건축물 특성에 맞게 작성할 수 있으며, 점검과 진단 결과인 건축물의 상태 및 안전성, 계측 결과 등의 평가기록이 포함되어야 한다.

(8) 상태 및 안전성평가 기록

점검 및 진단보고서 등 전반적인 건축물의 상태와 내력의 평가에 관련된 기록을 준비한다.

1.2.4 건축물의 상태평가 및 안전성평가

1) 상태평가 결과 산정기준

상태평가 결과 산정은 각 부재별 및 항목별로 현장조사·시험한 결과에 해당하는 대표값을 표 1.10과 같이 산정하여 평가점수를 부여하고, 그 결과를 기준으로 각 항목별 평가를 실시한다.

표 1.10 상태평가 결과 및 점수 산정기준

구분	평가 항목	상태평가 결과 및 점수의 산정방법	비고
철근 콘크리트라멘조, 철골·철근 콘크리트조, 철근 콘크리트 벽식구조 프리캐스트 콘크리트조, 무량판조, 조적조	강도	• 부재 평가점수 : 단위부재의 측정 결과에 대한 평균값 • 부재 대표값 : 측정 부재 전체에 대한 평균값	
	균열	• 부재 평가점수 : 단위부재의 조사 균열 폭 및 면적률에 해당하는 평가점수의 평균값 • 부재 대표값 : 결함·손상 부재를 포함해 평가 대상 부재 수의 최소 범위에 대한 결함·손상 부재의 평가점수의 평균값	최소 범위 – 기둥, 벽 : 각 전체 부재의 20% – 보, 슬래브 : 각 전체 부재의 30%
	탄산화	• 부재 평가점수 : 단위부재의 측정 결과에 대한 평균값 • 부재 대표값 : 측정 부재 전체에 대한 평균값	
	염화물 함유량	• 부재 평가점수 : 단위부재의 측정 결과에 대한 평균값 • 부재 대표값 : 측정 부재 전체에 대한 평균값	
	철근 부식	• 부재 평가점수 : 단위부재의 측정 결과에 대한 평균값 • 부재 대표값 : 측정 부재 전체에 대한 평균값	
	표면 노후	• 부재 평가점수 : 단위부재의 조사 결과 및 면적률에 해당하는 평가점수에 대한 평균값 • 항목 평가점수 : 결함·손상 부재를 포함해 평가대상 부재 수의 최소 범위에 대한 결함·손상 부재의 평가점수의 평균값 • 부재 대표값 : 항목 평가점수의 최저값	최소 범위 – 기둥, 벽 : 각 전체 부재의 20% – 보, 슬래브 : 각 전체 부재의 30%
	변위 변형	• 수평기울기 : 측정 결과의 최저값에 해당하는 평가점수	
		• 수직기울기 : 측정 결과의 최저값에 해당하는 평가점수	처짐 및 부동침하에 의한 구조 및 부재의 기울기

2) 상태평가 항목별 기준

각 평가 항목에 대한 평가기준은 그 상태에 따라 a~e의 5단계로 구분한다. 각 평가기준에 해당하는 평가점수는 각 항목의 표와 같다.

(1) 콘크리트 강도

표 1.11 콘크리트 강도에 대한 상태평가기준

평가기준	평가내용	평가점수(대표값)
a	100% ≤ α_c	1
b	100% ≤ α_c(경미한 손상 있음)	3
c	85% ≤ α_c < 100%	5
d	70% ≤ α_c < 85%	7
e	α_c < 70%	9

*α_c = (측정강도 ÷ 설계기준강도) × 100%

(2) 콘크리트 균열

표 1.12 콘크리트 균열에 대한 상태평가기준

평가기준	평가점수(대표값)	평가내용		
		최대 균열 폭 : C_w(단위 : mm)	면적률* 20% 이하	면적률 20% 이상
a	1	$C_w < 0.1$	a	a
b	3	$0.1 \le C_w < 0.2$	b	c
c	5	$0.2 \le C_w < 0.3$	c	d
d	7	$0.3 \le C_w < 0.5$	d	e
e	9	$0.5 \le C_w$	e	e

* 면적률(%) = $\dfrac{\text{균열 발생 면적}}{\text{점검 단위 면적}} \times 100 = \dfrac{\text{균열 길이}(L) \times 0.25}{\text{점검 단위 면적}} \times 100$

* 균열 발생 면적 산정은 균열 길이당 25cm의 폭을 차지하는 것으로 계산(단, 벽체 및 슬래브 등의 판재에만 적용)

(3) 콘크리트의 탄산화

표 1.13 콘크리트 탄산화에 대한 상태평가기준

평가기준	평가내용	평가점수(대표값)
a	C_t* ≦ 0.25D**	1
b	0.25D < C_t ≦ 0.5D	3
c	0.5D < C_t ≦ 0.75D	5
d	0.75D < C_t ≦ D	7
e	D < C_t	9

* C_t : 콘크리트 탄산화 깊이(cm)　　　　** D : 측정된 철근의 피복 두께(cm)

(4) 콘크리트 내부의 염화물 함유량

표 1.14 콘크리트 염화물 함유량에 대한 상태평가기준

평가기준	평가내용(염화물이온 함유량 : Cl^-(단위 : kg/m^3)	평가점수(대표값)
a	$Cl^- \leq 0.15$	1
b	$0.15 < Cl^- \leq 0.3$	3
c	$0.3 < Cl^- \leq 0.6$	5
d	$0.6 < Cl^- \leq 1.2$	7
e	$1.2 < Cl^-$	9

(5) 콘크리트 내부의 철근 부식

표 1.15 콘크리트 내부의 철근부식에 대한 상태평가기준

평가기준	평가점수(대표값)	평가내용			강재의 부식환경	
		자연전위(㎷)	철근의 부식 상태	상태 계수(α)	부식 환경조건	부식환경 계수(β)
a	1	$E > 0$	녹이 발생하지 않았거나 약간의 점녹이 발생한 상태	1	건조환경	1.0
b	3	$-200 < E \leqq 0_e$	점녹이 광범위하게 발생한 상태	3	습윤환경	1.1
c	5	$-350 < E \leqq -200$	면녹이 발생하였고 부분적으로 들뜬 녹이 발생한 상태	5	부식성 환경	1.2

(표 계속)

평가기준	평가점수(대표값)	평가내용			강재의 부식환경	
		자연전위(㎷)	철근의 부식 상태	상태계수(α)	부식 환경조건	부식환경 계수(β)
d	7	$-500 < E \leqq -350$	들뜬 녹이 광범위하게 발생하였거나, 20% 이하의 단면결손이 발생한 상태	7	고부식성 환경	1.3
e	9	$E \leqq -500$	두꺼운 층상의 녹이 발생하였거나, 20% 이상의 단면결손이 발생한 상태	9	-	-

(6) 철근 노출

표 1.16 콘크리트 부재에서 철근 노출에 대한 상태평가기준

평가기준	평가내용	평가점수(대표값)
a	ra* = 0	1
b	0 < ra < 1.0%	3
c	1.0 ≤ ra < 3.0%	5
d	3.0 ≤ ra < 5.0%	7
e	5.0% ≤ ra	9

* ra : 철근 노출면적률(%) $= \frac{\text{철근 노출면적}}{\text{점검 단위면적}} \times 100 = \frac{\text{철근 노출면적}}{\text{점검 단위면적}} \times 100$

(7) 변위 · 변형

표 1.17 부재의 변위 · 변형에 대한 상태평가기준

평가기준	평가기준(보 및 슬래브의 처짐)	평가점수(대표값)
a	L(경간 길이 cm) / 480 이하	1
b	L / 480 이하(경미한 손상)	3
c	L / 240 이하	5
d	L / 150 이하	7
e	L / 150 초과	9

(8) 기울기(부동침하에 의한)

표 1.18 건축물의 기울기에 대한 상태평가기준

평가기준	평가내용		평가점수 (대표값)
	기울기(각변위)	내용	
a	1/750 이내	예민한 기계기초의 위험 침하 한계	1
b	1/500 이내	구조물의 균열 발생 한계	3
c	1/250 이내	구조물의 경사도 감지	5
d	1/150 이내	구조물의 구조적 손상이 예상되는 한계	7
e	1/150 초과	구조물이 위험할 정도	9

3) 안전성평가 기준 및 방법

대상 시설물의 구조 해석 및 구조안전성 검토는 설계 당시에 적용된 기준에 의해 실시하고, 그 결과에 따라 안전성평가를 실시할 수 있으며, 2차 이상의 정밀안전진단을 실시할 경우 전회 차 진단 시와 구조 또는 용도 등의 변경사항이 없을 시에는 전회 차 자료를 활용할 수 있다. 또한 건축물이 부대시설물인 경우에는 부재별 상태평가, 재료시험 결과 및 각종 계측, 측정조사 및 시험 등을 통하여 얻은 결과를 분석하여 구조적으로 취약한 시설물을 선정하여 안전성평가를 실시한다.

건축물에 대한 안전점검 및 정밀안전진단 과정에서 실시한 조사 · 시험 및 상태평가 결과를 반영한 구조응력 해석과 부재 단면의 내력 검토의 결과에 따라 구조안전성평가가 객관적으로 이루어져야 하며, 필요한 경우에 구조에 대한 사용제한이나 보강을 합리적으로 이행하도록 하고 그 자료를 체계적으로 관리해야 한다.

(1) 정밀점검

정밀점검에서 안전성평가는 설계변경, 사용용도의 변경으로 인한 하중의 변화, 부재내력의 손실 등에 의해 구조에 문제점이 발견된 경우에는 일부 부재에 대하여 안전성평가를 제한적으로 선택 과업으로서 실시하며, 이때의 안전성평가 기준은 정밀안전진단에 따른다.

(2) 정밀안전진단

정밀안전진단에서 수행하는 안전성평가는 건축구조물이 안전성을 확보하고 있는 수준에 따라 A~E등급의 5단계로 구분한다. 각 안전성평가기준에 해당하는 평가점수는 표 1.19와 같다.

표 1.19 정밀안전진단의 안전성평가기준

평가기준	평가점수		평가내용
	범위	대표값	
A	$0 \leqq x < 2$	1	구조물의 내력이 설계목표값을 만족하고 부분 및 전반적으로 문제점이 거의 없는 최상의 상태
B	$2 \leqq x < 4$	3	구조물의 내력이 설계목표값을 만족하나 경미한 손상이 발생한, 대체로 양호한 상태
C	$4 \leqq x < 6$	5	구조물의 내력이 부분적으로 부족하나 전반적으로 구조물의 안전성이 확보되어 있는 보통의 상태
D	$6 \leqq x < 8$	7	전반적으로 구조물의 내력이 부족하여 구조물의 안전성 확보가 곤란하고 불량한 상태
E	$8 \leqq x \leqq 10$	9	전반적으로 구조물의 내력 부족이 현저하여 붕괴가 우려되는 심각한 상태

(3) 부재력에 대한 평가기준

부재별 안전성평가는 구조 해석을 수행하여 구조물을 구성하고 있는 기둥,

표 1.20 부재내력에 대한 안전성평가기준

평가기준	평가내용	대표값
A	$100\% \leq SF$	1
B	$100\% \leq SF$ (경미한 손상 있음)	3
C	$90\% \leq SF < 100\%$	5
D	$75\% \leq SF < 90\%$	7
E	$SF < 75\%$	9

주) 안전성평가 결과가 "d" 이하이면 10.1.4절의 중대한 결함으로 본다.
* SF : 안전율= (부재강도 ÷ 소요강도) × 100%
여기서 부재강도는 설계도서 검토 및 현장조사 결과로부터 분석 · 판단한 부재 단면의 내력을 말함.

벽, 보, 슬래브 등의 각 부재의 내력비(이하 안전율(SF)이라 함)로 평가하며, 평가기준은 a~e의 5단계로 구분하여 매긴다. 안전성평가기준은 표 1.20과 같다.

(4) 안전성평가 결과 산정방법

안전성평가 결과 판정은 평가 항목 · 부재 · 층별, 중요도를 고려하여 부재단위, 층단위, 건축물 전체단위에 대하여 실시하며, 이에 관한 구체적인 방법과 절차는 부록의 평가요령에 따른다. 건축물의 안전성평가 결과 판정절차는 표 1.21과 같다.

표 1.21 안전성평가 결과 판정절차

구분 / 순서	평가단계	평가방법
1	부재단위 평가	• 상태평가 항목별 결과 검토 및 반영 • 부재치수 및 적용하중, 절점 및 지지점 등의 평가, 구조응력 해석 또는 재하시험 대상 부재의 단면내력 검토 및 안전율에 따라 부재단위별로 평가점수를 부여하여 안전성평가 결과 판정
2	층단위 평가	• 부재의 중요도를 고려해 층단위 평가점수를 종합하여 안전성평가 결과 판정
3	전체단위 평가	• 상기 1, 2단계 및 각 층의 중요도를 고려하여 전체 건축물의 평가점수를 종합하여 안전성평가 결과 판정

4) 종합평가 기준 및 방법

(1) 종합평가 기준

시설물의 상태평가와 안전성평가를 실시한 경우에는 각각의 결과로 부여된 상태평가 결과와 안전성평가 결과를 종합적으로 비교 · 검토하여 그 시설물에 대한 종합평가 결과를 결정하며, 다음 표 1.22와 같은 시설물의 종합평가기준에 의해 A~E의 5단계로 구분하여 결정한다.

표 1.22 건축 시설물의 종합평가기준

종합평가 기준	평가점수		등급내용
	범위	대표값	
A	$0 \leqq x < 2$	1	문제점이 없는 최상의 상태
B	$2 \leqq x < 4$	3	경미한 문제점이 있으나 양호한 상태
C	$4 \leqq x < 6$	5	문제점이 있으나 간단한 보수·보강으로 원상회복이 가능한 보통의 상태
D	$6 \leqq x < 8$	7	주요 부재에 발생한 노후화 정도가 고도의 기술적 판단이 요구되는 상태로 사용제한 여부의 판단이 필요함.
E	$8 \leqq x \leqq 10$	9	주요 부재의 노후화 정도가 심하여 원상회복이 불가능하거나 안전성에 위험이 있어 즉각 사용 금지하고 긴급한 보강이 필요한 상태

(2) 종합평가 결과 산정방법

■ 정밀점검(철근 콘크리트구조)

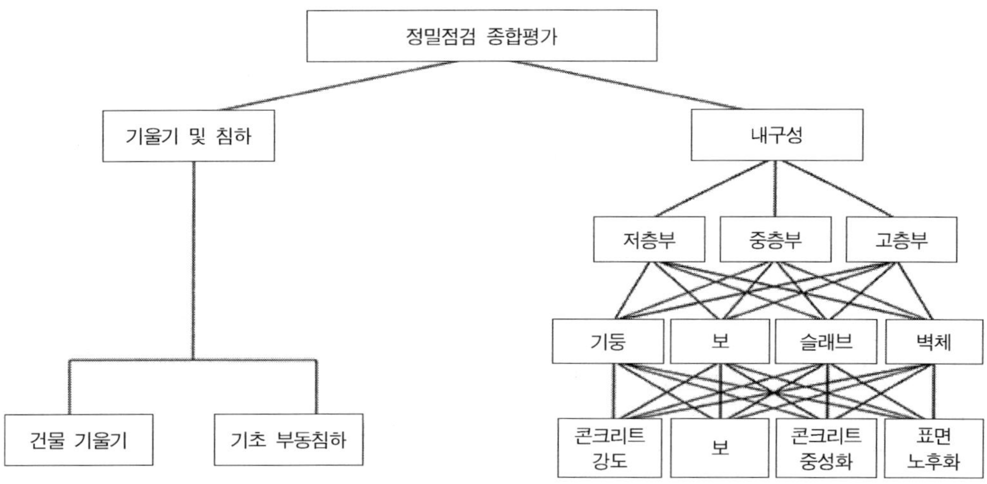

그림 1.6 정밀점검의 철근 콘크리트구조에 대한 종합평가 결과 판정체계

■ 정밀안전진단(철근 콘크리트구조)

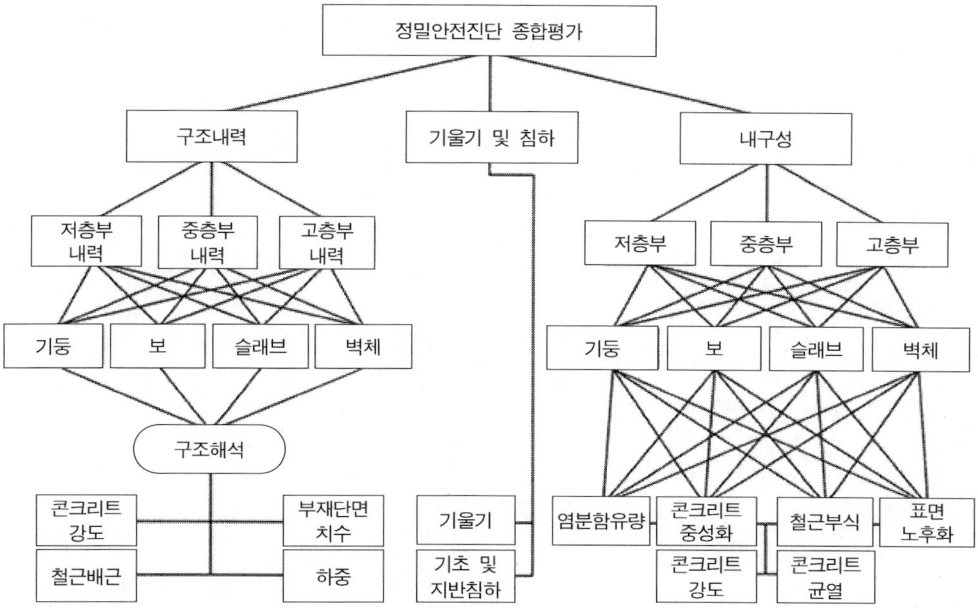

그림 1.7 정밀안전진단의 철근 콘크리트구조에 대한 종합평가 결과 판정체계

1.2.5 안전점검 체크리스트

1) 해빙기 안전점검 리스트

표 1.23 해빙기 안전점검 조사 항목 및 내용

조사 항목	조사내용
① 구조체의 배부름 상태 및 정도	• 구조체 배부름 및 전도 상태 조사
② 건축물의 부동침하 조사	• 건물 주변의 토량침하현상 조사
③ 건축물 주변의 지표면 및 경사면 상태 조사	• 연약지반에 물고임, 인접 지중매설관의 손상 등으로 인한 토량침하 조사
④ 건축물 각 실의 하중 적재 상태 조사	• 과하중으로 인하여 균열 발생 및 처짐 상태 조사, 특히 물탱크실, 무기고, 창고, 기계실 등은 중점적으로 조사
⑤ 건축물의 구조변경 조사	• 용도변경 및 구조변경을 위해 구조체인 내력벽, 슬래브, 보, 기둥 등을 철거할 경우

(표 계속)

조사 항목	조사내용
⑥ 구조체의 균열, 변형 발생 상태 조사	• 창문 모서리 위, 아래 경사 방향의 균열과 수직균열 • 슬래브바닥 모퉁이에 발생하는 경사균열 • 슬래브 중앙부, 가장자리에 발생하는 일자형 균열 • 철근이 배치된 표면에 바닥판 철근배근처럼 생기는 균열 • 기둥에 한쪽 방향으로 일정하게 또는 X자 형태의 균열 • 벽체에 생기는 수평, X자형 균열 • 보의 중앙 아랫부분의 휨균열 • 보와 기둥의 접합부 부근에서 45° 방향으로 경사균열(전단균열) • 벽면의 수직 · 수평, 경사 방향의 균열조사
⑦ 구조체의 철근부식 상태 조사	• 노후된 건물에서 철근의 부식에 따른 철근 팽창과 콘크리트의 균열 조사
⑧ 건축물 내부의 진동 및 충격 상태 조사	• 건물 중앙부의 지반이 약하거나 기초가 부실할 때 외부의 약한 충격에도 심한 진동을 느낌
⑨ 구조체의 누수 및 백화 상태 조사	• 균열부위를 통한 내부로 누수 여부 • 발코니 및 외부 슬래브는 슬래브 아랫면에서 조사
⑩ 우 · 오수 배수 불량에 따른 구조체 상태 조사	• 지하구조물, 맨홀, 관로 등 배수로의 오물 및 파괴로 인한 원활한 배수 불량 상태 조사
⑪ 기초 및 외부 구조체의 동해 상태 조사	• 동절기의 낮은 기온으로 인하여 지반에 노출된 콘크리트 동해 상태 조사
⑫ 조립식 건물의 연결부위 상태 조사	• 연결부위 이완 및 변형 상태, 조임, 풀림 등 조사
⑬ 벽지 및 천장지의 찢어진 상태 및 타일바닥 상태 조사	• 이유 없이 벽지가 자주 찢어질 때 조적벽체 침하에 의한 현상이거나 조적벽이 내력이 부족한 경우임.
⑭ 도장부식 상태 조사	• 색의 바램, 도장한 곳의 떨어짐 조사
⑮ 보강 구조물의 보강 상태 조사	• 보철판 보강, 보강 구조물의 볼트접합 상태, 에폭시 충진 상태 조사

2) 우기 시 안전점검 리스트

표 1.24 우기 시 안전점검 조사 항목 및 내용

조사 항목	조사내용
① 건축물 주변 및 옥상 등 배수로 상태 조사	• 배수로의 오물 및 파괴로 인한 원활한 배수 불량 유무 조사
② 구조체의 배부름 상태 및 정도	• 배부름, 균열, 침하, 연약지반, 배수구멍 막힘, 옹벽의 기울어짐 등 조사
③ 건축물 주변 지표면 상태, 주변 경사면 상태 조사	• 성토 및 절토부위의 침하 상태 조사 • 인접 지반의 함몰 상태 조사
④ 외부 부착물 및 설비 건축물 상태 조사	• 대형 유리창, 안테나, 전송탑, 굴뚝 등의 부착 및 부식 상태 조사
⑤ 바닥포장부위 침하 및 균열현상 조사	• 인접 보도블록의 침하로 인한 균열 상태 조사
⑥ 건축물의 항목 상태 조사	• 인접 지반이 함몰, 인접 가로수의 기울어짐 • 인접 옹벽 및 담장면의 균열 조사
⑦ 구조체의 균열 발생 상태 조사	• 창문 모서리 위, 아래 경사 방향의 균열과 수직균열 • 슬래브 바닥 모퉁이에 발생하는 경사균열 • 슬래브 중앙부, 가장자리에 발생하는 一자형 균열 • 철근이 배치된 표면에 바닥판 철근배근처럼 생기는 균열 • 기둥에 한쪽 방향으로 일정하게 또는 X자 형태의 균열 • 벽체에 생기는 一자형, X자형 균열 • 보의 중앙 아랫부분의 휨균열 • 보와 기둥의 접합부 부근에서 45° 방향으로 경사균열(전단균열) • 벽면의 수직 · 수평, 경사 방향의 균열 조사
⑧ 구조체의 누수 및 백화 상태 조사	• 균열부위를 통한 내부로의 누수 여부 • 벽체, 보, 기둥은 내부에서 관측 • 발코니 및 외부 슬래브는 슬래브 아랫면에서 조사
⑨ 구조변경 조사	• 용도변경, 구조변경을 하기 위해서 구조체를 일부분 철거 시 조사
⑩ 건축물 각 실의 하중 적재 상태 조사	• 각 실에 과하중이 실릴 경우 슬래브의 침하 우려 조사
⑪ 건축물 내부의 진동 상태 조사	• 건물 중앙부의 지반이 약하거나 기초가 부실, 단단한 지반에서 건물 길이가 길 때 건물에서 심하게 진동이 느껴짐. • 화장실 벽의 타일이 자주 깨질 때 조사
⑫ 보강 구조물의 보강 상태 조사	• 보철판 보강, 보강구조물의 접합 상태, 에폭시 충진 상태 조사

3) 동절기 안전점검 리스트

표 1.25 동절기 안전점검 조사 항목 및 내용

조사 항목	조사내용
① 소화장비 및 화재위험요인 조사	• 소화기의 배치 유무 • 누전, 난방기구가 있는 곳 등 화재의 위험이 높은 곳에 배치 • 소화기 배치 상태 조사
② 옥상의 하중(눈, 기타 장비)의 적재 상태 조사	• 옥상 슬래브에 설치된 중장비 및 수하물 적재 상태 조사
③ 구조체의 배부름 상태 및 정도	• 배부름, 균열, 침하, 연약지반, 배수구멍 막힘, 옹벽의 기울어짐 등 조사
④ 기초 부위, 기초 및 외부 구조체의 동해 상태 조사	• 동절기의 낮은 기온으로 인한 균열폭 증가 조사
⑤ 외부 부착물 및 설비 건축물의 연결 상태 조사	• 안테나, 대형 유리창, 전송탑, 굴뚝 등 부착, 부식 상태 조사
⑥ 건축물 주변의 배수로 상태 조사	• 배수로의 오물 및 파괴로 인한 원활한 배수 불량 상태 조사
⑦ 각종 배관설비 상태 조사	• 배관설비의 동파 및 신축, 팽창 여부 조사
⑧ 구조체의 철근부식 상태 조사	• 노후된 건물에서 철근의 부식에 따른 철근팽창과 콘크리트의 균열 조사
⑨ 구조체의 균열 상태 조사	• 창문 모서리 위, 아래 경사 방향의 균열과 수직균열 • 슬래브바닥 모퉁이에 발생하는 경사균열 • 슬래브 중앙부, 가장자리에 발생하는 一자형 균열 • 철근이 배치된 표면에 바닥판 철근배근처럼 생기는 균열 • 기둥에 한쪽 방향으로 일정하게 또는 X자 형태의 균열 • 벽체에 생기는 一자형, X자형 균열 • 보의 중앙 아랫부분의 휨균열 • 보와 기둥의 접합부 부근에서 45°방향으로 경사균열(전단균열) • 벽면의 수직, 수평, 경사 방향의 균열 조사
⑩ 구조체의 누수, 백화 상태 조사	• 균열부위를 통한 내부로의 누수 여부 • 벽체, 보, 기둥은 내부에서 관측 • 발코니 및 외부 슬래브는 슬래브 아랫면에서 조사
⑪ 구조체의 변형 상태 조사	• 건축물의 기울어짐 등으로 인한 변형 상태 조사
⑫ 보강 구조물의 보강 상태 조사	• 보철판 보강, 보강 구조물의 접합 상태, 에폭시 충진 상태 조사

1.2.6 안전점검 조사표

1) 해빙기 안전 점검표

<table>
<tr><td colspan="2" rowspan="2">건 물 명
(소재지)</td><td rowspan="2" colspan="2"></td><td rowspan="2">분류</td><td>종류</td><td></td></tr>
<tr><td>용도</td><td></td></tr>
<tr><td colspan="2" rowspan="2">구조형식</td><td rowspan="2" colspan="2"></td><td rowspan="2">규모</td><td>지상</td><td></td></tr>
<tr><td>지하</td><td></td></tr>
<tr><th colspan="2">조사 항목</th><th colspan="3">조사내용(현황)</th><th>등 급</th><th>특기사항</th></tr>
<tr><td rowspan="10">진단이 필요한 경우</td><td>구조체의 배부름 및 전도 상태</td><td colspan="3"></td><td></td><td></td></tr>
<tr><td>부동침하 조사</td><td colspan="3"></td><td></td><td></td></tr>
<tr><td>적재상태 조사</td><td colspan="3"></td><td></td><td></td></tr>
<tr><td>구조변경 유무 조사</td><td colspan="3"></td><td></td><td></td></tr>
<tr><td>구조체 균열 조사</td><td colspan="3"></td><td></td><td></td></tr>
<tr><td>철근부식 상태 조사</td><td colspan="3"></td><td></td><td></td></tr>
<tr><td>진동에 의한 피해 유무조사</td><td colspan="3"></td><td></td><td></td></tr>
<tr><td>조립식 건물접합부 조사</td><td colspan="3"></td><td></td><td></td></tr>
<tr><td>도장부식 상태 조사</td><td colspan="3"></td><td></td><td></td></tr>
<tr><td>보강 상태 조사</td><td colspan="3"></td><td></td><td></td></tr>
<tr><th colspan="2">조사 항목</th><th colspan="3">조사내용(현황)</th><th>상 태</th><th>특기사항</th></tr>
<tr><td rowspan="5">진단이 필요 없는 경우</td><td>주변 지표면 상태 조사</td><td colspan="3"></td><td></td><td></td></tr>
<tr><td>누수 및 백화 조사</td><td colspan="3"></td><td></td><td></td></tr>
<tr><td>배수 상태 조사</td><td colspan="3"></td><td></td><td></td></tr>
<tr><td>동해 유무 조사</td><td colspan="3"></td><td></td><td></td></tr>
<tr><td>마감재 손상 조사</td><td colspan="3"></td><td></td><td></td></tr>
<tr><td colspan="2">종합판정</td><td>A, B, C, D, E</td><td colspan="4">C등급의 경우 정밀안전진단 여부 판정, D, E등급의 경우 정밀안전진단 실시</td></tr>
<tr><td colspan="2">조 사 자</td><td></td><td colspan="2">확 인 자</td><td colspan="2"></td></tr>
</table>

2) 우기 시 안전점검표

<table>
<tr><td colspan="2" rowspan="2">건 물 명
(소재지)</td><td colspan="2" rowspan="2"></td><td rowspan="2">분류</td><td>종류</td><td></td></tr>
<tr><td>용도</td><td></td></tr>
<tr><td colspan="2" rowspan="2">구조형식</td><td colspan="2" rowspan="2"></td><td rowspan="2">규모</td><td>지상</td><td></td></tr>
<tr><td>지하</td><td></td></tr>
<tr><th colspan="3">조사 항목</th><th colspan="2">조사내용(현황)</th><th>등급</th><th>특기사항</th></tr>
<tr><td rowspan="8">진단이
필요한
경우</td><td colspan="2">구조체의 배부름 및 전도 상태</td><td colspan="2"></td><td></td><td></td></tr>
<tr><td colspan="2">바닥포장 상태 조사</td><td colspan="2"></td><td></td><td></td></tr>
<tr><td colspan="2">부동침하 유무 조사</td><td colspan="2"></td><td></td><td></td></tr>
<tr><td colspan="2">구조체의 균열 조사</td><td colspan="2"></td><td></td><td></td></tr>
<tr><td colspan="2">구조변경 유무 조사</td><td colspan="2"></td><td></td><td></td></tr>
<tr><td colspan="2">하중적재 상태 조사</td><td colspan="2"></td><td></td><td></td></tr>
<tr><td colspan="2">구조체의 진동영향 조사</td><td colspan="2"></td><td></td><td></td></tr>
<tr><td colspan="2">보강 상태 조사</td><td colspan="2"></td><td></td><td></td></tr>
<tr><th colspan="3">조사 항목</th><th colspan="2">조사내용(현황)</th><th>상 태</th><th>특기사항</th></tr>
<tr><td rowspan="4">진단이
필요
없는
경우</td><td colspan="2">배수로 상태 조사</td><td colspan="2"></td><td></td><td></td></tr>
<tr><td colspan="2">주변 지표면 상태 조사</td><td colspan="2"></td><td></td><td></td></tr>
<tr><td colspan="2">부착물 및 설비 상태 조사</td><td colspan="2"></td><td></td><td></td></tr>
<tr><td colspan="2">누수 및 백화 상태 조사</td><td colspan="2"></td><td></td><td></td></tr>
<tr><td colspan="2">종합판정</td><td colspan="2">A, B, C, D, E</td><td colspan="3">C등급의 경우 정밀안전진단 여부 판정, D, E등급의 경우 정밀안전진단 실시</td></tr>
<tr><td colspan="2">조 사 자</td><td colspan="2"></td><td colspan="2">확 인 자</td><td></td></tr>
</table>

3) 동절기 안전점검표

<table>
<tr><td colspan="2" rowspan="2">건 물 명
(소재지)</td><td rowspan="2"></td><td rowspan="2">분류</td><td>종류</td><td></td></tr>
<tr><td>용도</td><td></td></tr>
<tr><td colspan="2" rowspan="2">구조형식</td><td rowspan="2"></td><td rowspan="2">규모</td><td>지상</td><td></td></tr>
<tr><td>지하</td><td></td></tr>
<tr><th colspan="2">조사 항목</th><th colspan="2">조사내용(현황)</th><th>등 급</th><th>특기사항</th></tr>
<tr><td rowspan="6">진단이 필요한 경우</td><td>옥상 적재 상태 조사</td><td colspan="2"></td><td></td><td></td></tr>
<tr><td>구조체 배부름 전도 상태 조사</td><td colspan="2"></td><td></td><td></td></tr>
<tr><td>철근부식 조사</td><td colspan="2"></td><td></td><td></td></tr>
<tr><td>구조체 균열 조사</td><td colspan="2"></td><td></td><td></td></tr>
<tr><td>구조체 변형 조사</td><td colspan="2"></td><td></td><td></td></tr>
<tr><td>보강 상태 조사</td><td colspan="2"></td><td></td><td></td></tr>
<tr><th colspan="2">조사 항목</th><th colspan="2">조사내용(현황)</th><th>상 태</th><th>특기사항</th></tr>
<tr><td rowspan="6">진단이 필요 없는 경우</td><td>화재 위험 요소 조사</td><td colspan="2"></td><td></td><td></td></tr>
<tr><td>동해 유무 조사</td><td colspan="2"></td><td></td><td></td></tr>
<tr><td>외부 부착물 상태 조사</td><td colspan="2"></td><td></td><td></td></tr>
<tr><td>배수로 상태 조사</td><td colspan="2"></td><td></td><td></td></tr>
<tr><td>배관설비 상태 조사</td><td colspan="2"></td><td></td><td></td></tr>
<tr><td>누수 조사</td><td colspan="2"></td><td></td><td></td></tr>
<tr><td colspan="2">종합판정</td><td colspan="2">A, B, C, D, E</td><td colspan="2">C등급의 경우 정밀안전진단 여부 판정,
D, E등급의 경우 정밀안전진단 실시</td></tr>
<tr><td colspan="2">조 사 자</td><td colspan="2"></td><td>확 인 자</td><td></td></tr>
</table>

1.2.7 각 건축물의 평가 등급

1) 해빙기 안전점검 등급

(1) 안전진단이 필요한 경우

점검내용 \ 등급	A	B	C	D	E
구조체(석축, 옹벽)의 배부름 및 전도 상태 (1)	석축, 옹벽에서 균열 및 배부름현상이 발견되지 않음.	석축의 줄눈 및 벽에서 미세균열(0.2mm 이하)이 발생함.	균열(0.3~0.5mm) 및 부분탈락현상이 조사됨.	줄눈의 50% 이상이 탈락되었으며, 배부름현상이 조사됨. 균열이 0.6~2.0mm로 다수 조사됨.	줄눈의 70% 이상이 탈락되었으며, 배부름으로 인한 전도의 위험이 있음.
건축물의 부동침하 조사 (2)	창호의 개폐가 용이하며 외벽마감재의 균열 및 탈락현상이 없음.	창호부위에서 X자 형태의 미세균열(0.2mm 이하)이 조사됨.	다수 창호의 개폐가 용이하지 못함. 심리적으로 불안감을 갖으며 구조체에 균열이 다수 발생하고 균열이 0.3~0.5mm로 조사됨.	천장마감재, 창호의 뒤틀림 및 외벽마감재의 탈락 및 균열(0.6~2.0mm)이 다수 조사됨.	외벽마감재의 탈락 및 균열(2.0mm 이상)이 조사됨.
건축물 각 실의 하중적재 상태 조사 (3)	각 실에서 과하중이 조사되지 않음.	슬래브에서 미세균열(0.2mm 이하)이 조사됨.	슬래브에서 균열(0.3~0.5mm 이하)이 조사되었고 처짐이 발생함.	주요 구조 부재에서 균열(0.6~2.0mm 이하)이 조사되었고 처짐이 발생함.	주요 구조 부재에서 균열(2.0mm 이상)이 조사되었고 처짐이 발생함.
건축물의 구조변경 조사 (4)	시설물의 구조변경으로 인한 공사가 없었음.	비내력벽(조적벽, 칸막이벽)이 철거되었음.	조적벽체(내력벽), 슬래브, 보, 기둥 중 일부가 철거되었음.	구조 부재의 철거로 인한 균열(0.6mm 이상)이 조사되었음.	시설물의 구조변경이 많아 전체적인 구조안전성 검토를 요함.
구조체의 균열, 변형 조사 (5)	균열이 발견되지 않았음.	미세균열(0.2mm 이하)이 조사되었음.	구조 부재에서 균열(0.3~0.5mm 이하)이 조사되었음.	구조 부재에서 균열(0.6~2.0mm 이상)이 조사되었음.	구조 부재에서 균열(2.0mm 이상)이 다수 발견됨.
구조체의 균열, 변형 조사 (5)	균열이 발견되지 않았음.	미세균열(0.2mm 이하)이 조사되었음.	구조 부재에서 균열(0.3~0.5mm 이하)이 조사되었음.	구조 부재에서 균열(0.6~2.0mm 이상)이 조사되었음.	구조 부재에서 균열(2.0mm 이상)이 다수 발견됨.
구조체의 철근부식 상태 조사 (6)	흑피의 상태, 또는 녹이 생겼지만 전체적으로 얇고 치밀한 녹으로, 콘크리트면에 녹이 부착되어 있지 않음.	콘크리트면에 녹이 부착되어 있음.	철근부식으로 인해 콘크리트 피복이 부분적으로 들떠 있으며 녹물이 일부 흘러나온다.	철근 전체에 녹이 발생되어 철근 단면이 손상되었거나 콘크리트 피복이 철근부식으로 인해 전체에 걸쳐 들떠 있는 경우	단면결손이 일어나고 있다.
건축물 내부의 진동 및 충격 상태 조사 (7)	진동에 의한 피해가 없음.	사용자가 미세한 진동을 느끼며 건물에 피해상황 없음.	사용자가 약간 심한 진동을 느끼며 건물에 균열(0.3~0.5mm 이상)이 발생함.	사용자가 심한 진동을 느끼며 균열(0.6~2.0mm 이상)이 발생함.	진동으로 인하여 구조물에 균열(2.0mm 이상)이 발생함.

(표 계속)

점검내용 \ 등급	A	B	C	D	E
철골 및 조립식 시설물의 연결부위 상태 조사 (8)	철골 및 조립식 시설물의 연결부위 조사 결과 변형 없음.	철골 및 조립식 시설물의 연결부위 조사 결과 변형은 없으나 부분적인 이완 발생	연결부위에 이완으로 인한 변형이 조사됨.	연결부위 이완으로 인한 변형으로 구조체에 심한 변형이 생김.	구조체 변형으로 구조물이 불안정한 상태가 됨.
보강 구조물의 보강 상태 조사 (9)	보강 구조물의 상태 양호함.	보강 구조물의 도장이 부분적으로 벗겨지고 부식됨.	연결 및 정착에서 접합불량으로 인하여 보강 부재의 변형이 조사되어 정밀안전진단에 의한 재보강이 필요함.	–	–

(2) 보수공사에 해당되는 경우

점검내용 \ 등급	양호	보통	불량
도장, 부식 상태조사 (10)	부식이 전혀 없든가 또는 평활면의 도막은 다소 울퉁불퉁함을 일으키고 부풀어 있는 상태	도막의 울퉁불퉁함이나 부풀은 것이 모서리에 연속적인 부식이 심하게 발생했다든가 평활면에 부식이 발생한 정도	도막이 떨어지고 남은 부분의 도막이 광택도 없고 부식이 강재 내에 많이 들어가 있다.
건축물 주변의 지표면 및 경사면 상태 조사 (11)	경사면에 토사의 붕괴가 없고 주변 지표면이 평탄하고 함몰된 곳이 없음.	경사면에 토사의 붕괴가 일부 발생하고 주변 지표면이 함몰된 곳이 일부 발생함.	경사면에 토사의 붕괴가 일부 발생하고 주변 지표면이 함몰된 곳이 일부 발생함.
구조체의 누수 및 백화 상태 조사 (12)	누수 및 백화가 없음.	누수흔적 및 백화가 조사되어 보수가 필요함.	누수흔적 및 백화가 조사되어 보수가 필요함.
우·오수 배수 불량에 따른 구조체 상태 조사 (13)	배수성능 원할	배관 일부 부식 및 배수 기능에 큰 지장이 없음	배수가 안 되거나 배수관 설치가 안 됨.
기초 및 외부 구조체의 동해 상태 조사 (14)	기초 및 외부 구조체의 동해 상태가 조사되지 않았음.	기초 및 외부 구조체의 균열이 조사되어 동해의 우려가 있음.	기초의 노출 및 외부 구조체의 동해로 인한 피해가 조사됨.
벽지 및 천장지의 찢어진 상태 및 타일 상태 조사 (15)	벽지 및 천장, 타일마감재 손상 없음.	벽지 및 천장, 타일마감재 일부분이 손상되어 차후 보수계획 수립 후 보수를 실시함.	벽지 및 천장, 타일마감재의 훼손이 심하여 즉시 보수가 필요함.

2) 우기 시 안전점검 등급

(1) 안전진단이 필요한 경우

내용＼등급	A	B	C	D	E
구조체(석축, 옹벽)의 배부름 및 전도 상태 (1)	석축, 옹벽에서 균열 및 배부름 현상이 발견되지 않았음.	석축의 줄눈 및 옹벽에서 미세균열(0.2mm 이하)이 발생함.	균열(0.3~0.5mm) 및 부분탈락현상이 조사됨.	줄눈의 50% 이상이 탈락되었으며, 배부름 현상이 조사됨. 균열 0.6~2.0mm 다수 조사됨.	줄눈의 70% 이상이 탈락되었으며, 균열 · 배부름으로 인한 전도의 위험이 있음.
건축물의 부동침하 조사 (2)	창호의 개폐가 용이하며 외벽 마감재의 균열 탈락현상이 없음.	창호부위에서 X자 형태의 미세균열(0.2mm 이하)이 조사됨.	건물 창호의 다수가 개폐가 용이하지 못하며 마감재에 균열(0.3~0.5mm)이 발견됨.	천장마감재, 창호의 뒤틀림 및 외벽마감재의 탈락 및 균열(0.6~2.0mm)이 다수 조사됨.	외벽마감재의 탈락 및 균열(2.0mm 이상)이 조사됨.
구조체의 균열, 변형 조사 (3)	구조체에 균열이 발생하지 않았음.	구조체에 0.2mm 이하의 균열이 발생함.	구조체에 0.3~0.5mm의 균열이 발생함.	구조체에 0.6~2.0mm의 균열이 발생되어 시급한 보수 · 보강을 요함.	구조체에 2.0mm 이상의 균열이 발생되어 사용제한이 필요함.
건축물의 구조 변경 조사 (4)	시설물의 구조 변경으로 인한 공사가 없었음.	비내력벽(조적벽, 칸막이벽)이 철거되었음.	조적벽체, 슬래브, 보, 기둥 중 일부가 철거되었음.	구조 부재의 철거로 인한 균열(0.6mm 이상)이 조사되었음.	시설물의 구조변경이 많아 전체적인 구조안전성 검토를 요함.
건축물 각 실의 하중적재 상태 조사 (5)	각 실에서 과하중이 조사되지 않음.	슬래브에 미세균열(0.2mm 이하)이 발생하며 마감재의 변형이 발생함.	슬래브에 균열(0.3~0.5mm 이하)이 발생하고 창문 및 출입문이 일부 개폐가 불량함.	주요 구조 부재에서 균열(0.6~2.0mm 이하)이 조사되었고 처짐이 발생함.	주요 구조 부재에서 균열(2.0mm 이상)이 조사되었고 처짐이 발생함.
건축물 내부의 진동 및 충격 상태 조사 (6)	진동에 의한 피해가 없음.	사용자가 미세한 진동을 느끼며 건물에 피해상황은 없음.	사용자가 약간 심한 진동을 느끼며 건물에 균열(0.3~0.5mm 이상)이 발생함.	사용자가 불안할 정도로 심한 진동을 느끼며 균열(0.6~2.0mm 이상)이 발생함.	진동으로 인하여 구조물에 균열(2.0mm 이상)이 발생함.
보강 구조물의 보강 상태 조사 (7)	보강 구조물의 상태 양호함.	보강 구조물의 도장이 부분적으로 벗겨지고 부식됨.	연결 및 정착에서 접합불량으로 인하여 보강부재의 변형이 조사되어 정밀안전진단에 의한 재보강이 필요함.		

(2) 보수공사에 해당되는 경우

내용 \ 등급	양호	보통	불량
바닥포장부위 침하 및 균열현상 조사 (8)	바닥포장의 침하 및 균열이 없이 매우 양호함.	바닥포장의 침하가 2.5cm 이하, 균열 0.2~0.5mm 이하로 상태가 양호함.	바닥포장의 침하가 2.5~5cm 이하, 균열이 0.5mm 이상 발생함.
건축물 주변 및 옥상 등 배수로 상태 조사 (9)	배수로의 청소 상태가 매우 양호하여 배수에 지장이 없음.	배수로의 청소 및 배수 상태에 문제가 있으나 내부적인 조치로 해결할 수 있음.	배수로의 청소 및 배수 상태가 매우 불량하여 배수에 문제가 많으므로 시급한 개선이 필요함.
건축물 주변의 지표면 및 경사면 상태 조사 (10)	경사면에 토사의 붕괴가 없고 주변 지표면이 평탄하고 함몰된 곳이 없음.	경사면에 토사의 붕괴가 일부 발생하고 주변 지표면이 함몰된 곳이 일부 발생함.	경사면에 토사의 붕괴가 많고 주변 지표면이 함몰된 곳이 많아 시급한 사용제한이 필요함.
외부 부착물 및 설비시설물 상태 조사 (11)	외부 부착물의 고정상태 및 부식, 주변상황이 매우 양호함.	외부 부착물의 고정 상태 및 부식, 주변상황이 적당함.	외부 부착물의 고정 상태 및 부식, 주변상황이 매우 불량하여 재설치를 요함.
구조체의 누수 및 백화 상태 조사 (12)	누수 및 백화현상이 없음.	누수흔적 및 백화가 조사되어 보수가 필요함.	현재 누수가 진행 중이므로 시급한 보수가 필요함.

3) 동절기 안전점검 등급

(1) 안전진단이 필요한 경우

내용 \ 등급	A	B	C	D	E
옥상의 하중(눈, 기타 장비)적재 상태 조사 (1)	옥상의 과하중으로 인한 피해가 조사되지 않음.	변위는 없으나 슬래브에서 미세균열(0.2mm 이하)이 조사됨.	옥상의 과하중으로 인하여 지붕면의 변위 및 슬래브의 균열(0.3~0.5mm)이 조사되어 보강이 요구됨.	균열의 변위가 증가하고 있으며, 슬래브의 처짐이 허용한계를 초과하여 보강이 필요함. 균열은 0.6~2.0mm 다수 조사됨	과하중으로 인한 지붕의 붕괴위험이 있음.
구조체(석축, 옹벽)의 배부름 및 전도 상태 조사 (2)	석축, 옹벽에서 균열 및 배부름현상이 발견되지 않았음.	석축의 줄눈 및 옹벽에서 미세균열(0.2mm 이하)이 발생함.	균열(0.3~0.5mm) 및 부분 탈락현상이 조사됨.	줄눈의 50% 이상이 탈락되었으며, 배부름현상이 조사됨. 균열은 0.6~2.0mm 다수 조사됨.	줄눈의 70% 이상이 탈락되었으며 배부름으로 인한 전도의 위험이 있음.
구조체의 철근 부식 상태 조사 (3)	흑피의 상태, 또는 녹이 생겼지만 전체적으로 얇고 치밀한 녹으로, 콘크리트면에 녹이 부착되어 있지 않음.	콘크리트면에 녹이 부착되어 있음.	부분적으로 들뜬 녹이 있지만 작은 면적에 반점상이 있음.	단면결손은 눈으로 관찰 또는 확인할 수 없지만 철근의 표면 둘레에, 전체길이에 걸쳐 들뜸 녹이 발생함.	단면결손이 일어나고 있다.

(표 계속)

내용 \ 등급	A	B	C	D	E
구조체의 균열, 변형 상태 조사 (4)	구조체에 균열이 발생하지 않았음.	구조체에 0.2mm 이하의 균열이 발생함.	구조체에 0.3~0.5mm의 균열이 발생함.	구조체에 0.6~2.0mm의 균열이 발생하여 급한 보수 · 보강을 요함.	구조체에 2.0mm 이상의 균열이 발생하여 사용제한이 필요함.
건축물의 부동침하 조사 (5)	창호의 개폐가 용이하며 외벽 마감재의 균열 및 탈락현상이 없음.	창호부위에서 X자 형태의 미세균열(0.2mm 이하)이 조사됨.	건물 창호의 다수가 개폐가 용이하지 못하며 마감재에 균열(0.3~0.5mm)이 발견됨.	천장마감재, 창호의 뒤틀림 및 외벽마감재의 탈락 및 균열(0.6~2.0mm)이 다수 조사됨.	외벽마감재의 탈락 및 균열(2.0mm 이상)이 조사됨.
보강 구조물의 보강 상태 조사 (6)	보강 구조물의 상태 양호	보강 구조물의 도장이 부분적으로 벗겨지고 부식됨.	연결 및 정착에서 접합 불량으로 인하여 보강 부재의 변형이 조사되어 정밀안전진단에 의한 보강이 필요함.		

(2) 자체점검에 의한 보수만으로 문제해결이 가능한 경우

내용 \ 등급	양호	보통	불량
소화장비 및 화재위험요인 조사 (7)	소화설비 및 장비의 위치 및 시설 상태가 양호함.	소화설비 및 장비 상태가 미비하여 보수 및 보충이 필요함.	소화설비 및 장비가 없음.
기초 및 외부 구조체의 동해 상태 조사 (8)	기초 및 외부 구조체의 동해 상태가 조사되지 않았음.	기초 및 외부 구조체의 균열이 조사되어 동해의 우려가 있음.	기초의 노출 및 외부 구조체의 동해로 인한 피해가 조사됨.
외부 부착물 및 설비시설물 상태 조사 (9)	외부 부착물의 고정 상태 및 부식, 주변상황이 매우 양호함.	외부 부착물의 고정 상태 및 부식, 주변상황이 적당함.	외부 부착물의 고정 상태 및 부식, 주변상황이 매우 불량하여 재설치를 요함.
군 시설물 주변의 배수로 상태 조사 (10)	배수로의 청소 상태가 매우 양호하여 배수에 지장이 없음.	배수로의 청소 및 상태에 문제가 있으나 내부적인 조치로 해결할 수 있음.	배수로의 청소 및 상태가 매우 불량하여 배수에 문제가 많으므로 시급한 개선이 필요함.
각종 배관설비 상태 조사 (11)	배관 및 설비시설물 상태 양호	배관 일부 부식 및 누수단 기능에 큰 지장이 없음.	배수가 안 되거나 배수관 설치가 안 됨.
구조체의 누수 및 백화 상태 조사 (12)	누수 및 백화가 없음.	누수흔적 및 백화가 조사되어 보수가 필요함.	누수흔적 및 백화가 조사되어 보수가 필요함.

1.2.8 안전점검 숙지사항

1) 해빙기 안전점검 내용

1*	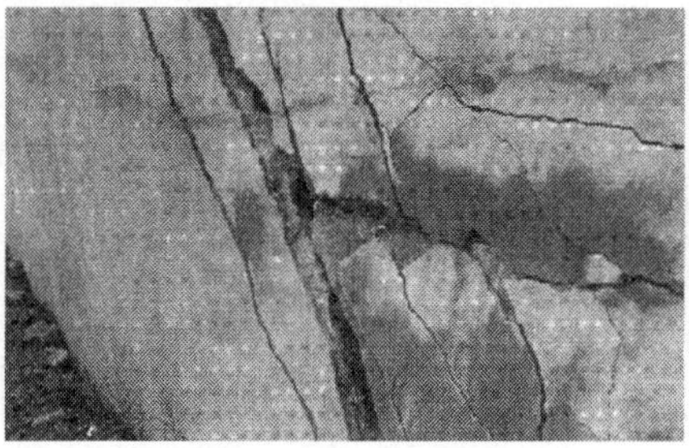 • 현상 : 배부름, 균열, 침하, 연약지반, 배수구멍 막힘. • 원인 : 건축물 주변의 축대나 옹벽이 불안전할 때 발생 • 구조적 판단 : 구조체 손상 여부를 판단하기 위한 정밀안전진단을 요함.	1	 • 현상 : 석축의 하자 • 원인 : 석축의 균열, 침하, 배부름현상 유무 조사 • 구조적 판단 : 변위가 있을 경우 구조체 손상 여부를 판단하기 위한 정밀안전진단을 요함.
2	 • 현상 : 인접 보도블록이 침하 • 원인 : 부동침하에 의한 현상 • 구조적 판단 : 지반침하 상태를 계속 주시할 필요가 있음.	2	 • 현상 : 옹벽 및 담장면에서 균열 발생 • 원인 : 부동침하에 의한 현상 • 구조적 판단 : 구조체에 대한 영향을 검토하기 위해 지반조사 및 안전진단이 필요
3	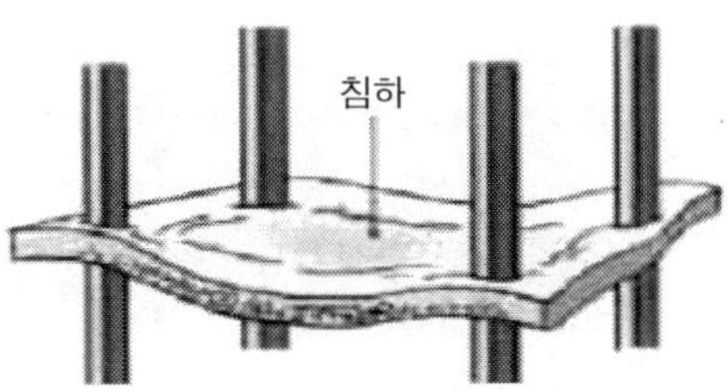 • 현상 : 슬래브의 침하 • 원인 : 구조물이 약하게 설계, 혹은 시공되었을 경우. 과하중이 실릴 경우 • 구조적 판단 : 정밀안전진단에 의한 처짐 검토가 필요함.	4	 • 현상 : 기둥 부재를 철거 및 절단하는 경우 • 원인 : 용도변경, 구조변경을 하기 위해서 실시함. • 구조적 판단 : 공사 전 정밀안전진단을 실시하여 안전 확인이 선행되어야 함.

*) p.46~p.50에 표 내용의 번호 참조

5	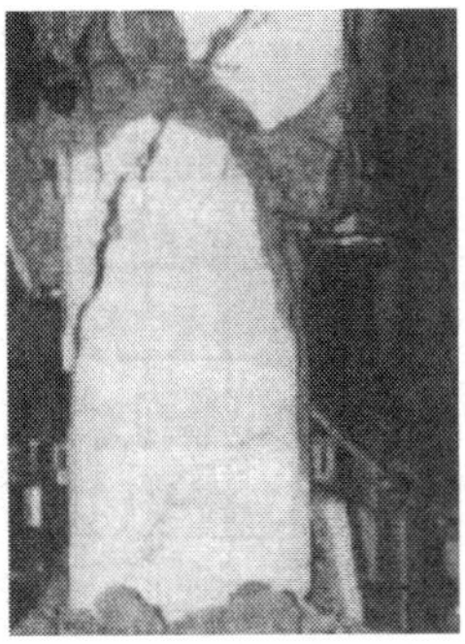 • 현상 : 기둥에 X자 형태의 균열 발생 • 원인 : 지진의 영향에 의한 균열 • 구조적 판단 : 구조체 손상 여부를 판단하기 위한 정밀안전진단을 요함.	5	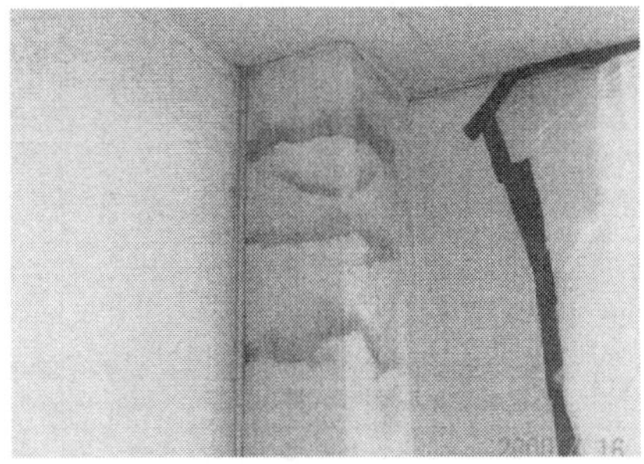 • 현상 : 기둥의 한쪽 방향으로 일정하게 균열이 발생 • 원인 : 철근의 부식에 의한 팽창으로 발생하는 균열(균열의 위치가 대근 간격과 거의 일치한다) • 구조적 판단 : 노후화에 의한 균열로 미관상 보수를 요하며 구조적인 문제는 없음.
5	 • 현상 : 벽체에 생기는 一자형 균열 • 원인 : 급속한 콘크리트의 타설로 콘크리트의 가라앉음에 의한 균열 • 구조적 판단 : 기둥이나 슬래브에 균열이 없는 상태에서 벽체의 균열은 큰 무리가 없음.	5	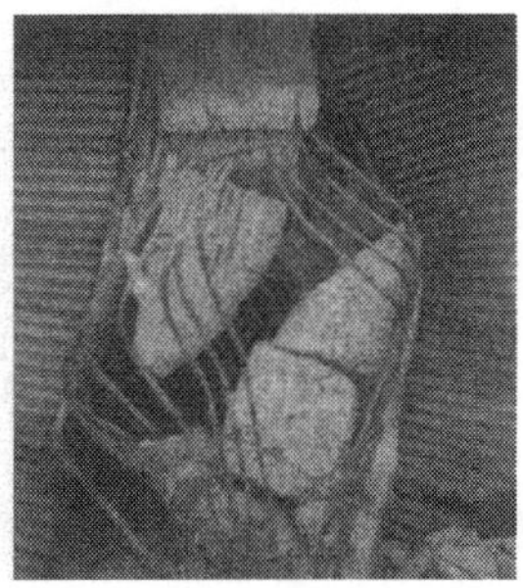 • 현상 : 기둥에 구조적 균열과 변형현상 • 원인 : 과하중이 걸릴 경우 • 구조적 판단 : 구조체 손상 여부를 판단하기 위한 정밀안전진단을 요함.
5	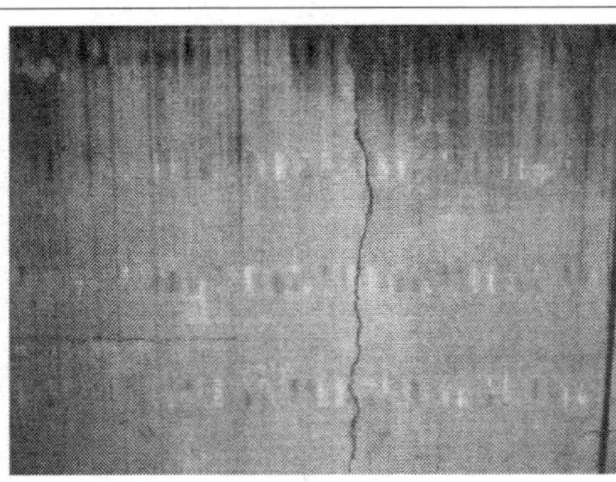 • 현상 : 세로로 일직선으로 균열 • 원인 : 기온변화에 따른 벽돌 등의 재료강도가 부족하여 일어나는 현상 • 구조적 판단 : 미관상 보수를 요하며 구조적인 문제는 없음.	5	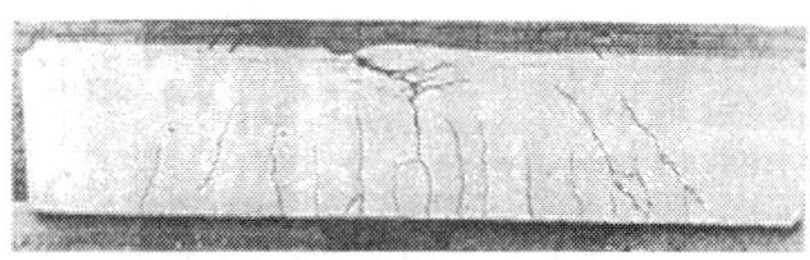 일반 철근 콘크리트 단순보의 휨파괴(Nawy, f_{ck}=240kgf/cm^2)  • 현상 : 보의 중앙 아랫부분의 균열 발생(휨균열) • 원인 : 콘크리트의 수축과 무거운 하중이 실림으로 인해 보가 휠 때 일어나는 현상 • 구조적 판단 : 구조체 손상 여부를 판단하기 위한 정밀안전진단을 요함.

5	 • 현상 : 창문 위, 아래 수직으로 일어나는 균열 • 원인 : 기온의 변화에 따라 개구부 주위와 벽면과의 온도차로 인한 균열현상 • 구조적 판단 : 미관상 보수를 요하며 구조적인 문제는 없음.	5	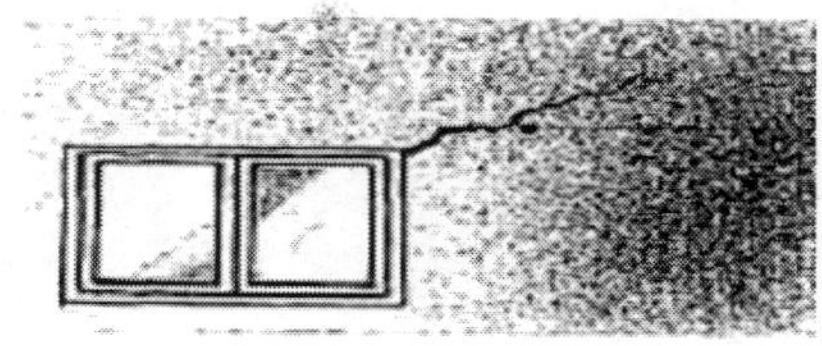 • 현상 : 창문 모서리 위, 아래 경사 방향의 균열 • 원인 : 창문 위의 하중이나 창문틀에 집중되어 일어나는 현상 • 구조적 판단 : 미관상 보수를 요하며 구조적인 문제는 없음.
5	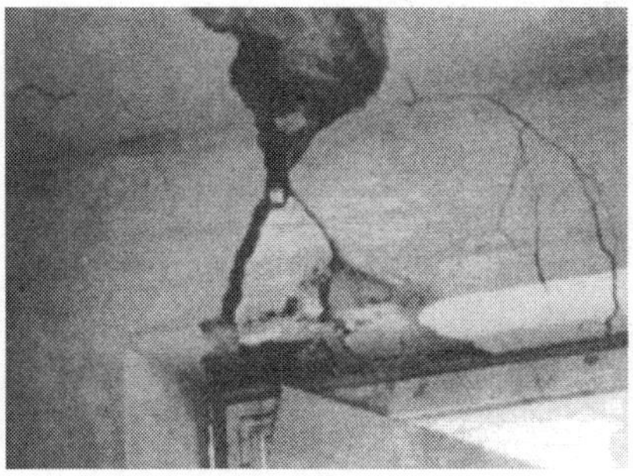 • 현상 : 보와 기둥의 접합부 부근에서 45° 방향으로 경사균열(전단균열) • 원인 : 기초가 부실하여 어느 한쪽이 가라앉을 때 일어나는 현상 • 구조적 판단 : 구조체 손상 여부를 판단하기 위한 정밀안전진단을 요함.	5	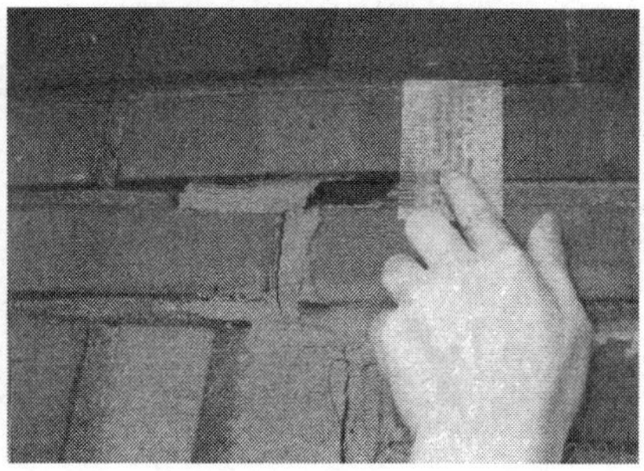 • 현상 : 일정한 경사 방향으로 균열 • 원인 : 기초가 균일하지 못하거나 지반이 불안한 경우 한쪽 면이 가라앉으면서 생기는 현상 • 구조적 판단 : 침하 벽이 비내력벽인 경우 구조적인 문제는 없으나, 내력벽인 경우 정밀안전진단을 요함.
6	 • 현상 : 콘크리트 박락에 의한 철근 노출 및 부식 • 원인 : 노후된 건물에서 철근의 부식에 따른 철근의 팽창 • 구조적 판단 : 미관상 보수를 요하며 구조적인 문제는 없음.	6	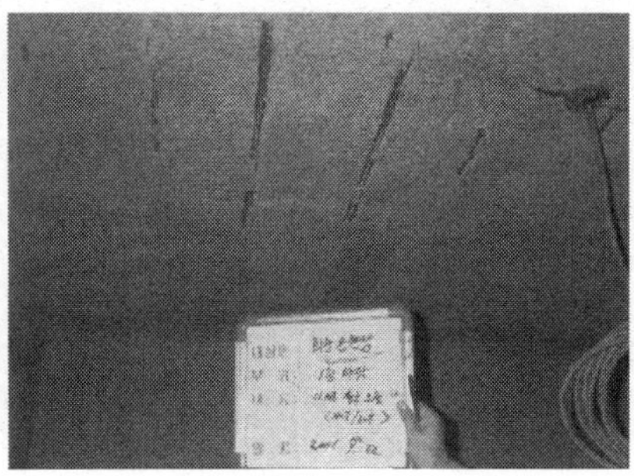 • 현상 : 슬래브 철근 노출 • 원인 : 오래된 건물에서 철근의 녹 발생으로 인한 팽창 • 구조적 판단 : 녹 제거 및 방청 처리 후 손상된 피복 두께 회복

7	 • 현상 : 진동으로 인한 뒤틀림 및 창문 파손 • 원인 : 건물 중앙부분의 지반이 약하거나 기초가 부실. 단단한 지반에서 건물길이가 길 때 중앙부가 침하 • 구조적 판단 : 구조체에 대한 영향을 검토하기 위해 지반조사가 필요함.	2	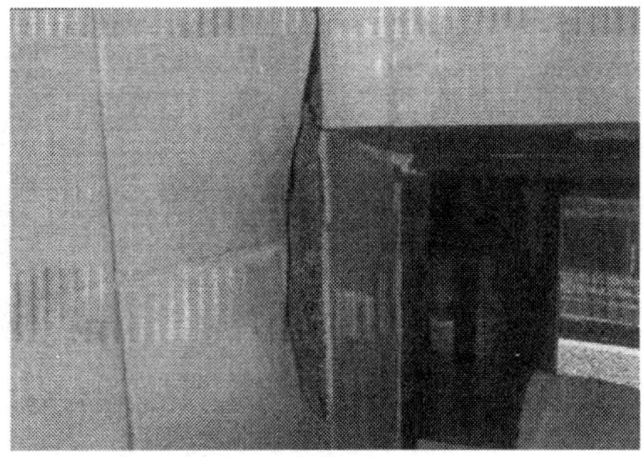 • 현상 : 화장실 벽의 타일이 자주 깨짐. • 원인 : 벽체의 침하 및 건물의 진동에 의한 현상 • 구조적 판단 : 침하 벽이 비내력벽인 경우 구조적인 문제는 없으나 내력벽인 경우 정밀안전진단을 요함.
8	 • 현상 : 이음접합 불량 • 점검내용 : 연결부 이완 및 변형 상태 유무 점검	9	 • 사진 : H–beam 보강 • 점검내용 : 보강 구조물의 접합 상태(에폭시 충진 상태 등)조사
10	 • 현상 : 도장부식 상태 • 점검내용 : 도장부식 유무 조사	11	 • 현상 : 건물 주변 경사지 • 원인 : 주변 경사면(성토와 절토부위)의 상태 조사 • 구조적 판단 : 구조체에 대한 영향을 검토하기 위해 지반조사가 필요함.

11	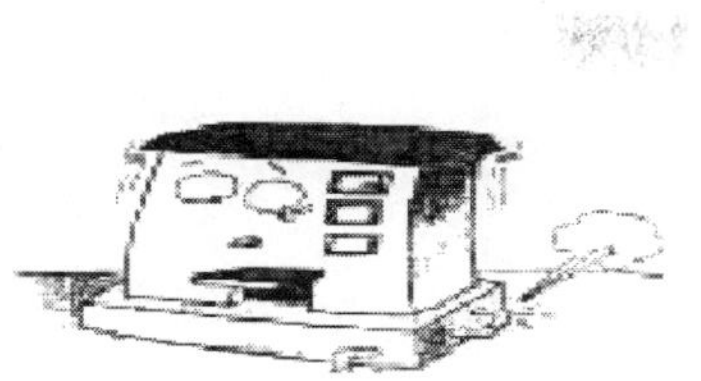 • 현상 : 인접 지중매설관이 손상 • 원인 : 부동침하에 의한 현상 • 구조적 판단 : 지반침하 상태를 계속 주시할 필요가 있음.	12	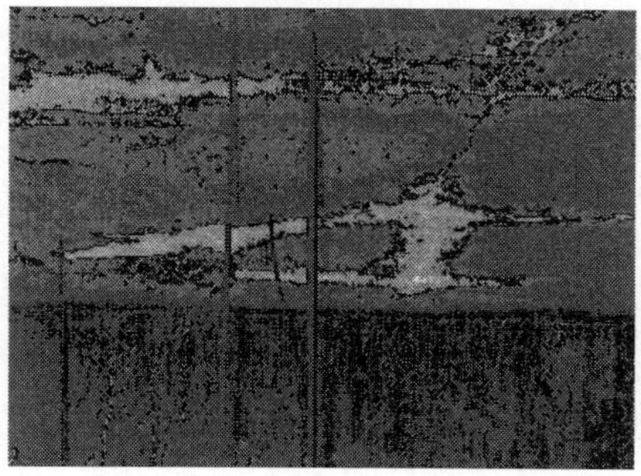 • 사진 : 누수 및 백화 • 점검내용 : 구조체 부위의 누수로 인한 피해현황 조사
13	 • 현상 : 오수맨홀 • 점검내용 : 우 · 오수 배수 불량 유무 점검	14	 • 현상 : 줄기초의 노출 및 균열 • 원인 : 기온변화에 따른 재료강도가 부족하여 일어나는 현상 • 구조적 판단 : 구조체 손상 여부를 판단하기 위한 정밀안전진단을 요함.
15	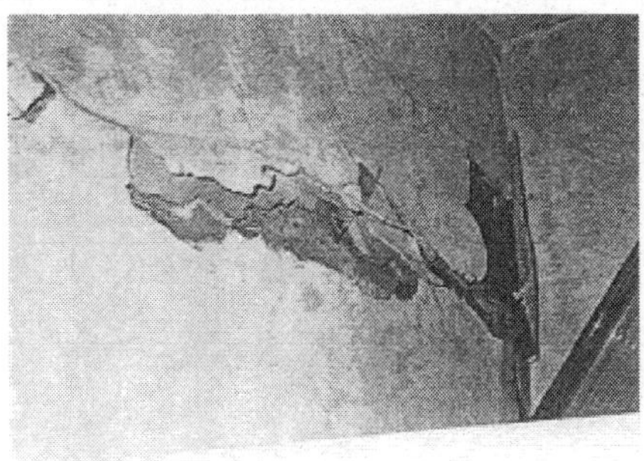 • 현상 : 이유 없이 벽지가 자주 찢어짐. • 원인 : 조적벽체 침하에 의한 현상 • 구조적 판단 : 침하 벽이 비내력벽인 경우 구조적인 문제는 없으나 내력벽인 경우 정밀안전진단을 요함.		

2) 우기 시 안전점검내용

3	 • 사진 : 바닥포장부위 침하 및 균열 • 점검내용 : 부동침하에 의한 현상	9	 • 사진 : 맨홀 • 점검내용 : 우기(장마)를 대비하여 배수로의 배수 상태 점검
9	 • 사진 : 옥상 배수로 • 점검내용 : 우기(장마)를 대비하여 배수로의 배수 상태 점검	11	 • 사진 : 옥상시설물 • 점검내용 : 외부 부착물 및 설비시설물 부착 상태 조사

3) 동절기 안전점검내용

1	 • 사진 : 적설하중으로 인한 피해지붕 붕괴 • 점검내용 : 동절기 옥상부위(눈 등) 과재 여부 조사	7	 • 사진 : 화재로 인한 피해 • 점검내용 : 화재위험요소 점검(누전, 난방기구 등)
7	 • 사진 : 소화장비 • 점검내용 : 소화장비 준비 상태 점검	11	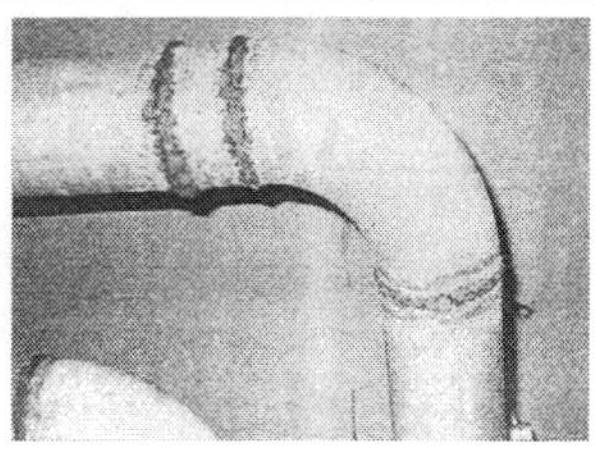 • 사진 : 설비배관 누수 및 부식 • 점검내용 : 배관설비의 동파 유무 확인

생각해 보기

1. 건축물 안전점검의 목적을 설명하시오.

2. 안전점검의 종류에 대하여 설명하시오.

3. 건축물 안전관련 법규의 종류에 대하여 설명하시오.

4. '시설물 안전관리에 관한 특별법'에 명시된 점검대상 건축물을 설명하시오.

5. 건축물(시설물)의 종합평가기준의 등급내용에 대하여 설명하시오.

제 2 장 안전진단장비

안전진단장비는 비파괴시험방법에 근거하여 구조물의 손상 없이 콘크리트의 압축강도나 균열 등의 내부결함과 철근의 위치 및 부식 상태 등을 조사하기 위한 장비로서, 적용방법에 따라 반발경도법, 초음파법, 자기법, 전위법, AE법(Accoustic Emission) 등의 접촉식 방법과 전자파법, 적외선법, 방사선법, 공진법 등의 비접촉식 방법으로 구분한다. 본 장에서는 안전진단기관에서 일반적으로 사용하는 반발경도법, 초음파법, 전자파법, 전위법, 중성화조사법에 대해 서술한다.

2.1 반발경도법

2.1.1 원리

반발경도측정기는 국제적으로 가장 널리 이용되고 있는 시험이다. 반발경도시험의 원리는 슈미트 해머(schmidt hammer) 등으로 콘크리트면을 타격할 경우, 이에 따른 반발도와 콘크리트 압축강도 사이에 상관관계가 있다는 실험적 입증에 근거하고 있다. 슈미트 해머는 1948년 스위스의 E. Schmidt에 의해 고안된

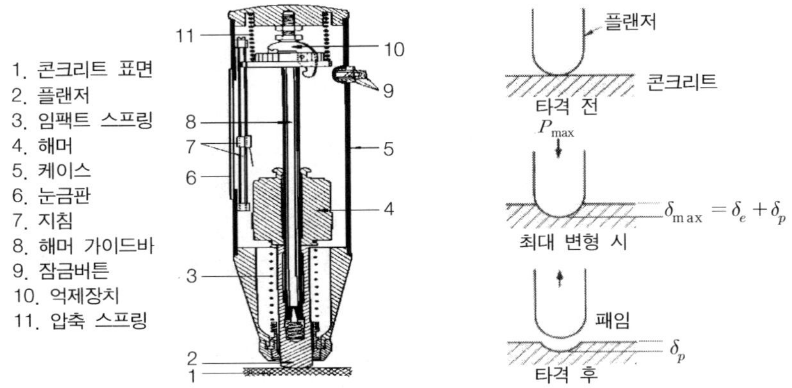

그림 2.1 슈미트 해머의 내부 기구와 콘크리트 접촉

것으로, 스프링의 복귀력으로 콘크리트 표면에 충격을 주어 반발경도를 측정하여 경화 콘크리트의 압축강도를 추정하는 것이다.

콘크리트 표면의 경도로부터 콘크리트의 압축강도를 추정하는 방법으로 그 시험방법, 적용 가능한 강도 범위, 판정식 및 판정의 평가방법에 대한 고려가 강도를 판정하는 과정에서 필요하다. 반발도는 콘크리트의 탄성계수와 비례 관계에 있고 강도는 탄성계수와 관계가 있으므로, 이에 의해 반발경도와 압축강도의 관계식을 이용하여 압축강도를 추정할 수 있다.

플랜저라 불리는 테스트 해머 선단부와 콘크리트 표면의 접촉위치에서의 개념도를 나타낸 것이다. 반발경도측정기에 의해 일정한 에너지로 콘크리트 표면을 타격했을 때, 테스트 해머의 다시 튀어 오르는 높이(반발 높이 또는 반발경도)와 콘크리트의 경도(브리넬 경도) 및 콘크리트의 강도와는 관련 있는 것이 입증되고 있다.

이에 따르면, 반발 높이는 타격에 의해 생기는 콘크리트의 패인 정도와 관련하여 패인 정도가 클수록 반발 높이가 낮아 경도는 작은 값을 나타낸다.

2.1.2 조사방법

1) 슈미트 해머의 종류

골재의 성질, 콘크리트 구조물 크기, 설계기준 강도의 크기 등에 따라 슈미트 해머의 기종을 달리 사용해야 한다. 슈미트 해머의 종류는 다음 표 2.1과 같다.

표 2.1 슈미트 해머의 종류 및 특성

기종	타격에너지 (kg · m)	강도측정 범위 (MPa)	비고
N형 (보통 콘크리트용)	0.225	15~60	• 보통건축물
NR형, 자기식 (보통 콘크리트용)	0.225	15~60	• 보통건축물 • 자동기록장치 부착
L형, LR형 (경량 콘크리트용)	0.075	10~60	• 인조석 • 민감성
P형, PT형 (저강도 콘크리트용)	0.09	P : 5~15 PT : 0.492~8.085	• 저압축강도 • 전자식
M형 (매스 콘크리트용)	3.00	60~100	• 댐, 도로, 활주로

2) 타격부위 선정

측정위치에서 슈미트 해머의 타격점은 그림 2.2와 같이 간격을 3cm로 하고 가로 4열, 세로 5열의 20개를 표준으로 한다. 타격 면은 마감을 제거하고 평탄하게 만들며 공극, 노출된 자갈부분은 타격점에서 제외한다.

측정위치는 기둥의 경우 상부 · 중앙부 · 모서리부 등에서, 보의 경우 단부 · 중앙부 등의 양측면에서, 벽은 기둥이나 보 슬래브 등 인접 부재 부근과 중앙부로 한다. 또한 모서리는 평면부와 반발도(R)의 차이가 있으므로 모서리에서 최소 3~6cm 정도 떨어진 위치에서 조사한다.

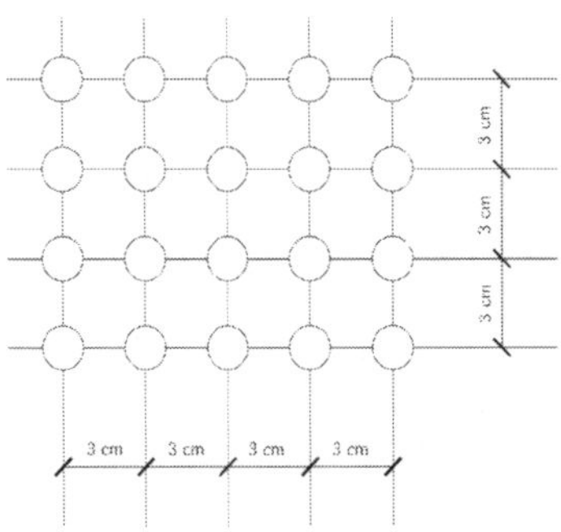

그림 2.2 타격점의 간격

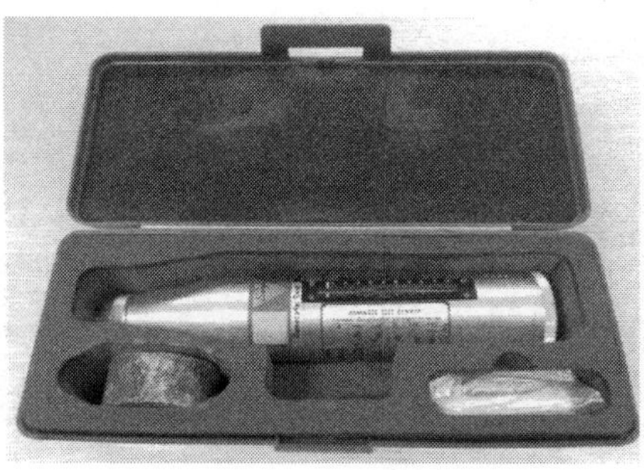

그림 2.3 슈미트 해머

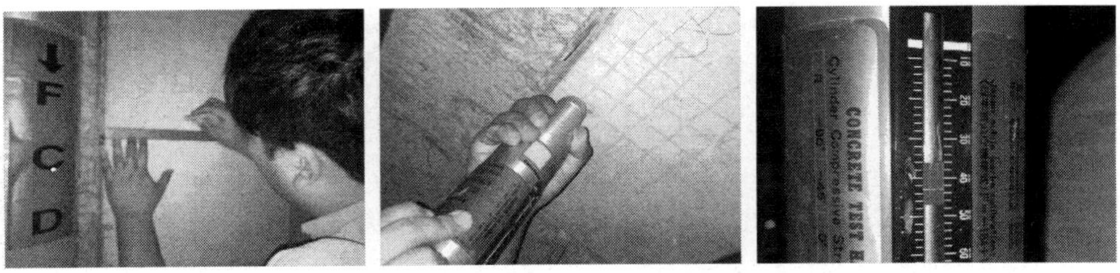

그림 2.4 반발경도 측정시험 과정

3) 측정값의 판독 및 처리

측정값을 판독할 때 원칙적으로 정수값을 읽도록 한다. 타격 시 반향음이 이상하거나 타격점이 움푹 들어가는 경우의 값과 평균 타격값의 ±20%를 넘는 값을 제외하고 평균을 계산한다.

2.1.3 결과 판정

1) 콘크리트 압축강도 추정

현장에서 슈미트 해머에 의한 강도 추정은 식 (2.1)~식 (2.3)의 반발경도와 압축강도의 제안 식에 의한 계산값 중 가장 작은 값으로 한다. 강도추정 식에는 타격 방향, 콘크리트의 재령 등 측정 시의 제반조건에 따른 보정계수가 포함되어 있다.

① 일본재료학회 제안식

$$f = (13R - 184) \times 0.098 \tag{2.1}$$

② 동경도 건축재료검사소 제안식

$$f = (10R - 110) \times 0.098 \tag{2.2}$$

③ 일본건축학회 제안식

$$f = (7.3R + 100) \times 0.098 \tag{2.3}$$

여기서, f : 제안 식에 의한 압축강도 계산값(MPa)

R : 기준경도, $R = R_0 + \Delta R$

R_0 : 측정경도, ΔR : 보정계수

2) 보정계수

① 타격 방향 보정계수 : 수평 방향이 아닌 방향으로 타격 시 표 2.2의 보정계수 ΔR을 측정 경도 R_0에 더한다.

② 건조 상태 보정계수 : 콘크리트 압축강도가 같더라도 반발경도는 건조한 경우가 습윤 시보다 크게 나타나기 때문에 완전히 젖은 상태의 경우 $\Delta R=+5$를, 습하고 타격의 흔적이 보이는 경우 $\Delta R=+3$을 측정경도 R_0에 더한다.

③ 재령 보정계수(α_n) : 재령 증가에 따른 반발경도의 증가율을 반영하기 위해 식 (2.1)~식 (2.3)의 계산값에 표 2.3의 보정계수를 곱하여 압축강도를 보정한다.

표 2.2 타격 방향 보정계수

반발경도	보정값				타격 방향
	+90°	+45°	−45°	−90°	
10			+2.4	+3.2	
20	−5.4	−3.5	+2.5	+3.4	
30	−4.7	−3.1	+2.3	+3.1	
40	−3.9	−2.6	+2.0	+2.7	
50	−3.1	−2.1	+1.6	+2.2	
60	−2.3	−1.6	+1.3	+1.7	

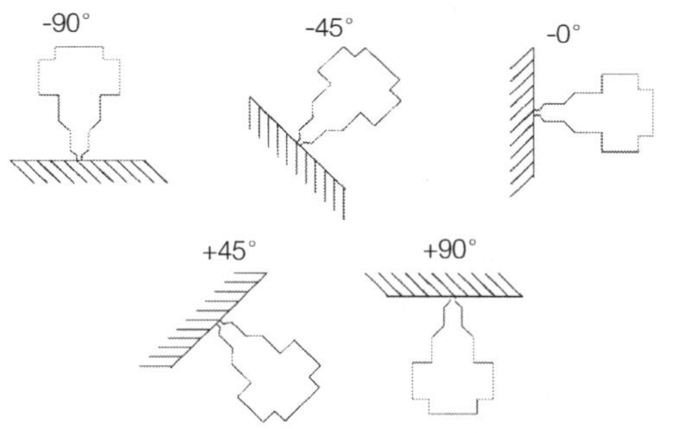

표 2.3 재령에 따른 보정계수(α_n)

재령 (일)	4	7	10	14	20	21	28	30	40	50	60
보정 계수	1.90	1.72	1.55	1.36	1.15	1.12	1.00	0.99	0.93	0.87	0.86
재령 (일)	70	80	90	100	150	200	300	400	500	750	1000
보정 계수	0.84	0.82	0.80	0.78	0.74	0.72	0.70	0.68	0.67	0.66	0.65
재령 (일)	2000	3000	4000	5000	6000	7000	8000	9000	10000	100000	
보정 계수	0.64	0.63	0.629	0.628	0.627	0.626	0.625	0.624	0.623	0.6	

표 2.4 콘크리트 압축강도 조사 결과표

구분	측정위치( )				
타격값 (R_0 – 총 20개)					
타격 평균값					
타격각도에 따른 보정계수(ΔR)					
제안 식에 의한 최소 압축강도 계산($f_{\min}$)					
재령에 따른 보정값(α_n)					
추정 압축강도 ($f_c = \alpha_n \cdot f_{\min}$)					

2.2 초음파법

2.2.1 원리

초음파(ultra sonics)란 인간의 귀로는 들을 수 없는 영역의 고주파수를 갖는 높은 음을 뜻하며, 일반적으로 콘크리트와 같이 고체물질 내에서 전달되는 초음파의 이동속도를 정확히 측정할 수 있다면 콘크리트의 강도나 물성변화를 확인하는 근거자료가 될 수 있다. 초음파를 이용한 비파검사법의 기본적인 구성은 그림 2.5와 같으며, 여기서 발진자로부터 발생된 초음파가 거리 L만큼 떨어진 수진자에 전달되는 시간 T를 측정함으로써, 초음파가 측정부위를 통과하는 속도 $V = L/T$를 구할 수 있다.

이러한 초음파 속도를 이용했을 경우 가능한 비파괴검사 항목은 다음과 같다.

① 콘크리트 품질 및 강도 추정

② 내부공극 및 균열의 유무 추정

③ 균열 깊이의 추정

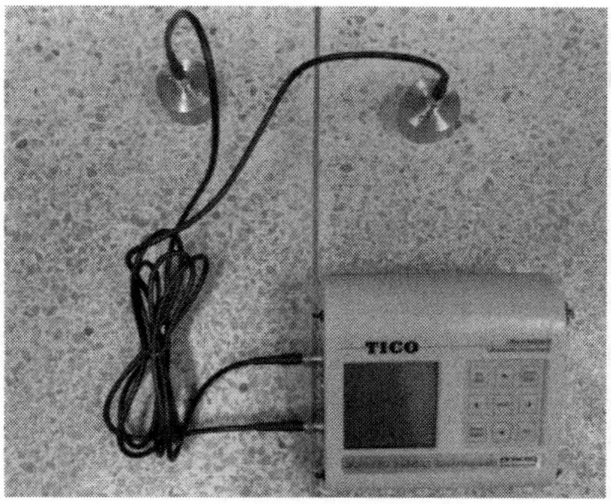

그림 2.5 초음파 속도 측정기

2.2.2 조사방법

초음파 속도 측정방법은 다음 세 가지의 발진자 – 수진자 배치방법이 가능하며, 그림 2.6과 같다.

① 직접법(direct method ; 대향배치)

② 표면법(surface method ; 표면배치)

③ 간접법(indirect method ; 사각배치)

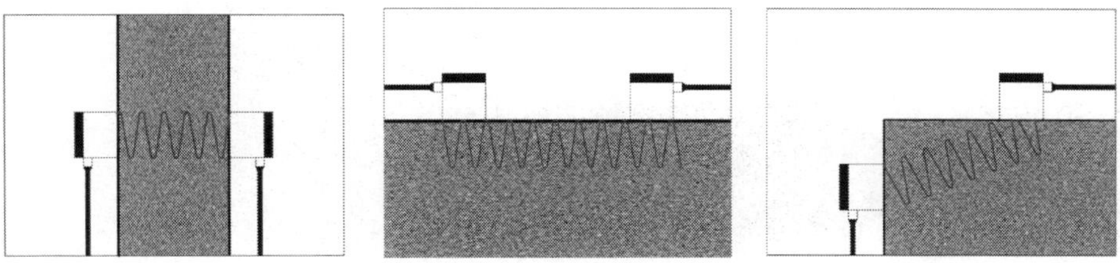

(a) 직접법 (b) 표면법 (c) 간접법

그림 2.6 발진자 - 수진자 배치방법

직접법은 발진자 표면으로부터 직각 방향으로 가장 많은 에너지가 전파되므로 민감도가 가장 좋아 정확한 결과를 얻을 수 있다. 표면법은 직접법과 간접법의 중간 정도의 민감도를 갖지만 발진자와 수진자 표면의 중심 간 거리를 전달거리로 보면 충분한 정확도를 가지는 것으로 볼 수 있다. 간접법은 콘크리트의 한

면만 측정 가능할 때나 표면균열 깊이 측정 시에 사용된다. 간접법은 세 가지 배치방법 중에서 가장 낮은 민감도를 가지며, 초음파 전달거리를 정확히 측정할 수 없어 발진자와 수진자 사이의 거리를 변화시키면서 여러 번 측정하는 것이 바람직하다.

측정 시 발진자와 수진자의 초음파를 원활히 전달하기 위해서는 콘크리트 표면과의 접촉면에 공기층이 없도록 해야 하며, 이를 위해 그리스 등의 점성재료를 사용한다.

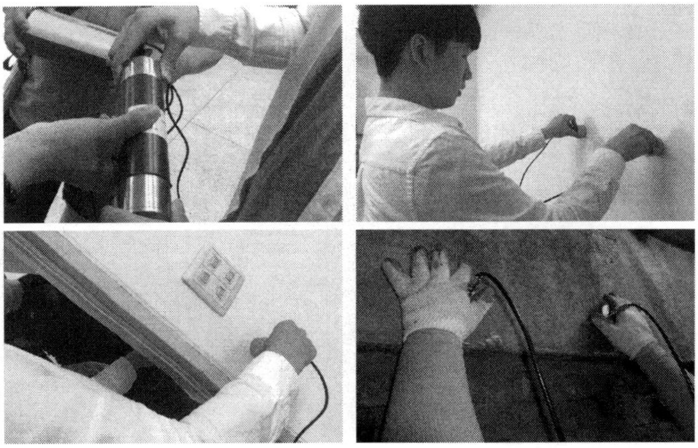

그림 2.7 초음파 속도 측정방법

2.2.3 결과 판정

1) 콘크리트 품질 추정

콘크리트 품질은 균질도에 따라 추정할 수 있고, 이는 초음파 속도의 변화로 판정할 수 있다. 즉 콘크리트 내부가 비교적 균질하다면 측정부위에 따른 초음파 속도의 변화가 미약하지만 콘크리트 내부가 불균질하다면 측정부위에 따라 초음파 속도의 변화가 매우 심할 것이다. 이때 콘크리트 품질의 지표로서 측정된 초음파 속도값들의 표준편차(standard deviation) 또는 변동계수(coefficient of variation)를 사용한다.

2) 콘크리트 압축강도 추정

초음파 속도를 이용하여 콘크리트의 압축강도를 추정하는 것이 가능하지만(식 2.4, 2.5), 이 경우 콘크리트 재령, 양생조건, 습도, 배합조건, 골재나 시멘트 종류 등의 영향인자에 대한 정확한 파악이 필요하다. 따라서 실제 안전진단에서는 초음파 속도만으로 추정된 압축강도는 신뢰도가 낮으며, 초음파법과 반발경도법을 종합하여 압축강도를 추정한다.

초음파 속도 및 반발경도와 압축강도와의 상관관계 실험식으로는 일본건축학회의 식(2.6)과 RILEM의 식(2.7)이 대표적으로 제시되어 있다.

$$f = (215V - 620) \times 0.098 \quad \text{(일본건축학회)} \qquad (2.4)$$

$$f = (102V - 117) \times 0.098 \quad \text{(일본재료학회)} \qquad (2.5)$$

$$f = (8.2R + 269V - 1094) \times 0.098 \quad \text{(일본건축학회)} \qquad (2.6)$$

$$f = 0.85 \times (10^{0.3794V + 0.01149R + 0.4332}) \times 0.098 \quad \text{(RILEM)} \qquad (2.7)$$

여기서, f : 콘크리트 압축강도(MPa)

R : 반발경도

V : 초음파 속도 (km/sec)

3) 내부공극 및 균열의 유무 추정

콘크리트 내부를 진행하던 초음파가 콘크리트와 공기의 경계층에 도달하면, 대부분의 에너지가 이 경계층을 통과하지 못하게 된다. 수진자와 발진자 사이에 균열이 존재하면 초음파는 직접 전달되지 못하고 균열 주위를 우회하여 도달된다. 따라서 초음파의 수진자 도달속도나 시간을 비교 분석함으로써 내부공극이나 균열 유무를 추정할 수 있다. 초음파법에 의해 추정할 수 있는 공극의 크기는 지름 100mm 이상이다.

4) 균열 깊이의 추정

균열 깊이를 추정할 시에는 초음파의 종류인 종파, 횡파, 표면파 중의 선택과 검출 항목인 전달시간, 주파수, 위상의 선택에 따라 많은 방법이 있으며, 대표적인 추정법은 다음과 같다.

(1) $T_c - T_o$법

종파용 발·수진자를 그림 2.8과 같이 균열부위를 중심으로 같은 간격으로 설치하였을 때, 균열 끝부분을 우회하여 도달된 초음파의 전달시간 T_c와 균열이 없는 부분에서의 발·수진자의 거리 L에서의 전파시간 T_o부터 식 (2.8)에 의해 균열 깊이를 구한다.

$$D = \frac{L}{2} \cdot \sqrt{\left(\frac{T_c}{T_o}\right)^2 - 1} \tag{2.8}$$

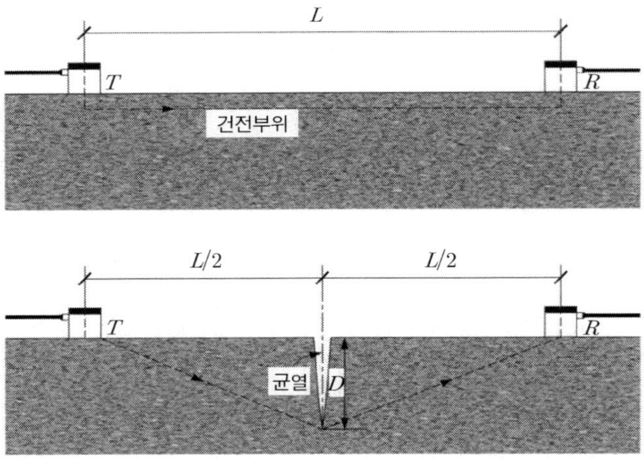

그림 2.8 $T_c - T_o$법의 개요

(2) BS-4408법

균열부위를 중심으로 그림 2.9와 같이 종파용 발진자와 수진자를 150mm와 300mm 간격으로 배치하여 각각의 전파시간을 구하는 방법으로서 식 (2.9)에 의해 균열 깊이를 구한다.

$$D = 150\sqrt{\frac{4t_1^2 - t_2^2}{t_2^2 - t_1^2}} \tag{2.9}$$

여기서, D : 균열 깊이

t_1 : 150mm 간격 시의 전파시간

t_2 : 300mm 간격 시의 전파시간

이때, 균열로부터 발·수진자까지의 거리는 진동자의 중심까지의 거리가 아니라 진동자 끝단까지의 거리를 사용한다.

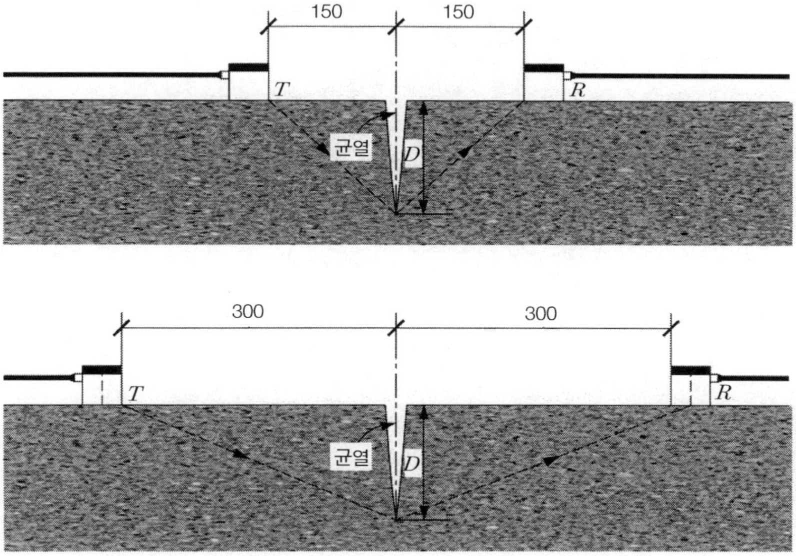

그림 2.9 BS-4408법에 의한 균열 깊이 측정

2.3 전자파법

2.3.1 원리

이 방법은 해당 물체 내에 송신된 전자파가 전기적 특성이 다른 물질(철근, 매설물, 공동 등)의 경계에서 반사파를 일으키는 성질을 이용하여 그 반사파의 영향을 해석함으로써 조사를 행하는 방법이다.

전자파의 전파에 영향을 미치는 전기적 특성으로는 전기비저항과 비유전율이 있는데, 전자파의 전파속도는 비유전율에 주로 영향을 받는다. 따라서 콘크리트 내부에 송신된 전자파는 전기적 특성이 다른 두 매질의 경계면(콘크리트/철근)에서 반사파가 생기며, 이러한 성질을 이용하여 그 반사파의 영상을 해석하는 것으로 조사를 실시한다. 따라서 안테나를 콘크리트 표면 위에서 이동하면 표면상의 위치를 측정할 수 있다. 전자파법에 의한 철근탐사기는 그림 2.10과 같다.

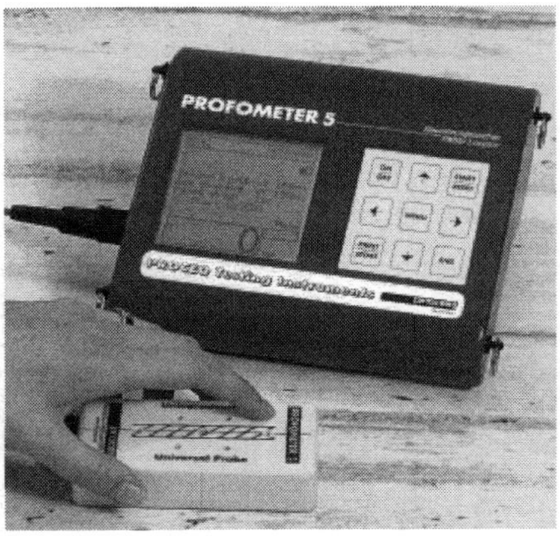

그림 2.10 철근탐사기

2.3.2 조사방법

콘크리트 내부의 철근 배근 조사는 안테나부에서 콘크리트 내부로 수 ns(10^{-9}초)마다 단파를 송신하고, 철근의 경계면에서 반사되어 되돌아온 반사파를 수신하는 과정으로 이루어진다. 이때, 안테나 위치와 반사파 분포의 관계로부터 철근의 위치와 깊이 D를 식 (2.10)에 의해 계산할 수 있다.

$$D = \frac{VT}{2} \qquad (2.10)$$

여기서, V는 콘크리트 내부의 전자파 전파속도는 식 (2.11)로 표현된다.

$$V = \frac{C}{\sqrt{\xi_r}} \text{ (m/s)} \qquad (2.11)$$

단, C는 공기 중에서의 전자파의 속도($=3\times 10^{8}$m/s)이며, ξ_r는 콘크리트의 비유전율로서 실측값을 사용하며, 일반적으로 6~12 정도의 범위 내의 값이다. T는 송신파와 수신파의 시간차(two-way travel time)로서 그림 2.11과 같이 나타낼 수 있다.

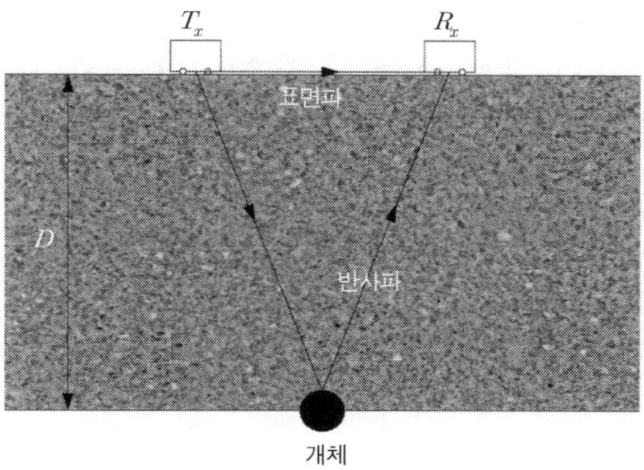

그림 2.11 표면파와 반사파의 전달경로

그림 2.12 전자파법을 이용한 철근탐사 전경

2.3.3 결과 판정

철근탐지기는 철근이나 콘크리트 내부공극으로부터의 반사신호의 측정 내용이 그림 2.13과 같이 철근탐사기 화면에 표시된다. 화면을 통해 철근의 지름, 간격 및 피복 두께를 확인할 수 있으나 검색조건에 따라 오차가 많이 발생하므로 세심한 주의가 필요하다.

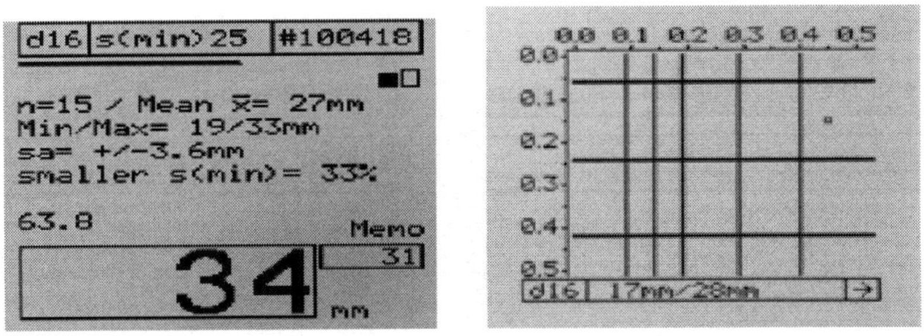

(a) 철근의 지름과 피복 두께　　　(b) 철근의 간격

그림 2.13 측정 결과의 표시

2.4 자연전위법

2.4.1 원리

자연전위법은 그림 2.14와 같은 철근부식도 측정기를 이용하여 콘크리트에 있는 철근의 부식 정도를 판정하기 위해 철근이 위치한 환경에서 유지하고 있는 전위를 이용하는 방법이다.

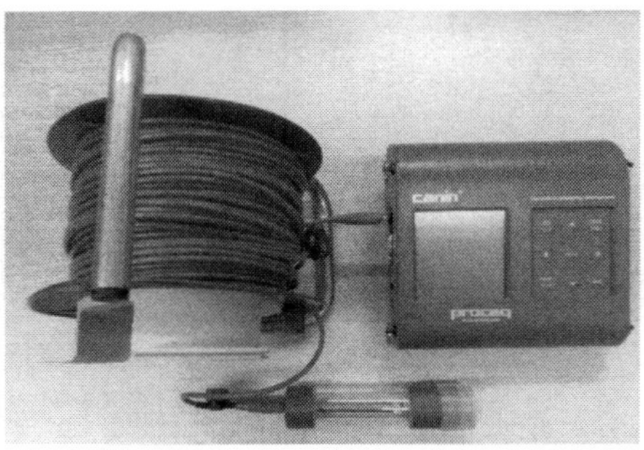

그림 2.14 철근부식도 측정기

그 원리는 정상적인 콘크리트는 강알칼리성을 나타내어 철근은 부동태화하고 있으며 그 전위는 −10∼200mV를 나타내지만, 염화물의 침투와 중성화로 철근 부식이 진행되면 그 전위는 부방향(−)으로 변화하기 때문에, 이 변화된 전위를 계측함으로써 콘크리트 내의 강재부식 유무를 판정하도록 하는 방법이다.

2.4.2 조사방법

1) 측정 준비

(1) 측정 장소의 선정

측정 장소에는 균열이나 녹물이 확인된 장소, 부식하기 쉬운 곳 또는 구조상 중요한 곳을 선정하며, 특히 건전부와 비교·평가해야 한다. 배수구 주변의 누수부, 항상 습윤 상태로 있는 부분이나 건습의 반복이 이루어지는 부분, 중성화 깊이가 비교적 깊게 진행된 부분이나 백태가 발생한 부분을 선정하여 평가한다.

(2) 철근 간의 통전시험

콘크리트의 일부를 떼어내어 철근을 두 군데 이상 노출시키고 그 표면의 녹층을 제거한 뒤 직류저항계를 사용하여 철근 간의 저항값을 측정함으로써 철근의 전기전도를 조사할 수 있다. 저항값이 5Ω 미만을 나타낸 경우에는 철근 간에 전기전도가 있는 것으로 보고 전기전도하는 범위 내를 측정대상으로 한다.

(3) 측정점(면적)의 결정

부식도 시험장비는 측정 면적에 따라 자체 내에서 전위차를 분석하여 등전위 분포도를 나타내며 측정 시 철근에 따라 거의 일정 간격에 측정점(면적)을 정하고 콘크리트 표면에 표시한다. 측정 면적은 개개인 및 시험체의 조건에 따라 다르지만, 일반적으로 100cm×100cm 정도는 확보하여 측정하는 것이 바람직할 것이다.

(4) 표면처리

오래된 콘크리트 표면에는 오물이 존재하므로 표면의 오물을 제거한다. 표면처리가 끝난 후 시험부위가 습윤 상태를 유지하도록 물을 뿌려 놓아야 한다.

(5) 전극 준비

증류수에 황산동을 포화 상태가 되도록 용해시킨다(크리스털 수용액).

나무와 청색 스펀지는 증류수에 담가 놓아 습윤 상태가 되도록 한다.

2) 측정

철근에 크로커다일 단자를 접속한다. 전극에 크리스털 수용액(Copper Sulphate)을 가득 채운 후 청색의 스펀지를 나무 플러그의 홈 안에 단단히 접속한다. 청색의 스펀지 부분을 콘크리트 표면에 눌러 댄 후 측정값이 안정되면 그 값을 기록한다. 오래 사용하여 수용액이 줄어들면 보충하면서 작업해야 한다.

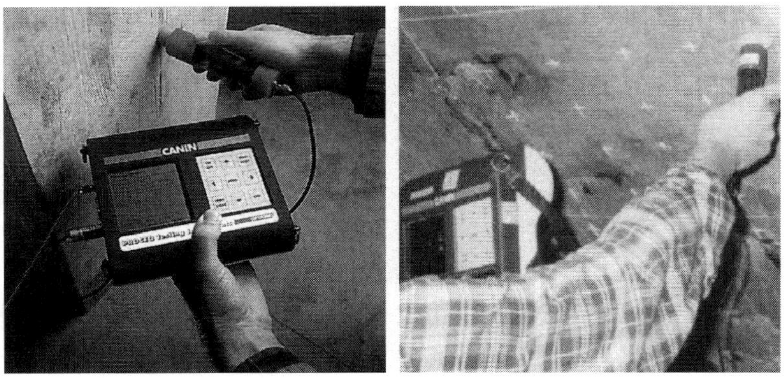

그림 2.15 철근부식 측정 전경

2.4.3 결과 판정

측정된 전위로부터 ASTM에서는 포화산동 전극을 기준으로 표 2.5의 기준으로 판정한다.

판정 시 주의할 사항으로는 자연전위의 측정값은 철근 피복, 피복 콘크리트의 수분 함유량 등에 의하여 ±50mV 정도의 차이가 발생할 수 있으며, 측정점에서 부식의 진행이 어느 위치에 있는지에 따라서도 영향을 받을 수 있다는 점으로, 측정된 자연변위가 단지 −350mV 이하라고 해서 부식되었다고 단정할 수 없다.

표 2.5 콘크리트 내부의 철근부식에 대한 상태평가 기준

평가 기준	평가점수 (대표값)	평가내용			강재의 부식환경	
		자연전위(mv)	철근의 부식상태	상태 계수	부식환경 조건	부식환경 계수(β)
a	1	$E > 0$	녹이 발생하지 않았거나 약간의 점녹이 발생한 상태	1	건조 환경	1.0
b	3	$-200 < E \le 0$	점녹이 광범위하게 발생한 상태	3	습윤 환경	1.1
c	5	$-350 < E \le -200$	면녹이 발생하였고 부분적으로 들뜬 녹이 발생한 상태	5	부식성 환경	1.2
d	7	$-500 < E \le -350$	들뜬 녹이 광범위하게 발생하였거나 20% 이하의 단면결손이 발생한 상태	7	고부식성 환경	1.3
e	9	$E \le -500$	두꺼운 층상의 녹이 발생하였거나 20% 이상의 단면결손이 발생한 상태	9	–	–

2.4.4 철근부식의 허용값

철근부식에 의해 녹이 형성되면 그 체적이 2~3배 팽창되어 그로 인한 인장력으로 콘크리트가 균열이나 박리 또는 박락이 생기게 되어 구조물에 내력 및 성능을 저하시키게 된다. 각 철근부식 관련 기준에서 언급하는 철근부식에 허용값은 표 2.6과 같다.

표 2.6 철근부식에 대한 허용값

기관	허용값
ACI Code (Con'c Inspection)	• 얇은 박판 형태의 녹이나 Mill Scale은 부착력에 지장을 주지 않는다.
CEB-FIP Model Code(1990)	• 철근부식도가 철근 지름의 1% 이하이면 인장력에 영향을 주지 않는다. • 철근부식도가 철근 단면의 3~5% 이하이면 인장력에 영향을 주지 않는다.
Build Design And Construction Handbook	• 심하게 녹슨 철근의 경우 공칭 중량의 6% 이하의 부식도는 사용 시 문제되지 않는다.

2.5 중성화 조사법

2.5.1 원리

보통 포틀랜드 시멘트로 타설하면 콘크리트가 경화하는 과정에 있어서 시멘트 양의 약 1/3의 수산화칼슘($Ca(OH)_2$)이 생성된다. 콘크리트의 탄산화에서는 수산화칼슘의 영향이 가장 크며, 그림 2.16에서 보는 바와 같이 pH는 12~13 정도의 강알칼리성인 수산화칼슘이 대기 중에 포함되어 있는 탄산가스와 반응하여 탄산칼슘($CaCO_3$)과 물로 변화하여 탄산칼슘으로 변화한 부분의 pH가 8.5~10 정도로 낮아지는 것을 탄산화라고 하는데, pH가 약 10 이하가 되는 시점에서 강재의 부동태가 급격하게 손상되어 철근에 부식이 발생하게 된다.

강재가 부식하면 부식생성물에 의해 콘크리트와의 부착력이 저하함과 동시에 그 팽창압력에 의해 피복 콘크리트에 균열이 생기며, 이 균열을 통하여 부식속도가 급격히 가속되어 RC구조물로서의 구조내력 저하를 일으킨다.

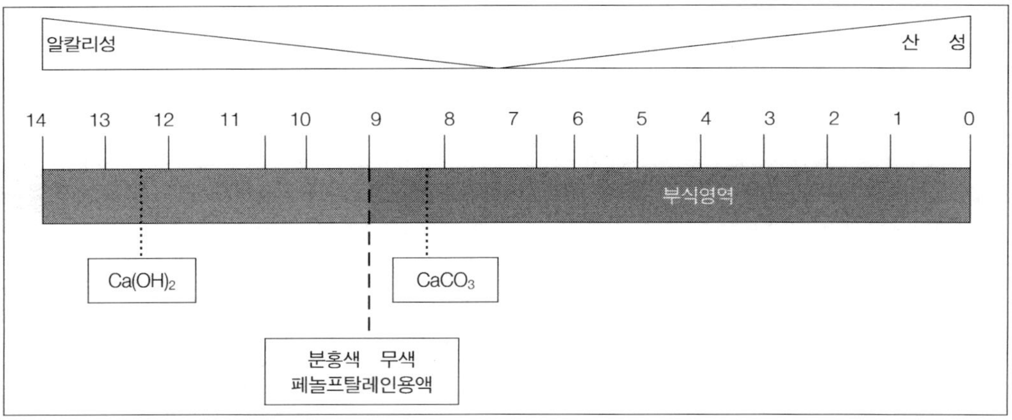

그림 2.16 콘크리트의 탄산화와 철근부식

2.5.2 조사방법

콘크리트 측정부위를 드릴로 천공, 모서리부, 국주파손, 코어 채취 등을 이용하여 시험체를 만든 다음 압축공기 뿜기, 솔질, 물청소 등으로 표면을 깨끗이 청소한 후 그 파단면에 1%의 페놀프탈레인 알코올 용액을 분무하여 변색 여부를 관찰하는 방법이다.

분무 시기는 표면청소 또는 물청소를 하였을 경우 표면이 완전히 건조되었을 때 실시하는 것이 효과적이다. 분무한 단면이 무색인 경우는 중성화된 것이며 적색으로 변화된 파단면은 비중성화된 부분으로 판정한다. 또한 중성화 깊이에는 착색 후 퇴색되는 영역도 중성화 영역에 포함시키도록 한다.

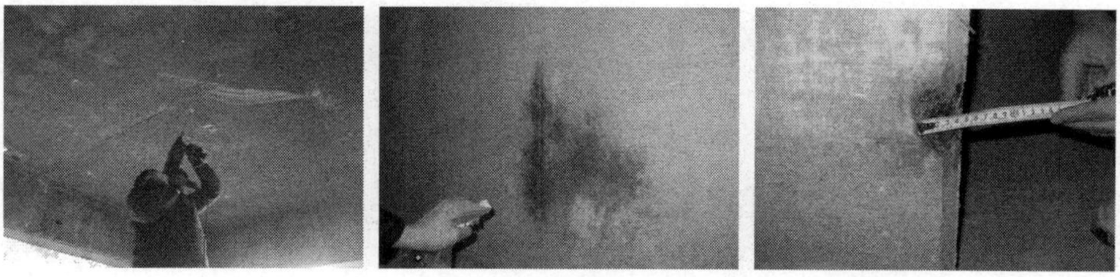

그림 2.17 중성화 깊이 측정 전경

2.5.3 결과 판정

1) 경과연수 산정

철근 콘크리트 구조물의 수명은 일반환경에서는 철근의 부식확률로서 판별되는데, 이는 콘크리트의 중성화 깊이와 피복 두께의 상관관계에 의해, 그리고 시멘트의 종류, 콘크리트의 품질, 환경조건 등에 따라 결정된다.

중성화가 진행하는 빠르기(중성화 속도)는 시멘트의 종류, 콘크리트의 품질, 환경조건 등에 따라 서로 다르지만 일본건축학회 표준시방서에서는 식 (2.12)와 식 (2.13)과 같이 제안하고 있다.

$$y = \frac{0.3 \times (1.15 + 3X)}{R^2 (X - 0.25)^2} C^2 \quad (X \geq 0.6) \tag{2.12}$$

$$y = \frac{7.2}{R^2 (4.6X - 1.76)^2} C^2 \quad (X < 0.6) \tag{2.12}$$

여기서, y : C까지 중성화되는 기간(년)

X : 강도상의 물-시멘트비

C : 중성화 깊이(cm)

R : 중성화 비율

표 2.7 콘크리트의 종류별 중성화 비율(R)

시멘트의 종류 \ 골재의 종류 / 혼화제 종류	강모래 · 강자갈			강모래 · 화산골재			화산골재		
	플레인	AE제	AE 감수제	플레인	AE제	AE 감수제	플레인	AE제	AE 감수제
보통 포틀랜드 시멘트	1.0	0.6	0.4	1.2	0.8	0.5	2.9	1.8	1.1
조강 포틀랜드 시멘트	0.6	0.4	0.2	0.7	0.4	0.3	1.8	1.0	0.7
고로 시멘트(슬래그 30~40%)	1.4	0.8	0.6	1.7	1.0	0.7	4.1	2.4	0.6
고로 시멘트(슬래그 60% 전후)	2.2	1.3	0.9	2.6	1.6	1.1	6.4	3.8	2.6
실리카 시멘트	1.7	1.0	0.7	2.0	1.2	0.8	4.9	3.0	2.0
플라이애시 시멘트 (플라이애시 20%)	1.9	1.1	0.8	2.3	1.4	0.9	5.5	3.3	2.2

2) 중성화에 의한 성능저하평가 방법

국토교통부에서 발간된 안전점검 및 정밀안전진단 세부지침에 따라 중성화에 의한 성능저하평가를 철근의 피복 두께와 중성화의 관계를 검토하여 콘크리트 상태를 평가한다. 중성화에 의한 콘크리트의 성능저하 등급은 표 2.8에 의하고

표 2.8 콘크리트 중성화에 대한 성능저하 등급

대표 등급	평가기준	평가점수(대표값)
a	C_t * ≦ 0.25D**	1
b	0.25D< C_t ≦ 0.5D	3
c	0.5D< C_t ≦ 0.75D	5
d	0.75D< C_t ≦ D	7
e	C_t >D	9

* C_t : 콘크리트 중성화 깊이(cm)

** D : 측정된 철근의 피복 두께(cm)

표 2.9의 중성화 등급별 조치사항에 맞게 조치해야 한다. 표 2.9에서 등급이 C, D, E인 경우는 보수가 필요하다. 등급 E의 경우는 철근의 부식도를 검토해야 하며, 필요한 경우에는 보수·보강한다.

표 2.9 중성화 등급별 조치사항

대표 등급	조치사항
a	중성화 속도 추정
b	중성화 속도, 도장 등의 보호 필요
c	중성화 속도 추정, 염화물 함량 검토 보수 필요
d	중성화 속도 추정, 염화물 함량과 철근부식도 검토 보수 필요
e	철근부식도 검토 보수 혹은 보강 필요

생각해 보기

1. 슈미트 해머로 측정한 결과가 그림과 같을 때 추정식을 이용하여 압축강도(MPa)를 추정하시오. (단, 타격각 0°, 완전습윤상태, 콘크리트 재령 : 300일)

27	23	34	26	27
36	35	27	33	32
28	34	31	34	44
29	26	27	26	38
29	30	30	38	36

2. 다음은 BS 4408 시험법에 의해 초음파속도를 측정한 결과 값이다. 균열 깊이를 계산하시오.

$t_1 = 120.5(\text{km/s})$

$t_2 = 227.4(\text{km/s})$

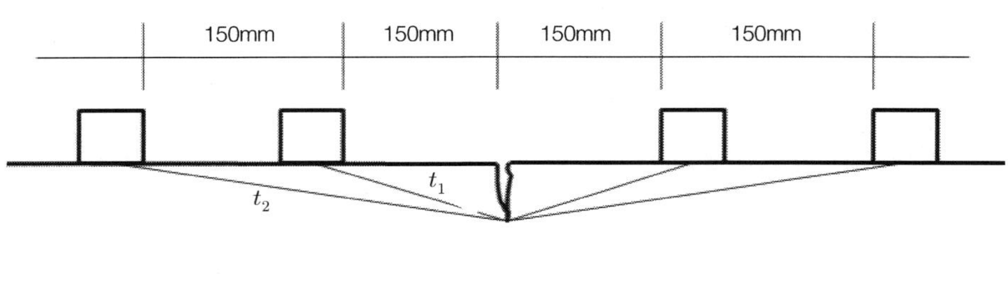

3. 콘크리트구조물의 중성화(탄산화) 조사방법에 대하여 설명하시오.

제 3 장

균열의 원인과 대책

3.1 개요

콘크리트는 압축강도가 우수한 반면에 인장강도가 매우 취약하여 콘크리트의 부재에 인장응력이 발생하면 쉽게 균열이 발생한다. 콘크리트 구조물에 균열이 발생하면 구조물의 구조적 안정성뿐만 아니라 내구성, 방수성 및 미관 등에도 악영향을 미치므로 콘크리트 구조물에 균열이 발생하지 않도록 설계하거나 균열이 발생한 이후에도 이에 대한 대책을 적절히 강구하여 구조물의 안전과 내구성, 사용성 등의 기능이 저해되지 않도록 해야 한다.

콘크리트에서 발생하는 균열은 콘크리트의 완전한 경화 이전에 발생하는 초기 균열과 경화 이후에 발생하는 균열로 대별할 수 있다.

초기 균열은 콘크리트 내에서의 불균등한 침하, 콘크리트 표면에서의 급격한 수분 손실, 콘크리트 표면의 경화가 진행되는 동안 내부 콘크리트의 침하가 동시에 이루어짐에 의한 균열, 거푸집 변형에 따른 균열 및 진동, 재하에 의한 균열 등으로 나눌 수 있다.

콘크리트가 경화한 후에 발생하는 균열의 종류는 건조수축에 의한 균열, 알칼리 골재 반응, 이상물질의 혼입, 철근의 녹 등의 화학반응에 의하여 일어나는 균열, 열응력 등 콘크리트 내외의 온도차에 의하여 생기는 균열, 구조물의 형상, 배근상의 응력집중에 기인하는 균열, 하중 과다 또는 과격한 기계진동에 의한 균열, 지진충격 등의 우발사고에 의한 균열 등으로 구분할 수 있다.

콘크리트에 균열이 발생하는 원인으로는 크게 재료적 · 시공적 · 구조적 · 사용 환경적 요인으로 분류해 볼 수 있다. 각각의 균열원인은 독립적으로 작용하여

표 3.1 콘크리트의 균열원인

<table>
<tr><th>구분</th><th colspan="2">균열원인</th></tr>
<tr><td rowspan="7">재료적 원인</td><td colspan="2">시멘트 이상응결</td></tr>
<tr><td colspan="2">시멘트 이상팽창</td></tr>
<tr><td colspan="2">콘크리트 침하 및 블리딩</td></tr>
<tr><td colspan="2">골재에 포함된 토분</td></tr>
<tr><td colspan="2">시멘트 수화열</td></tr>
<tr><td colspan="2">콘크리트 건조수축</td></tr>
<tr><td colspan="2">알칼리 골재 반응</td></tr>
<tr><td rowspan="11">시공적 원인</td><td colspan="2">장시간의 혼합</td></tr>
<tr><td colspan="2">펌프압송 시의 시멘트양과 수량의 증량</td></tr>
<tr><td colspan="2">철근의 유동, 피복 두께의 감소</td></tr>
<tr><td colspan="2">급속한 콘크리트 타설</td></tr>
<tr><td colspan="2">불균등한 타설</td></tr>
<tr><td colspan="2">거푸집의 변형</td></tr>
<tr><td colspan="2">시공이음의 불량</td></tr>
<tr><td colspan="2">경화 전의 진동과 재하</td></tr>
<tr><td rowspan="2">초기 양생 불량</td><td>급격한 건조</td></tr>
<tr><td>초기 동결</td></tr>
<tr><td colspan="2">동바리 침하</td></tr>
<tr><td rowspan="6">사용과정의 원인</td><td colspan="2">환경온도 · 습도의 변화</td></tr>
<tr><td colspan="2">콘크리트 부재 양면의 온도 · 습도 차이</td></tr>
<tr><td colspan="2">동결융해의 반복</td></tr>
<tr><td colspan="2">화재에 의한 표면 가열</td></tr>
<tr><td colspan="2">내부 철근의 녹 발생으로 인한 팽창</td></tr>
<tr><td colspan="2">산 · 염류의 화학작용</td></tr>
<tr><td rowspan="4">구조적 원인</td><td rowspan="2">과하중
(지진, 적재하중)</td><td>휨</td></tr>
<tr><td>전단</td></tr>
<tr><td colspan="2">단면 · 철근량 부족</td></tr>
<tr><td colspan="2">구조물의 부동침하</td></tr>
</table>

균열을 유발하기도 하지만, 여러 가지 요인이 복합적으로 작용하는 경우가 일반적이다. 콘크리트의 균열에 영향을 미치는 여러 가지 원인을 개괄적으로 정리하면 표 3.1과 같다.

3.2 재료적 원인에 의한 균열

3.2.1 콘크리트 타설 직후의 소성수축에 의한 균열

1) 용어 정리와 기본개념

(1) 콘크리트의 소성수축

콘크리트를 타설하고 나면 블리딩수가 상승하여 상부 표면에 고이게 되는데, 건조한 바람이나 고온 저습한 외기 상태로 인해서 표면의 수분증발량이 블리딩수 양보다 많아지게 되면 표면이 급격히 건조하게 되어 수축하게 된다. 이러한 현상을 콘크리트의 소성수축이라 한다.

(2) 소성수축균열

콘크리트 타설 직후의 초기 경화과정에서 소성수축으로 인하여 발생하는 균열을 소성수축균열이라 한다.

2) 소성수축균열의 발생원인

콘크리트에서 소성수축에 의한 균열은 대부분 노출된 표면에서 일어나는데 바람이 강하거나, 상대습도가 낮거나, 대기온도 또는 콘크리트 내부의 온도가 높을수록 많이 발생한다.

3) 소성수축균열의 현상

소성수축균열은 모든 방향으로 생성되며 초기 경화과정에서의 시멘트 페이스트 결합력이 충분하지 않으므로 골재입자나 철근 주위를 따라 발생한다. 즉, 콘크리트 타설 후 1~4시간 사이에 수분증발량이 많은 슬래브나 벽체 등에서 주로 발생하며, 형태가 매우 불규칙적이다.

4) 소성수축균열에 대한 대책

① 직사광선 또는 바람에 의한 급격한 수분증발의 방지 : 콘크리트 타설 직후에 급격한 수분증발이 발생하지 않도록 차양막이나 바람막이를 설치한다.

② 고온건조의 혹서기에 대한 대책 : 부직포를 덮고 습윤양생을 하거나 안개노즐(fog nozzle)을 사용하여 콘크리트 표면 위의 습윤 상태가 유지되도록 한다.

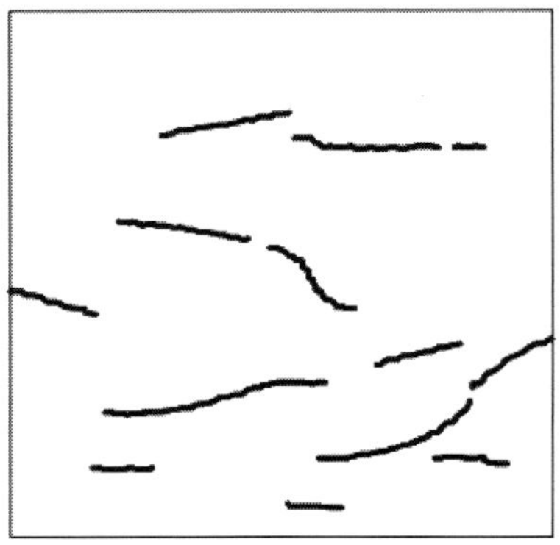

그림 3.1 소성수축에 의한 슬래브균열의 사례

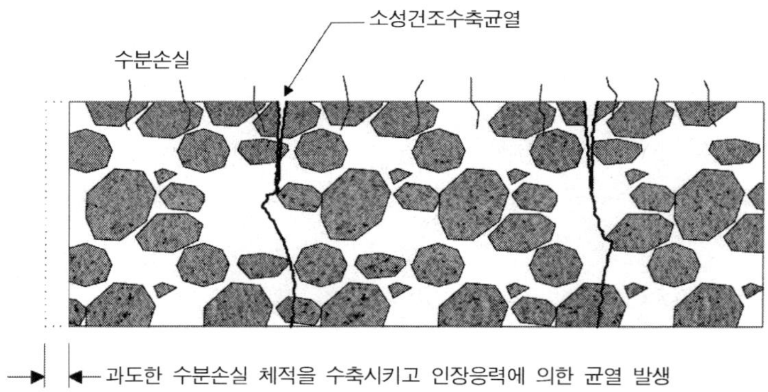

그림 3.2 소성수축에 의한 균열현상

3.2.2 수화열에 의한 수화균열

1) 용어 정리와 기본개념

(1) 수화반응

콘크리트의 경화는 물과 시멘트에 의한 화학반응과정이다. 시멘트에 물을 가하면 시멘트 중의 수경성 화합물이 물과 반응하여 점차 점성이 증가하고 응고하게 되는데, 이와 같이 물과 시멘트에 의한 화학반응을 수화반응이라 한다.

$$CaO + H_2O \rightarrow Ca(OH)_2$$

수화반응의 부산물로 $Ca(OH)_2$ 등이 생성되어 콘크리트는 pH12 이상의 강알칼리성을 갖게 된다.

(2) 수화열

물과 시멘트의 수화반응과정에서 발생하는 열을 수화열이라 한다. 콘크리트의 경화과정에서 콘크리트의 내부는 수화열에 의하여 50~70℃까지 높아지게 되고, 이는 일반적으로 시멘트양이 많을수록, 주변 온도가 높을수록 급격한 수화반응(예 : 초속경 시멘트 또는 급결제, 촉진제 등의 사용)이 진행될수록 더욱 증대된다.

(3) 수화균열

콘크리트의 경화과정에서 수반되는 수화열에 의하여 콘크리트의 내부는 고온이 되고, 공기에 접하는 외측 면은 상대적으로 온도가 낮아지게 된다.

이 과정에서 단면의 내 · 외부 간에 온도차가 발생하여 내부는 팽창하려 하고 외부는 수축하게 되어 콘크리트의 표면에서 균열이 발생하게 되는데, 이와 같이 콘크리트의 경화과정에서 수화열로 인하여 발생하는 균열을 수화균열이라 한다.

2) 수화균열의 발생원인

(1) 단면이 두꺼운 매스 콘크리트

슬래브와 같이 단면이 얇은 부재의 경우는 단면의 내 · 외부 간에 온도차가 크지 않으나, 부재의 최소 폭이 800mm 이상이거나 수화열로 인하여 내 · 외부의 온도차가 25℃ 이상이 되는 경우에는 수화균열이 발생할 수 있다.

(2) 다량의 수화반응

시멘트양이 많은 고강도 콘크리트는 다량의 수화반응이 수반되므로 수화열에 의한 수화균열이 발생할 가능성이 더욱 높아지게 된다.

(3) 급격한 수화반응

공사의 필요에 따라 초속경 시멘트를 사용하거나 급속한 강도발현을 위하여 급결제, 촉진제 등을 사용하게 되면 수화반응이 급속히 진행되어 수화열이 급상승하게 된다. 또한 온도가 높은 혹서기에 콘크리트를 타설하면 수화반응이 촉진되어 수화열이 높아지게 되고, 그에 따라 수화균열의 가능성도 높아지게 된다.

3) 수화균열의 현상

단면이 큰 콘크리트에서 1~2주 정도가 지나면서부터 직선의 균열이 거의 같은 간격으로 규칙적으로 발생한다.

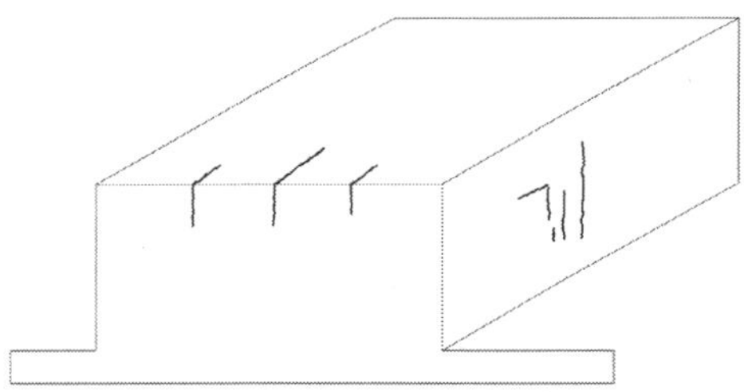

그림 3.3 수화열에 의한 균열현상

4) 수화균열의 방지대책

(1) 시멘트양을 줄이거나 발열량이 낮은 시멘트의 사용

고강도 콘크리트의 제조를 위해서는 시멘트양을 증대시켜야 하는데, 플라이애시 또는 고로슬래그 등의 혼화재를 사용하여 시멘트양을 저감시킬 수 있다.

또는 저발열 시멘트를 사용하거나 경화지연제를 사용하여 수화열을 낮추거나 수화반응의 속도를 지연시켜서 급격한 수화열의 상승을 제어할 수 있다.

(2) 콘크리트 구성재료의 온도저감

콘크리트의 배합과정에서 시멘트, 물, 모래, 자갈 등을 냉각하여 사용하거나 부분적으로 얼음 또는 드라이아이스 등을 사용하여 수화반응 초기의 콘크리트 온도를 낮추어 수화열을 제어한다.

(3) 콘크리트의 분할 타설

매스콘크리트 부재의 시공 시에 일정 두께 이하로 분할 타설하여 수화열로 인한 내부온도의 급상승을 제어한다. 단, 시공이음의 정확한 시공에 따라 매스 콘크리트의 구조적 품질에 큰 영향이 있으므로 신구 콘크리트의 이음매가 일체화 될 수 있도록 시공관리에 주의해야 한다.

(4) 파이프 쿨링

수화열이 우려되는 콘크리트 부재의 내부에 냉각파이프를 매설하고 콘크리트의 경화과정에 냉각수를 순환시켜서 부재 내부온도의 상승을 낮추는 방법이다. 냉각파이프는 ϕ25mm 정도의 강관을 사용하고 간격은 최소 배근 간격 조건에 따르도록 한다.

(5) 기타

최근에 콘크리트의 온도를 낮추기 위한 특수공법으로 액화질소를 사용하는 경우도 있다. 즉, 모래에 액화질소를 뿜어서 골재의 온도를 낮추거나 레미콘 트럭에 액화질소를 불어 넣어 온도를 낮추기도 하는데, 이때 유의할 점은 액화질소로 인한 이상응결에 대해 충분히 실험적으로 확인할 필요가 있다.

3.2.3 건조수축에 의한 균열

1) 용어 정리와 기본개념

(1) 건조수축(shrinkage)

콘크리트의 경화과정에서 수화반응에 필요한 수량은 시멘트양의 약 40% 이하인데, 일반적으로 사용되는 콘크리트의 물-시멘트비는 45~60%로서 수화반응

이후에 잉여수로 남게 된다.

경과 과정에서 시멘트 페이스트에는 내부공극에 자유수가 존재하게 되고, 이는 수화반응 과정에서 생성되는 팽창성 겔(수산화칼슘)에 흡수된다. 콘크리트의 건조수축은 이러한 겔에 함유되어 있던 수분이 손실되면서 발생하게 된다.

콘크리트가 건조한 상태로 노출되면 먼저 시멘트 페이스트의 공극수가 증발되며 다음으로 겔 결정구조 사이의 수분이 감소하게 된다. 특히 겔에 포함된 수분을 소실하게 되면 수축량이 매우 증대하며, 반대로 콘크리트가 수분에 접하게 되면 팽창하게 된다.

2) 건조수축균열의 발생원인

건조수축은 콘크리트에서 시멘트 페이스트 구성요소의 수분 이동에 의하여 생기며, 이에 따른 콘크리트의 체적변화는 약 0.05%에 달한다.

건조수축에 의한 콘크리트의 체적변화는 보통 다른 구조체에 의하여 구속되기 때문에 이러한 구속에 의하여 인장응력이 발생되면서 콘크리트가 균열을 일으키게 된다.

건조수축작용에 의하여 콘크리트는 수축하려는 성질이 있는데, 콘크리트 구조물은 인접 구조요소 또는 콘크리트 내의 보강철근 등에 의해 구속되어 있다. 이러한 수축작용의 구속은 인장응력을 유발시키며, 이 인장응력이 콘크리트의 인장강도를 초과할 때 콘크리트에는 균열이 발생한다.

또한 콘크리트 슬래브 등 부재의 단면 내에서도 표면은 건조수축이 크고 내부는 그 수축량이 적으므로 표면의 건조수축을 구속하게 된다. 따라서 표면에 인장응력이 유발되어 표면균열이 발생하게 된다. 표면에 생기는 이러한 균열은 초기에는 콘크리트 내부로는 관입되지 않으나, 계속적인 건조현상이 진행됨에 따라 콘크리트 부재 내부로 깊숙이 전파될 수 있다.

(1) 건조수축 균열의 영향요인

콘크리트의 건조수축은 시멘트의 종류, 골재, 배합, 혼화제, 양생조건 등에 따라 달라진다.

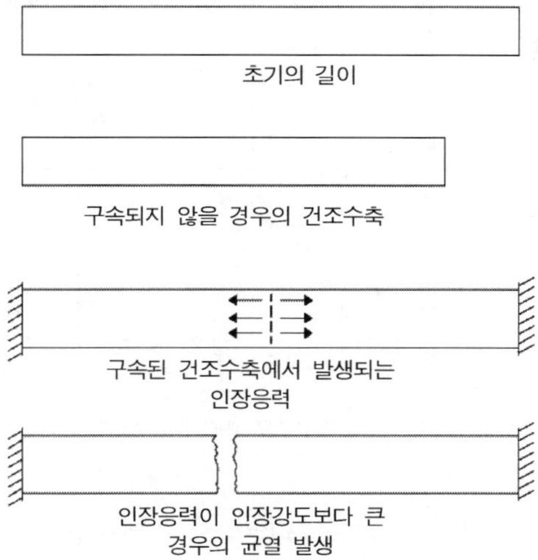

그림 3.4 양단 구속된 구조물의 건조수축균열

① 시멘트의 분말도 : 일반적으로 시멘트의 분말도가 클수록 수축이 증대된다.

② 단위수량과 단위시멘트양 : 두 요인 중에서는 단위수량의 영향이 보다 크며 건조수축률과의 관계는 다음 식으로 표현할 수 있다. p와 q의 값은 표 3.2와 같이 제안되고 있다.

표 3.2 계수 p와 q의 값

시멘트 / 건조기간*		보통	조강	중용열
31주간	p	0.1	−0.3	0.0
	q	4.6	4.9	4.3
최종	p	0.1	−0.5	0.0
	q	5.3	5.9	4.9

주) * : 건조조건은 온도 20℃, 습도 55%

$$S = pC + qW \tag{3.2}$$

여기서, S : 콘크리트의 건조수축률 ($\times 10^{-6}$)

C : 단위시멘트양 (kg/m^3)

W : 단위수량 (kg/m^3)

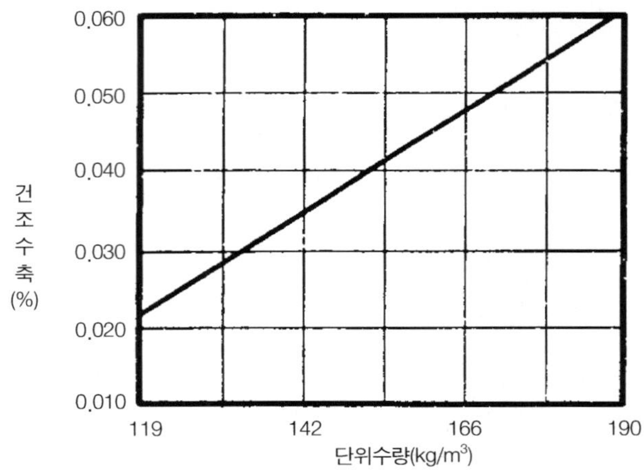

그림 3.5 단위수량이 건조수축에 미치는 영향

③ 혼화제 : AE제를 사용하여 콘크리트 중의 공기량을 증가시키면 수축량은 증가하지만, 실제로 공기량의 증가에 따라 단위수량을 감소시킬 수 있기 때문에 AE콘크리트의 수축량은 AE제를 사용하지 않는 콘크리트와 거의 차이가 없다. 감수제는 그 분산효과에 의해 단위수량을 감소시킬 수 있기 때문에 수축도 적을 것으로 생각되나, 성분에 따라 콘크리트의 수축량이 증가되는 것도 있으므로 충분한 검토가 필요하다. 또한 응결촉진제에 속하는 염화칼슘을 사용하면 수축량이 증가하며, 많은 양을 사용할 경우에는 이를 사용하지 않는 콘크리트보다 수축량이 몇 배는 커질 위험성이 있다.

④ 상대습도 : 콘크리트의 건조수축은 외기와의 상대적인 수분 이동에 근거하고 있으므로 콘크리트 주위의 상대습도는 수축변형에 큰 영향을 미치는데, 건조하거나 포화되지 않은 공기 중에 놓인 콘크리트는 수축현상을 보이나 상대습도 100%인 물이나 공기 속에서는 팽창한다.

3) 건조수축균열의 현상

건조수축에 의한 콘크리트의 균열은 콘크리트 타설 후 2, 3개월 정도부터 발생하여 조건에 따라서는 상당한 기간에 걸쳐 계속 진행된다. 균열의 폭은 0.05~0.5mm 정도가 많지만 경우에 따라서는 1~3mm에 달하는 것도 있다.

기둥이나 보에 의하여 둘러싸인 벽체와 개구부 모서리의 벽체에서는 균열이 경사지게 발생하고, 얇은 판의 슬래브와 판벽에서는 단변 방향에 나란한 균열이 등간격으로 발생한다. 기둥에서는 수평균열이 등간격으로 발생하고 보에서는 수직균열이 등간격으로 발생한다.

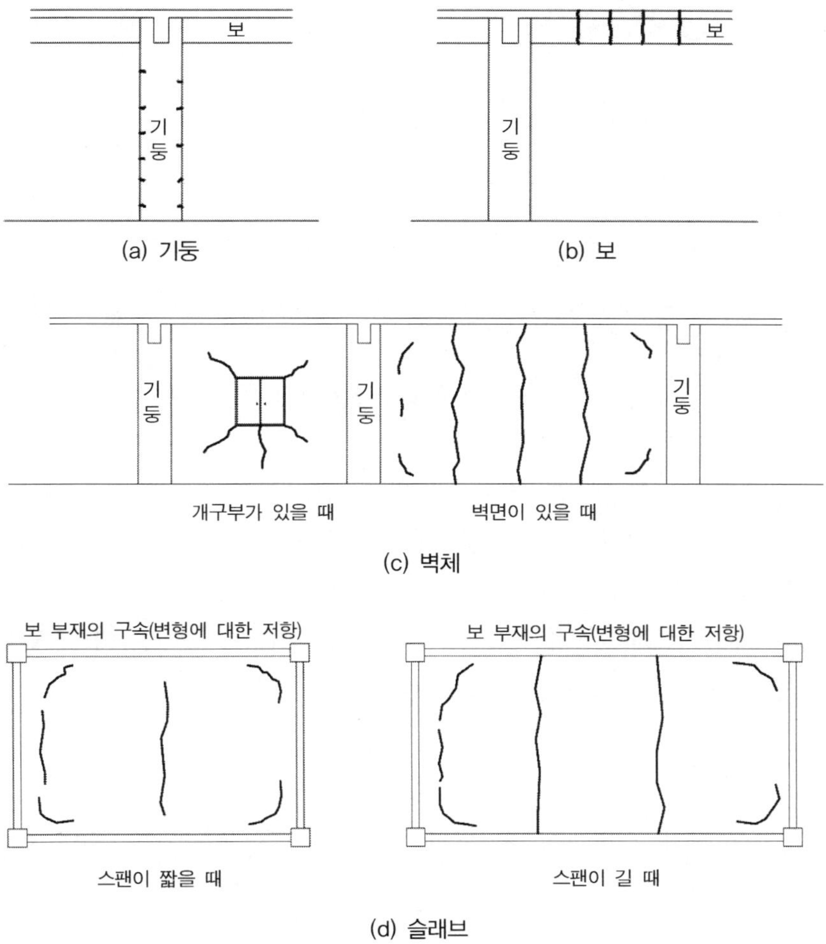

그림 3.6 콘크리트 부재의 유형별 건조수축균열의 현상

4) 건조수축균열의 방지대책

(1) 시멘트

시멘트 분말도가 높을수록 콘크리트의 건조수축량이 약간 증대하는데 팽창시멘트를 사용하면 콘크리트의 건조수축을 보완하게 된다. 또는 플라이애시 등의 혼화재를 사용하여 시멘트를 부분적으로 치환하는 방법도 가능하다.

(2) 골재

골재의 크기 및 강도가 클수록, 흡수율이 낮을수록 건조수축을 억제하는 데 효과적이다.

(3) 단위수량

시공성, 강도, 내구성 등이 유지되는 범위에서 배합수량을 저감하는 방법이 효과적이다. 굵은 골재량을 증가시키거나 총 골재비를 높게 함으로써, 또는 AE제, 고성능감수제를 사용하여 단위수량을 감소시킬 수 있다.

(4) 철근배근

적당한 양의 철근을 올바른 위치에 배치시켜 크게 발생할 수 있는 건조수축균열을 미세균열로 분산시킨다. 단면이 얇은 부재에서의 건조수축은 철근에 효과가 큰 것으로 알려져 있다. 따라서 바닥, 슬래브, 벽체 등에 대해서는 최소 철근량과 배근 간격을 준수하도록 한다.

(5) 유도줄눈의 설치

구조물의 길이가 긴 경우나 개구부 등에 유도줄눈을 설치하여 건조수축에 의한 균열이 의도된 위치에서 발생 또는 흡수되도록 한다.

3.2.4 동결융해에 의한 균열

1) 용어 정리와 기본개념

동결융해란, 동절기의 낮은 온도에서 수분이 얼음으로 응결되었다가 온도가 높아지면 다시 녹게 되는 현상을 말한다.

동결융해는 동절기의 온도변화에 따라 수시로 반복되며, 수분이 얼음으로 응결되면 본래의 체적이 9% 팽창하게 된다.

2) 동결융해에 의한 콘크리트 열화의 원인

온도가 빙점 이하로 내려가면 콘크리트 속의 미세공극에 존재하는 자유수가 동결하게 되어 약 9%의 체적팽창을 일으킨다.

콘크리트에 작용하는 체적팽창이 점점 증가하면 콘크리트 내·외부에 미세균열이 발생하게 된다.

온도가 상승하면 동결수는 융해하지만 수분이 다시 미세균열에 침입하여 동결융해를 반복함으로써 균열이 점차 확대되고 콘크리트의 조직이 부실해지거나 박리가 일어나게 된다.

(1) 동결융해의 영향요인

① 물–시멘트비 : 시멘트 페이스트는 겔 미세공극, 모세관 공극, 공기포로 구성되어 있는데, 모세공극은 500Å(0.1nm)로 물–시멘트비가 클수록 증대되며 동결융해에 나쁜 영향을 미친다.

② 공기량 : 콘크리트 속의 미세기포는 모세공극의 물이 동결될 때 발생하는 팽창압을 완화하는 스펀지 역할을 한다. 기포 간격이 작을수록 압력을 완화시키는 효과가 높아진다.

③ 잔골재율(S/a) : 블리딩에 의해 굵은 골재 또는 철근의 하부에 형성되는 수막은 동결융해의 요인이 된다. 따라서 잔골재율이 높을수록 동결융해 저항성이 증대한다.

④ 골재 : 흡수율이 높은 골재 또는 쪼개지는 성질의 골재를 사용하면 동결융해 저항성이 낮아진다.

⑤ 표면 흡수 또는 균열 침수 : 콘크리트의 표면으로 흡수 또는 균열 틈으로 침투한 수분은 콘크리트의 동결융해를 촉진시킨다.

⑥ 융빙재 혹은 해수에 의해 염분환경에 있는 콘크리트가 동결융해작용을 받는 경우는 스케일링(scaling) 열화가 현저해진다.

3) 동결융해에 의한 콘크리트 열화의 현상

동결융해에 의한 콘크리트의 열화는 주로 자유수 동결의 체적팽창으로 발생하는 균열현상이다. 그 외에도 표면층의 박리(scaling), 골재 중의 수분이 동결하여 팽창, 박리되는 팝아웃(pop-out), 경화 초기단계에서 콘크리트의 동결에 의해 손상을 입을 수 있는 초기동해 등으로 구분될 수 있다.

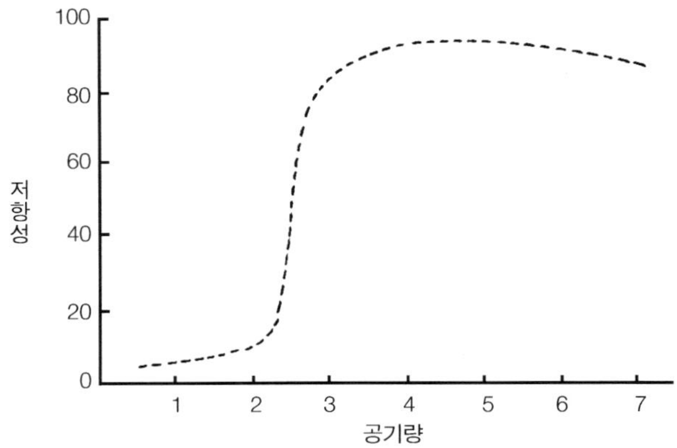

그림 3.7 콘크리트의 공기량과 동결융해 저항성

콘크리트가 동해를 입을 경우 유효단면이 크게 감소하여 내하력에 영향을 미치며, 콘크리트 피복의 감소로 인하여 철근과의 부착강도 저하 및 변형의 증대 등이 문제가 된다. 해안 부근에서는 콘크리트 피복 두께의 감소와 콘크리트 조직의 느슨함 때문에 염화물이온의 침투속도가 빨라지고 철근의 부식도 촉진되어 내구성이 현저하게 저하된다.

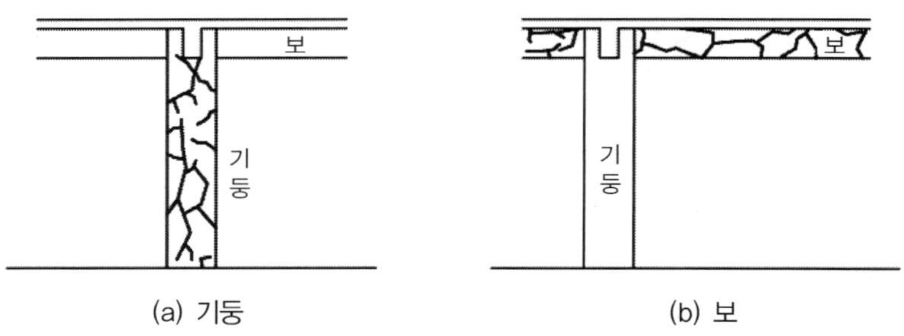

그림 3.8 동결융해의 영향으로 콘크리트 기둥과 보에 발생한 균열의 형태

건축구조물 등에 일반적으로 보이는 동해는 초기에는 균열도 관찰되지만 보다 진행된 단계에서는 전체적으로 붕괴한다. 균열은 거북이 등 형태의 망상균열로 나타난다.

4) 동결융해에 의한 콘크리트 열화에 대한 대책

(1) 콘크리트의 미세기포 증대에 의한 팽창압 흡수

일반적인 콘크리트의 내부에는 1~2%의 미세기포가 존재하는데, AE제, AE감수제 또는 고성능 AE감수제와 같은 공기연행제를 사용하면 미세기포 공기량을 증대시킬 수 있다.

콘크리트 속의 미세기포는 콘크리트 내부 자유수의 동결에 의해 발생하는 팽창압을 흡수하는 역할을 하게 된다. 동결융해 저항성에 적당한 공기량은 3~6%이다. 공기연행제를 과다 투입하여 공기량이 너무 높아지면 콘크리트의 강도가 낮아질 수 있다.

(2) 콘크리트 내부의 자유수 조절

물-시멘트비를 낮게 하여 콘크리트의 조직을 밀실하게 구성하거나 동결이 가능한 자유수 함량을 최소화한다.

(3) 콘크리트 표면의 방수

폴리머(polymer) 등으로 표면을 방수처리하여 흡수를 제어한다.

(4) 최근의 신기술

독특한 기포조직을 형성시켜 극히 적은 공기량으로도 동결융해저항성을 개선하는 경우도 있으며, 내부에 공극을 갖는 미립체를 공기포 대신 혼입하는 경우도 고안되고 있다. 이것은 공기포 연행에 비해 콘크리트 강도 저하를 유발하지 않으며 콘크리트 표면이 매끄러워지는 등의 장점이 있다.

3.2.5 알칼리 골재 반응에 의한 균열

1) 용어 정리와 기본개념

(1) 알칼리 골재 반응

콘크리트에 사용되는 골재로 알칼리 반응성 골재를 사용하게 되면 시멘트 속에 포함되어 있는 알칼리 성분이 골재 중에 포함된 실리카 성분과 화학반응을 일으켜 콘크리트 내부에 국부적인 팽창압력이 작용하게 되어 구조물에 균열이 발생하게 되는데, 이러한 반응을 알칼리 골재 반응이라 한다.

(2) 알칼리 골재 반응의 종류

알칼리 골재 반응은 골재에 포함된 반응성분의 종류에 따라 알칼리 실리카 반응, 알칼리 탄산염 반응, 알칼리 실리게이트 반응으로 나눌 수 있다. 알칼리 탄산염 반응과 알칼리 실리게이트 반응은 소수의 특정 골재에 한정되어 발생하고 대부분의 경우는 알칼리 실리카 반응이므로, 일반적인 알칼리 골재 반응은 주로 알칼리 실리카 반응을 의미한다.(예 : $SiO_2 + 2NaOH \rightarrow Na_2SiO_3 + H_2O$)

① 알칼리 실리카 반응 : 시멘트 속의 알칼리와 골재의 성분 중 고실리카 광물(규산 : SiO_2)이 반응하여 골재 주위에 팽창성 겔이 생성되어 수분을 흡수하여 팽창한다.

② 알칼리 탄산염 반응 : 시멘트 속의 알칼리와 탄산염암 중의 돌로마이트(고석회)가 반응하여 수산화마그네슘을 생성하여 팽창한다.

③ 알칼리 실리케이트 반응 : 시멘트 속의 알칼리와 실리케이트(규산염) 광물이 오랜 기간에 걸쳐 반응하여 팽창한다.

2) 알칼리 골재 반응의 발생원인

대부분의 일반적인 골재에서는 알칼리 골재 반응이 발생하지 않으나, 다음과 같은 특정의 조건이 만족하는 경우에는 알칼리 골재 반응이 발생하기 쉽다.

① 골재 내에 알칼리 반응성 성분이 존재할 것 : 미소석영, 변형된 석영, 오팔, 화산유리 등

② 시멘트 페이스트의 세공 중에 충분한 수산화 알칼리 용액이 존재할 것

③ 콘크리트가 다습 또는 습윤 상태일 것

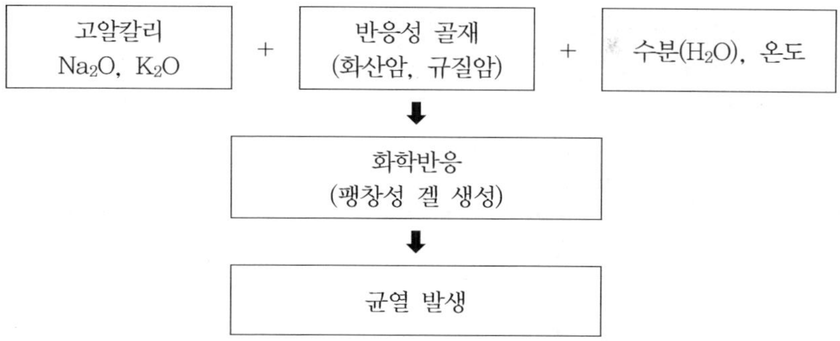

그림 3.9 알칼리 골재 반응의 모식도

표 3.3 알칼리 반응성 골재

그룹	암 석	
I	혈암, 사암, 규화탄산염암, 처트(chert)로서 오팔을 포함하는 것. 유문암, 석영안산암, 안산암과 이의 응회암 유기질 석기를 갖는 암석, 유리질, 반상암의 화산암	
II	규석	오팔을 포함하지 않지만 카르세도니 내지 미결정 석영을 포함하는 chert와 같은, 통상 약 95%의 실리카질 암석, 맥상석영, 석영 텔레나이트
	석영을 포함하는 규산염암	I그룹의 탈유리화한 음미정질 내지 미정질 석기의 화산암, 변성화산암, 미소립 내지 조소립의 암석, 아지라이트, 실트암, 경사암, 아레나이트(arenite), 아르코스슬레이트, 천구암, 편암, 화강암, 화강편마암, 화강섬록편마암, 치아노카이트(charnockite)

3) 알칼리 골재 반응의 현상

알칼리 반응성 골재를 사용하면 시멘트 페이스트 속에 있는 알칼리 성분(Na^+, K^+)이 골재 중에 있는 실리카 성분과 장기적으로 서서히 화학반응을 일으켜 팽창성 겔이 형성된다. 이로 인한 팽창성 압력이 작용하게 되어 콘크리트 구조물에 거북이 등과 같은 균열이 발생하여 콘크리트의 역학적 및 기능적인 면에서 콘크리트 성능을 저하시켜 콘크리트의 수명이 단축되고 콘크리트 구조물이 붕괴되는 결과를 초래하게 된다.

균열은 준공 후 2~3년 후에 발생하기 시작하여 5~6년 후에 눈에 띄는 경우가 많다.

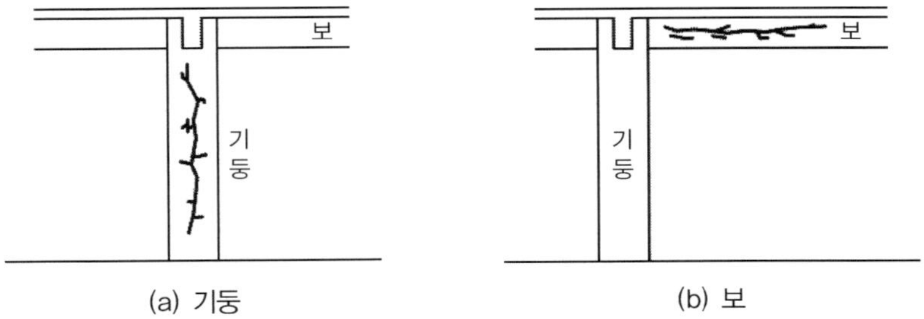

그림 3.10 알칼리 골재 반응에 의한 재축 방향 균열

그림 3.11 알칼리 골재 반응에 의한 귀갑형 균열현상

표 3.4 알칼리 골재 반응에 의한 콘크리트의 열화현상

성능저하 증상		상태
균열	부재의 재축 방향	기둥, 보에서는 부재의 재축 방향으로 균열이 발생
	망상균열	벽 또는 슬래브 등에서는 거북이 등 모양의 망상균열 발생
	개구부 주변	벽의 개구부 주변에서는 개구부 선과 평행하게 균열이 발생
흰색 물질의 침출		알칼리 골재 반응에 의한 흰색의 팽창성 겔이 콘크리트 표면으로 유출되기도 함.
팝아웃(pop out)		콘크리트 표면 부근에 반응성 골재 입자가 있는 경우 반응에 의한 팽창성 물질의 생성에 의해 표면층을 밀어 올려 골재가 빠지거나 갈라지면서 파괴되는 현상
박락		콘크리트의 표면에서 피복이 탈락하는 현상

특히 물의 공급이 있고 온도가 비교적 높은 경우와 구조적 구속이 작은 경우에 발생하기 쉬우며, 또한 발생이 지연되나 진행성이라는 특징이 있다.

이 구조물에서 채취한 코어는 압축강도 및 탄성계수가 낮게 측정된다.

4) 알칼리 골재 반응의 방지대책

(1) 재료의 선정단계에서의 대책

① 골재의 알칼리 반응성 시험을 하여 무해한 골재를 사용한다.

② 반응 가능성이 있는 골재의 사용이 불가피한 경우는 저알칼리형 시멘트를 사용한다.

③ 콘크리트 $1m^3$당 알칼리 총량제한 : $3kg/m^3$ 이하

(2) 콘크리트 배합에서의 대책

① 적당량의 공기량을 도입하거나 단위수량을 최소화한다.

② 단위시멘트양 최소화 : 시멘트의 일부분을 플라이애시, 실리카흄, 고로슬래그 등의 혼화재로 대체하여 시멘트의 수화반응에 의한 $Ca(OH)_2$ 농도를 저감하여 알칼리성을 낮추거나 알칼리이온(Na^+, K^+)량을 감소시킨다.

③ 콘크리트 시공에서 대책과 다짐을 충분히 하여 밀실한 콘크리트로 시공한다.

④ 콘크리트 구조물 유지관리에서 대책

- 외부로부터 습기나 물의 침입을 막을 것.
- 해수 또는 해풍의 영향을 받는 지역에서는 실외 부재를 방수성인 것으로 마감함.

3.2.6 염해에 의한 균열

1) 용어 정리와 기본개념

(1) 해사

바다에서 채취한 모래로서, 이것을 그대로 사용하면 염분농도가 높아서 철근을 부식키거나 콘크리트의 제반 성질에 영향을 미치므로 세정하여 염분농도를 낮추어 사용해야 한다.

표 3.5 해사의 염화물 함량 허용기준

규격	염화물 함량의 규제	Cl^- 중량(kg/m³)
KS F4009	• 모래 건조중량의 0.04%(NaCl) – 주문자 승인 시 0.1%까지 허용	0.19 0.49
콘크리트 표준시방서	• 모래 건조중량의 0.04%(NaCl) • PC : 그라우트 중 Cl^- 중량 : 0.3kg/m³ 이하	0.19 0.30
건축공사 표준시방서	• 보통골재 : 모래 건조중량의 0.04%(NaCl) • 고내구성 콘크리트 : 모래 건조중량의 0.02%(NaCl)	0.19 0.10

(2) 콘크리트의 염해

염분농도가 높은 골재나 물을 사용하여 콘크리트를 제조한 경우, 함유되어 있는 염화물은 철근의 부식을 촉진시킨다. 철근이 부식하면 체적이 팽창하여 콘크리트에 균열이 발생하고 피복이 탈락하게 되어 구조물의 열화가 가속된다.

2) 콘크리트 염해의 원인

콘크리트의 염해는 주로 염소이온의 침입에 의한 철근부식이다. 염소이온은 주로 염분농도가 높은 해사나 배합수를 사용한 경우에 콘크리트 속에 유입된다. 그리고 해안 또는 바다에 설치된 건물이나 구조물에서 염분농도가 높은 해풍과 해수의 영향을 받아서 장기적으로 콘크리트 내부로 염화물이 침투하여 발생하기도 한다.

교량이나 도로구조물 등에서는 동절기에 살포되는 융빙제에 함유되어 있는 염소이온의 영향을 받기도 한다.

3) 콘크리트 염해의 현상

(1) 철근의 부동태막 파괴와 부식 촉진

철근 부근에 염화물이 존재하면 pH가 높은 상태에서도 염소이온이 철근 표면의 부동태피막을 파괴하게 되고 미세 수분과 반응하여 철근의 부식을 촉진시키게 된다.

(2) 콘크리트의 pH 저하

콘크리트는 수화반응 과정에서 생성되는 $Ca(OH)_2$로 인하여 pH 12 이상의 강알칼리성이 되는데 Cl^- 이온이 존재하면 철과 함께 반응하여 강알칼리성이 낮아지게 된다. 철근은 콘크리트의 강알칼리성으로 부식에 대한 보호를 받고 있으나, 알칼리성이 낮아지게 되면 부식의 속도가 빨라지게 된다.

(3) 염해에 의한 균열현상

염해로 인하여 철근이 부식하면 체적팽창으로 인하여 철근과 나란한 방향으로 철근 주변에 콘크리트의 균열이 발생하게 된다.

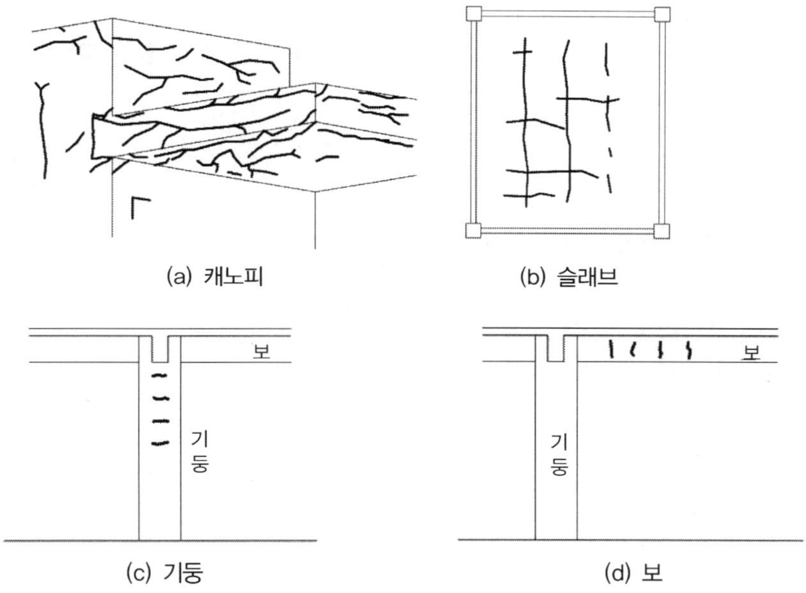

그림 3.12 철근의 부식으로 인한 콘크리트의 균열현상

4) 콘크리트의 염해에 대한 대책

(1) 염분농도가 기준치 이하인 모래의 사용

해사를 사용하는 경우는 염분농도를 확인하여 기준치 이하인 것으로 사용하도록 한다.

(2) 철근 주위에 대한 염화물 침투의 억제

① 콘크리트의 밀실화 : 물-시멘트비를 감소시키거나 재료의 선정, 배합, 운반, 타설, 다짐, 양생관리를 철저히 하여 밀실한 콘크리트가 되도록 한다.

② 철근에 대한 콘크리트 피복 두께를 증가 : 장기적으로 염해가 우려되는 해안 구조물 등에서는 필요에 따라 피복 두께를 최소값 이상으로 두껍게 하여 염화물의 침투를 억제한다.

③ 콘크리트 표면의 보호조치 : 염화물이 침투하지 않도록 콘크리트의 표면에 보호피막을 도포한다.

④ 피막철근 사용 : 염화물의 함유나 침투가 불가피한 경우는 아연도금 철근을 사용하거나 에폭시 또는 폴리우레탄 등으로 표면이 피막된 철근을 사용하여 염화물에 의해 철근이 부식되는 것을 방지한다.

⑤ 방청용 혼화제 사용 : 콘크리트의 배합 시에 방청제를 혼합하여 철근의 방청 효과를 증진시킬 수 있다.

3.3 시공적 원인에 의한 균열

3.3.1 콘크리트 타설 초기의 침하에 의한 균열

1) 용어정리와 기본개념

(1) 콘크리트의 침하

콘크리트를 타설한 직후에 비중이 큰 시멘트나 골재는 침강하고 물과 갇힌 공기는 상부로 치환되면서 압밀되는 경향을 보인다. 이러한 소성변형 상태를 콘크리트의 침하라 한다.

(2) 콘크리트의 침하균열

콘크리트의 침하현상으로 철근이나 굵은 골재 등에 의하여 자유로운 침하가 국부적으로 구속을 받게 되는데, 이때 철근이나 굵은 골재 주변에 공극이나 균열이 발생하게 된다. 이러한 과정에서 발생한 균열을 콘크리트의 침하균열이라 한다.

2) 콘크리트 침하의 현상과 균열

콘크리트가 침하하는 과정에서 철근이나 굵은 골재에 의해 저항을 받으면 그림 3.13과 같이 인장응력이 유발되어 균열이 발생하게 된다.

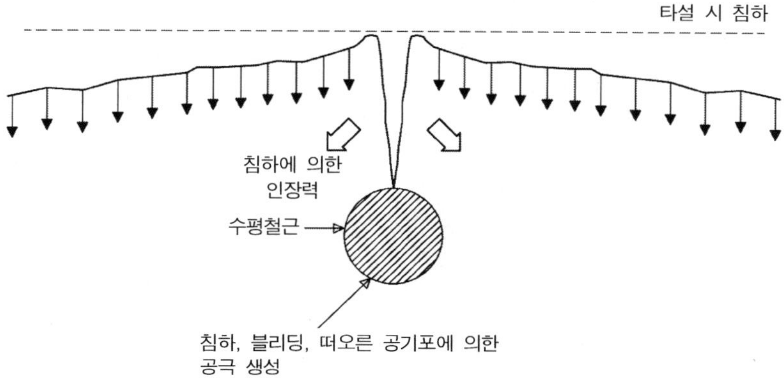

그림 3.13 침하균열현상

침하에 의한 균열은 콘크리트 타설 후 1~3시간 정도에서 보의 상단부 또는 슬래브면 등에서 철근의 위치를 따라 발생하고, 균열의 깊이는 보통 철근의 위치까지 이른다.

슬래브 전면에 걸쳐서 발생하는 경우도 있는데, 이러한 균열은 폭이 크고 길이가 짧으며 발생 위치와 발생 방향에 규칙성이 없다.

침하균열은 철근의 직경이 클수록, 콘크리트의 슬럼프가 클수록 증가하며, 충분한 다짐을 하지 못한 경우나 튼튼하지 못한 거푸집을 사용했을 경우에 더욱 증가한다.

그리고 침하균열은 그림 3.14와 같이 단면의 높이가 다른 경우나 누수에 의해 콘크리트 침하량에 차이가 생겨 발생하기도 한다.

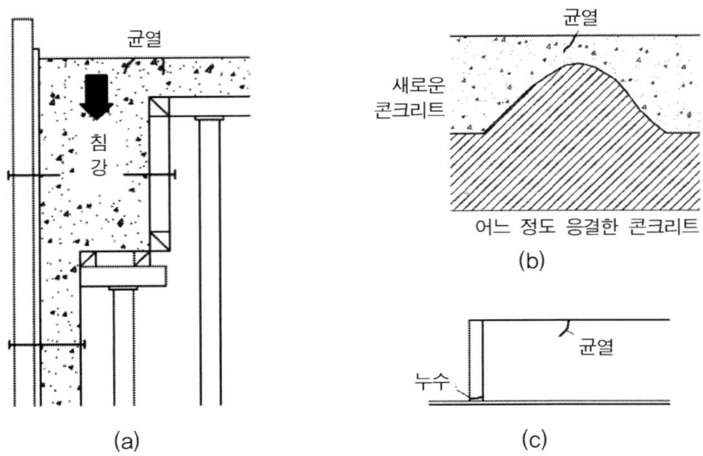

그림 3.14 침하량의 차이로 인한 침하균열

3) 콘크리트 침하균열에 대한 대책

(1) 콘크리트의 슬럼프 조절

슬럼프값이 지나치게 큰 콘크리트는 골재분리나 침하현상이 심하게 나타나므로 적절한 슬럼프의 콘크리트를 사용한다.

(2) 콘크리트의 타설과 다짐

1회의 타설 높이를 작게 하고 불균등한 침하를 줄이기 위해서는 동일한 반죽질기로 타설하는 것이 바람직하다. 충분한 다짐, 기둥과 슬래브 및 보의 콘크리트 타설 사이의 충분한 시간 간격 등에 의하여 침하균열을 감소시킬 수 있다. 침하균열이 발생하였을 때 침하 종료단계에서 다시 표면마무리를 하여 균열을 제거하는 것도 효과적인 방법이다.

3.3.2 콘크리트 응결 초기의 거푸집 변형에 의한 균열

1) 용어 정리와 기본개념

(1) 거푸집의 설계

거푸집에 콘크리트를 타설하면 콘크리트의 유동성과 자체 하중(단위체적당 물의 2.3배)에 의하여 거푸집이 변형될 수 있으므로, 이러한 변형이 발생되지 않도록 튼튼한 거푸집으로 설계해야 한다. 콘크리트의 하중에 의하여 거푸집은 아래로 처질 수 있고, 유동성의 측압에 의하여 측면으로 배부름현상이 나타날 수 있다.

처짐을 방지하기 위해서는 적절한 간격으로 동바리를 설치해야 하고, 측압 방지를 위해 폼타이와 측면 보강으로 배부름이 발생하지 않도록 설계해야 한다.

거푸집의 설계와 그 보강이 부실한 경우에 심한 경우는 거푸집이 파손되어 인명피해에 이르는 대형사고를 유발하기도 한다.

(2) 동바리의 설계

거푸집과 그 속의 콘크리트를 지지하는 동바리는 하중을 충분히 지지할 수 있도록 하고 변형이 발생하지 않도록 충분한 강성과 수량으로 설계해야 한다. 특히 동바리는 압축저항으로 거푸집을 지지하기 때문에 좌굴에 의해 지지내력이 급격히 낮아질 수 있으므로 이를 고려하여 설계한다. 그리고 동바리의 설치 이후에 다른 작업으로 인해서 동바리가 이동되지 않도록 견고하게 지지되어야 한다.

(3) 거푸집 존치기간

거푸집에 콘크리트를 타설한 이후에 콘크리트가 경화하여 충분한 강도를 가질 때까지는 동바리와 거푸집을 제거하지 말아야 한다.

20℃ 이상의 기온에서는 기둥과 벽 등의 측면 거푸집은 4일 이상 존치해야 하고, 보와 슬래브의 하부 거푸집은 7일 이상 존치해야 한다.

(4) 동바리 존치기간

동바리의 존치기간은 슬래브, 보 모두 콘크리트의 압축강도가 설계기준강도의 100% 이상 구현된 것이 확인될 때까지로 한다.

2) 거푸집이나 동바리의 변형·변동원인과 현상

(1) 거푸집 또는 동바리 설계의 오류

하중과 변형에 대해 충분한 내력을 갖도록 거푸집과 동바리가 설계되지 못한 경우는 처짐이나 측면 배부름이 발생하여 구조 부재의 단면이 변형되고 침하균열이 유발될 수 있다.

(2) 거푸집과 동바리의 존치기간 미준수

콘크리트가 소정의 강도를 갖기 전에 거푸집이나 동바리를 제거하면 변형이 쉽게 발생하여 콘크리트 부재에 심각한 균열이 발생할 수 있다.

(3) 부주의로 인해 가해지는 충격

콘크리트가 충분한 강도를 갖지 못한 초기경화 과정에서 작업자의 부주의로 인하여 거푸집이나 동바리에 충격을 가하게 되면 콘크리트의 강도에 영향을 줄 수 있고, 심한 경우는 균열이 발생한다.

그림 3.15 거푸집 변형에 따른 균열

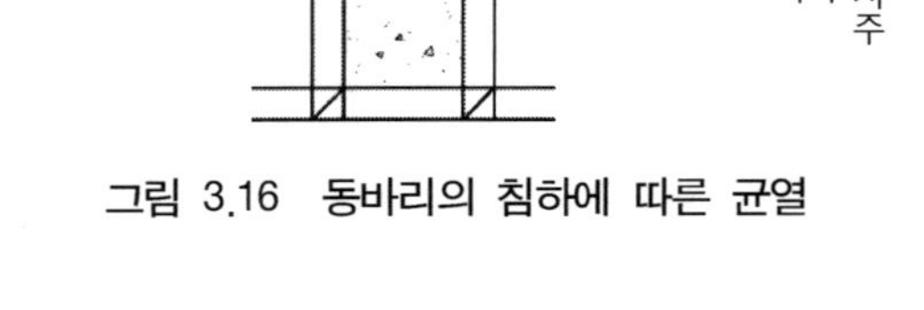

그림 3.16 동바리의 침하에 따른 균열

3) 거푸집이나 동바리의 변형·변동에 대한 대책

(1) 거푸집의 설계

거푸집의 처짐과 측압에 대하여 적절히 설계하고 폼타이와 측면 보강으로 거푸집에 변형이 발생하지 않도록 한다.

(2) 동바리의 설계

콘크리트의 하중을 지지하고 거푸집의 변형을 억제할 수 있도록 충분한 수량으로 동바리를 설계하며, 동바리의 고정을 간결하게 하여 작업자의 충격으로 동바리가 이탈하지 않도록 한다.

(3) 거푸집과 동바리의 존치기간 준수

콘크리트가 소정의 충분한 강도를 안정적으로 가질 수 있도록 규정에서 정하고 있는 존치기간 이상으로 거푸집과 동바리를 유지하도록 한다.

(4) 콘크리트 초기경화 시기의 작업공정 조절

콘크리트를 타설한 이후에 초기경화 시기 동안은 작업공정을 조절하여 거푸집이나 동바리에 부주의한 충격이 가해지지 않도록 한다.

3.3.3 콘크리트의 분리 타설에 의한 시공줄눈에서의 균열

1) 용어 정리와 기본개념

(1) 시공줄눈(Construction Joint)

콘크리트 타설 과정에서 설계에 의도된 목적 또는 구조물의 규모와 형상적 조건에 따라서 콘크리트를 분할 타설해야 하는 경우가 많다.

이때, 선행하여 타설한 콘크리트가 어느 정도 굳은 이후에 새로운 콘크리트가 연속하여 타설되는데, 두 번의 콘크리트 타설로 인한 이음매가 완전한 일체가 되지 못하여 외관상 식별이 가능한 줄눈이 나타나며 이를 시공줄눈이라 한다.

콘크리트를 분할 타설해야 하는 경우에는 이어치는 면에 생기는 레이턴스, 먼지, 유지 등을 와이어브러시, 샌드블라스트 등으로 잘 제거하고 이어치는 면을 거칠게 해서 물 씻기를 하여 신구 콘크리트 간에 일체가 되도록 해야 한다.

(2) 콜드조인트(cold Joint)

콘크리트 타설 시 기계고장 등으로 콘크리트 타설이 중지되어 그로 인하여 미리 계획되지 않은 장소에 시공줄눈이 생기는 타설이음을 말하는 것으로 시공줄눈보다 접합면이 불완전하다.

2) 시공줄눈 또는 콜드조인트에서의 균열원인과 현상

시공줄눈의 작업을 부실하게 하여 신구 콘크리트 간에 일체성이 떨어지거나 의도하지 않은 콜드조인트가 만들어진 경우 그 이음매에서 구조적으로 불리한 균열이 발생하기 쉽다.

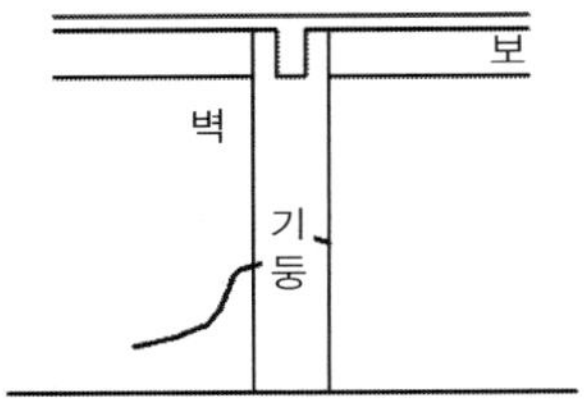

(a) 기둥

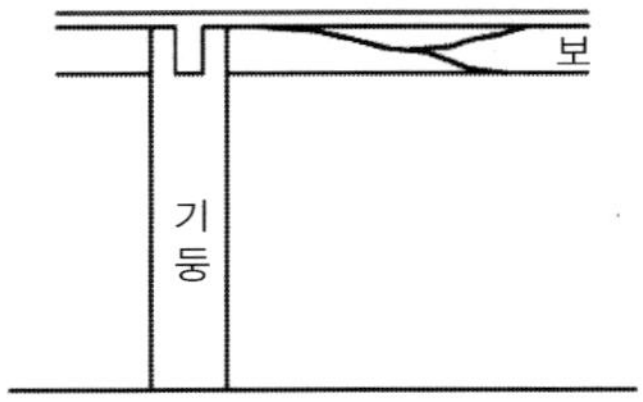

(b) 보

그림 3.17 보와 기둥에서의 시공줄눈 사례

3) 시공줄눈 또는 콜드조인트에서의 균열 방지를 위한 대책

(1) 시공줄눈과 콜드조인트의 시공관리

시공줄눈의 신구 콘크리트가 최대한 일체가 될 수 있도록 한다. 그리고 불가피하게 콜드조인트가 발생하는 경우에는 신구 콘크리트 간에 조면처리를 하고 이물질을 제거하여 콜드조인트에서의 일체성이 높아지도록 시공한다.

(2) 시공줄눈의 위치조절

콘크리트를 분할 타설해야 하는 경우는 사전에 부재의 최대 · 최소 응력 위치를 예상하여 전단력이나 모멘트가 작게 작용하는 위치에서 분할 타설하도록 한다.

(3) 콜드조인트의 최소화

콜드조인트가 발생하지 않도록 레미콘 수급계획을 철저히 하고 콘크리트 타설에 관련한 전원, 기계장비, 공정관리에 주의하여 예기치 않은 위치에서의 콜드조인트가 발생하지 않도록 한다.

3.3.4 기타 시공상의 부주의로 인한 균열

① 콘크리트의 배합 불량 : 시멘트양이 부족하거나 증가하는 경우 모두 균열 발생의 원인이 될 수 있다. 단위수량을 가급적 줄이고 골재 혼화재료를 적절히 사용한다.

② 배합수량의 추가 사용 : 콘크리트의 유동성을 향상시키기 위하여 불필요하게 배합수량을 추가하여 사용하게 되면 배합재료의 분리, 건조수축을 증가시키는 요인이 되고 콘크리트의 강도를 저하시켜 균열을 유발한다. 슬럼프가 낮아진 경우는 유동화제를 사용하도록 한다.

③ 부적절한 운반 및 다짐 : 장시간의 혼합, 펌프 압송 시에 배합의 변경, 불합리한 타설순서, 급속한 타설, 불충분한 다짐, 과도한 다짐은 콘크리트의 제반 성질에 악영향을 미치므로 적절한 작업기준을 준수해야 한다.

- 비비기에서 타설 종료 시까지의 시간의 한도 : 외기온이 25℃ 이상인 경우는 60분
- 타설속도의 기준 : 펌프차 1대당 20~30m^3/h
- 이어붓기 시간 간격의 한도 : 외기온이 25℃ 미만인 경우 120분, 외기온이 25℃ 이상인 경우는 90분

④ 진동 또는 충격 : 응결 과정에 있는 콘크리트가 진동이나 충격을 받으면 균열이 발생할 수 있다. 이러한 진동이나 충격은 보행자, 차량, 말뚝박기, 발파, 다짐, 시공장비의 부주의한 사용 등에 기인한다.

⑤ 시공과정에서의 초과하중 : 시공과정에서 충분한 검토 없이 구조체 상부에 무리하게 자재를 적재하거나 시공 장비나 설비물의 과하중을 고려하지 않은 경우로서, 콘크리트가 완전히 양생된 후 초과하중이 재하되는 경우보다 더욱 심각한 결과를 초래할 수 있으며, 초기에 발생한 균열은 대부분 영구적인 균열로 존재하는 경우가 많다.

자재의 적재나 시공 장비의 이동에 의하여 과하중이 예상되는 경우는 보강 조치를 충분히 하여 일시적인 시공하중으로 영구적인 균열이나 손상이 초래되지 않도록 해야 한다.

⑥ 철근의 이음이나 배근의 불량 : 철근이음에 용접이음, 기계적 이음, 슬래브이음 등을 쓸 경우에는 철근의 종류, 지름 및 장소에 따라 가장 적당한 시공방법을 선택해야 한다. 또한 장래의 이음에 대비하여 구조물로부터 노출시켜 놓은 철근은 손상, 부식 등을 받지 않도록 보호해야 한다.

⑦ 피복 두께가 두껍게 시공된 경우 : 콘크리트 표면이 철근에서 멀어지기 때문에 콘크리트 표면 부근의 수축에 대한 구속력이 약해지고, 부재의 내력과 강성이 저하되어 인장 측에서 균열이 쉽게 발생할 수 있다. 또한 콘크리트 표면에서 철근까지의 거리가 증가함으로써 균열이 분산되지 않고 집중되는 결과를 초래한다.

⑧ 피복 두께가 얇게 시공된 경우 : 철근의 응력집중에 의하여 균열이 발생하기 쉽고, 콘크리트 표면으로부터의 중성화 영향으로 철근이 조기에 부식될 수 있다.

⑨ 서중 콘크리트와 한중 콘크리트의 양생 : 서중 콘크리트는 현장에서 신속하게 습윤양생을 해야 하고 한중 콘크리트는 보온양생을 해야 하는데, 이를 적기에 적절히 하지 못하면 급격한 건조수축이나 초기동결로 인하여 균열이 발생하게 된다.

3.4 사용 과정에서의 원인에 의한 균열

3.4.1 콘크리트의 중성화

1) 용어 정리와 기본개념

(1) 콘크리트의 중성화

경화된 콘크리트는 수화반응 생성물인 수산화칼슘[$Ca(OH)_2$]에 의해 강한 알칼리성을 나타낸다. 시멘트의 수화반응에 대한 대표적인 반응식은 다음과 같다.

$$2(CaO)_3SiO_2 + 6H_2O \rightarrow (CaO)_3(SiO_2)(H_2O)_3 + 3Ca(OH)_2$$

$$2(CaO)_2SiO_2 + 4H_2O \rightarrow (CaO)_3(SiO_2)(H_2O)_3 + Ca(OH)_2$$

한편, 대기 중에는 탄산가스가 0.03% 포함되어 있는데, 대기 중의 이산화탄소가 콘크리트의 수산화칼슘과 반응하여 콘크리트의 표면이나 균열면에서부터 알칼리성을 상실하여 점점 더 그 깊이를 더해 가는데, 이러한 현상을 콘크리트의 중성화라 한다.

$$Ca(OH)_2 + CO_2 \rightarrow CaCO_3 + H_2O$$

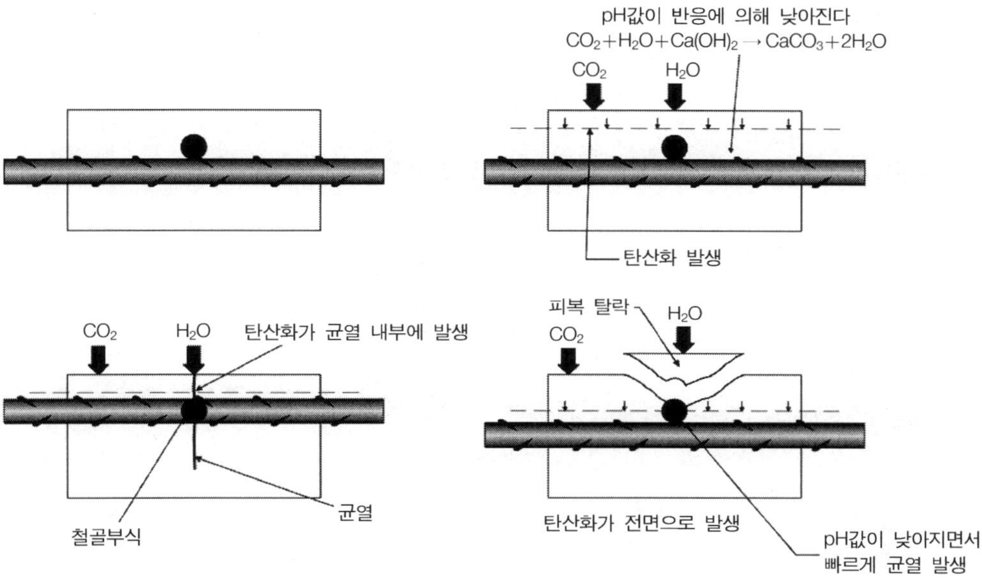

그림 3.18 중성화에 의한 콘크리트 성능저하 메커니즘

(2) 콘크리트 중성화의 문제점

콘크리트가 정상적으로 강알칼리성을 유지하고 있고 균열이 없는 경우 콘크리트의 강알칼리성으로 인해서 철근의 표면에 부동태막이 형성되고 산소가 존재하더라도 녹이 슬지 않으므로 건전한 철근 콘크리트 구조를 형성할 수 있다. 그러나 콘크리트에 중성화가 진행되면 철근은 더 이상 부식으로부터 보호를 받지 못하고 녹이 발생하게 된다.

철근에 녹이 발생하면 체적이 팽창하여 콘크리트에 균열을 발생시키고 피복이 탈락하는 등 콘크리트 구조물의 열화가 급속도로 진행된다.

2) 콘크리트 중성화의 원인

콘크리트의 중성화는 이산화탄소의 농도가 높은 경우에 더욱 촉진된다. 따라서 공장 주변이나 인구밀집지역의 구조물에서 중성화 속도가 더욱 높으며, 건물의 실외 면보다는 실내 면에서 중성화 깊이가 더 깊게 나타난다. 콘크리트의 중성화에 미치는 주요 영향요인을 정리하면 다음과 같다.

(1) 대기 중의 탄산가스

대기 중의 탄산가스 농도가 높은 환경일수록 중성화 속도가 빨라진다.

(2) 우수의 작용

우수의 작용으로 콘크리트의 표면부는 알칼리성을 잃게 되며, 특히 산성비가 내리는 경우는 표면부에서의 중성화 속도가 더욱 가속되게 된다.

(3) 시멘트

포틀랜드 시멘트에 있어서는 보통형보다 중용열형, 내황산염형이 건조하면 공극률이 커지므로 중성화 속도가 빨라진다. 혼합시멘트는 포틀랜드 시멘트에 포졸란을 혼합한 것으로서 상대적으로 수산화칼슘의 양이 적으므로 중성화가 빨리 진행된다.

(4) 골재

콘크리트에 사용되는 골재로서 강자갈, 강모래, 부순돌 등은 조직이 치밀하고 강한 골재로서 시멘트 페이스트에 비하여 통기성이 적다. 이에 비해 경량골재는 자체 공극이 많고 통기성이 높다. 콘크리트의 중성화는 시멘트 페이스트를 통하여 진행하므로 천연산에 비해 경량골재에서 중성화 속도가 빠르게 진행된다. 이를 개선하기 위해서는 감수제 등을 첨가하여 콘크리트의 조직을 치밀하게 한다.

(5) 물-시멘트비

일반적으로 물-시멘트비가 작을수록 상대적으로 공극률이 적은 콘크리트가 만들어지므로 중성화 속도가 지연된다.

3) 콘크리트 중성화로 인한 열화현상

콘크리트의 중성화는 표면이나 균열면에서부터 내부로 진행된다. 중성화에 의해 약간의 극히 미세한 균열이 발생하기도 하지만 크게 문제가 되지는 않는다. 중성화에 의해 문제가 되는 것은 콘크리트 중의 철근이 부식하는 현상이다.

콘크리트가 알칼리성을 소실하면 방청력을 상실하여 콘크리트 속의 철강재를 녹슬게 하고 녹이 슬면 체적이 2~4배로 팽창하여 콘크리트 표면에 균열을 발생시킨다. 그리고 균열 속으로 공기와 물이 침입하여 중성화와 철근의 부식을 더욱 가속시키고 철근 콘크리트 구조물의 내력을 저하시키게 된다.

4) 콘크리트 중성화에 대한 대책

앞에서 설명한 콘크리트 중성화의 원인을 잘 이해하고, 그에 대한 대책을 준비한다. 재료, 설계, 시공 단계별로 중성화에 대한 대책을 설명하면 다음과 같다.

(1) 재료

① 시멘트의 품종을 적절히 선택한다.
② 공극률이 적고 입도 분포가 좋으며 염화물이나 점토 등의 유해물이 적은 골재를 사용한다.
③ 콘크리트 마감재료를 적절히 선택한다.

(2) 설계

① 부재의 단면은 가급적 크게 한다.
② 콘크리트의 피복 두께는 중성화 속도를 고려하여 적절한 두께로 한다.
③ 물-시멘트비를 조절하여(감수제 활용) 콘크리트의 조직을 치밀하게 한다.
④ 콘크리트는 블리딩이 적고 공극이 생기지 않도록 설계한다.
⑤ 콘크리트의 제물마감은 가급적 피하고, CO_2, SO_2, NO_2 가스 등의 영향을 적게 받도록 마감설계를 한다.

(3) 시공

① 콘크리트에 균열이 발생하지 않도록 시공에 유의하고 치밀한 콘크리트로 시공한다.

② 다짐을 충분히 하여 공극이 적게 한다.

③ 콘크리트의 타설 후 양생을 적절히 한다.

④ 타설이음부를 가급적 만들지 않도록 한다.

3.4.2 부동침하에 의한 균열

1) 용어 정리와 기본개념

(1) 부동침하

기초지반이 침하함에 따라 구조물이 불균등하게 침하하는 현상을 부동침하라 한다. 기초의 침하가 균등하게 일어나면 구조물 전체가 침강하더라도 구조물의 변형이나 파괴가 일어나는 일은 드물다. 그러나 기초가 부동침하하면 구조물이 경사지거나 변형하게 되어 균열이 발생하기 쉽다.

구조물이 연약지반 위에 놓이는 경우는 기초지반의 압밀침하에 의하여 부동침하가 일어날 수 있으므로 이에 대하여 충분한 고려가 필요하다. 특히 연약층의 두께가 변화하는 곳에서는 부동침하가 일어날 가능성이 높다. 그리고 서로 다른 종류의 기초를 복합적으로 사용하거나 지지조건이 다른 기초를 병용하는 경우에도 부동침하가 일어날 가능성이 높다. 이 외에 각 기초에 작용하는 하중의 차이 및 시공할 때에 생기는 기초지반의 국부적인 불균등 등도 부동침하의 원인이 된다.

(2) 연약지반

지반의 구성이 연약하여 상부의 구조물을 지지하기에 내력이 부족한 지반을 연약지반이라 한다. 연약지반은 낮은 평야지대, 삼각주, 골짜기, 개벌지역 등을 형성하고 있는 새로운 충적지에 많이 존재하며 압밀이 느슨한 매립지도 연약지반에 해당한다.

2) 부동침하에 의한 균열현상

부동침하가 발생하게 되면 건축물에서 침하가 일어나는 부위와 반대로 부상하는 부위에 의하여 비틀림현상이 일어나게 된다. 이는 건축물에 응력요소로 작용하게 되어 그림 3.19와 같은 대각선 인장균열이 차등적인 침하에 따라서 발생하게 되고, 경암반 같은 침하되지 않는 부위는 대체로 중심부위에서 발생하게 된다.

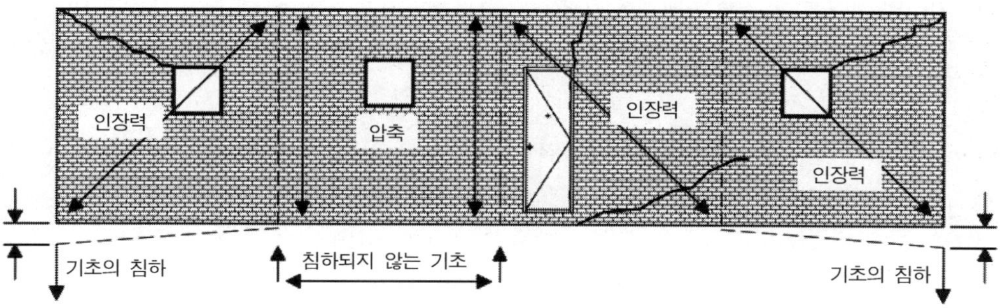

그림 3.19 부동침하에 의한 균열의 발생

3) 부동침하에 대한 대책

부동침하의 대책으로는 다음과 같은 사항을 살펴볼 수 있다.

① 구조물의 자중 감소 : 구조물의 자중이 경감될 수 있도록 설계해서 기초지반이 허용지내력을 초과하지 않도록 한다. 지내력의 한계값을 초과하면 침하가 발생한다.

② 기초에 작용하는 하중의 균등화 : 기초 상부의 건물 형상이나 하중의 작용 상태에 따라서 일부 기초에 높은 하중이 작용하게 되면 부동침하가 발생할 수 있으므로, 부동침하의 우려가 있는 지반에서의 구조물은 하중의 분배가 각 기초에 균등하게 이루어질 수 있도록 설계하는 것이 좋다.

③ 기초형식의 통일 : 하나의 건물에 이질 기초를 복합적으로 사용하면 부동침하의 가능성이 더욱 높아지므로 기초의 형식은 같은 유형으로 설계하는 것이 바람직하다. 그리고 기초의 지지기반은 같은 토질의 지지층에 놓이도록 하는 것이 좋다.

④ 신축이음의 설치 : 장대한 구조물의 경우 불가피하게 부동침하를 고려해야 하는 경우가 있다. 이러한 경우는 일정한 간격으로 신축이음을 두어서 부동침하가 발생하더라도 구조물에 손상을 주는 균열이 발생하지 않도록 사전에 설계에 반영할 수 있다. 부동침하에 의한 구조물의 변형은 신축이음부의 유격에서 흡수된다.

⑤ 지반개량과 침하의 억제 : 부동침하의 원인을 원천적으로 제어하는 방법으로써 연약지반이나 불균질한 지반을 개량하는 방법으로 침하를 억제할 수 있다.

⑥ 지하수에 대한 대책 : 지반이 균질하고 지내력이 충분해도 지하수위가 높은 경우에는 수압에 의하여 건물이 불균등하게 상부로 부상함으로써 부동침하와 같은 유형의 변형과 균열이 발생할 수 있다. 지하수위가 높아서 부력의 영향이 큰 경우에는 이에 상응한 구조설계를 하여 부력으로 인한 건물의 손상이 야기되지 않도록 해야 한다. 지하수에 대한 대책으로는 자중의 증대, 록앵커, 디워터링(de-watering) 등의 방법을 고려할 수 있다.

3.4.3 화재에 의한 균열

1) 용어 정리와 기본개념

(1) 불연성 재료

화재 시 가열될 경우 연소되지 않으며, 방화 시에 유해한 변형, 용융, 균열, 기타 손상을 일으키지 않으며 유해한 연기나 가스를 발생하지 않는 성능이 요구되는 재료를 말한다. 방화재료 중 등급이 가장 높은 것으로서 콘크리트, 석재, 철강, 유리, 알루미늄, 석면판, 기와, 벽돌, 모르타르 등이 이에 해당한다.

(2) 폭렬((spalling)

화재 등에 의하여 콘크리트가 장시간 고온에 노출될 경우 콘크리트 표면이 심한 폭음과 함께 박리 · 탈락하는 현상을 폭렬이라 한다.

2) 화재에 의한 균열의 원인

콘크리트는 불연성 재료로써 강재에 비하여 내화성이 우수하나 화재 시 고열을 장시간 받으면 균열이 발생하고 심한 경우는 폭렬이 일어나기도 한다.

시멘트 페이스트는 고열을 받으면 내부 수분의 증기압이 수증기로 방출되는 속도보다 빠르게 증가하기 때문에 이로 인하여 표면이 떨어져 나가고, 온도가 300℃ 이상이 되면 결정수가 분리되어 접착력을 잃게 된다.

고온이나 화재에 의해 콘크리트에 균열과 탈락이 발생하는 주요 원인으로는 다음과 같은 사항이 있다.

① 골재의 물리 화학적 변화
② 공극 중의 수분 증발에 의한 인장응력
③ 콘크리트 내부와 표면의 온도차 또는 철근과 콘크리트의 변형도 차에 의한 응력

3) 화재에 의한 균열현상

콘크리트의 표면에 고열이 지속적으로 작용하면 급격한 온도상승과 건조함으로 인해 그물눈 모양의 미세한 균열과 함께 보, 기둥에 등간격의 굵은 균열이 발생한다. 경우에 따라서는 폭발현상을 수반하는 폭렬이 일어나기도 한다.

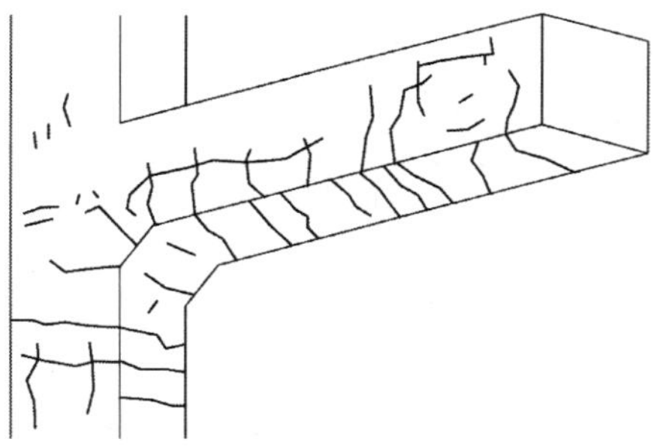

그림 3.20 화재를 입은 콘크리트 구조물의 균열

4) 화재에 의한 균열의 대책

(1) 피복 두께

피복 두께가 얇으면 화재의 영향으로 인한 균열이나 피복탈락이 쉽게 발생하므로 구조기준에서 정하고 있는 피복 두께 이상으로 시공하도록 한다.

(2) 인장강도의 개선

콘크리트의 배합에 강섬유, 탄소섬유 등을 첨가하여 인장강도를 증진시킴으로써 고온에서의 피복균열이나 폭렬현상을 감소시킬 수 있다.

3.5 구조적 원인에 의한 균열

3.5.1 하중의 작용에 의한 휨균열

1) 용어 정리와 기본개념

(1) 콘크리트의 변형과 균열

구조물에 힘이 작용하면 전체적으로 또는 국부적으로 압축변형이나 인장변형이 유발된다.

등분포하중이 작용하고 있는 단순보를 예로 들면, 하중이 작용함에 따라 보는 아래로 처지게 되어 하부 면은 본래의 길이보다 늘어나는 인장변형이 유발되고, 상부 면은 본래의 길이보다 짧아지는 압축변형이 유발된다.

(a) 무근 콘크리트 보 (b) 철근 콘크리트 보

그림 3.21 콘크리트 보의 변형과 균열

그런데 콘크리트는 압축력에 대한 저항내력이 높은 반면에 인장력에 대한 저항내력은 매우 낮으므로 인장변형에 의하여 인장응력이 유발되는 하부 면에서 균열이 쉽게 발생한다.

2) 휨균열의 현상

휨균열은 인장 측의 연단부에서 부재축의 직각 방향으로 발생하여 부재 내부의 중립축으로 진행해 들어간다. 슬래브와 보의 경우는 휨하중을 많이 받으므로 하부 주근의 위치를 지나서 중심축에까지 균열이 진행할 수도 있다.

휨재 단면에서 인장 측 연단부와 주근 주변에서 발생한 균열의 상황을 표시하면 그림 3.22와 같다. 그림 3.22에서 철근 리브의 주변에도 미세한 균열이 발생하는데, 이것을 내부균열(또는 2차 균열)이라 한다.

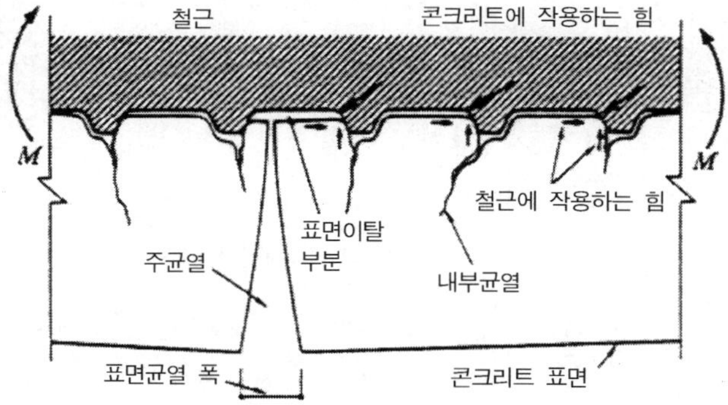

그림 3.22 휨재 단면에서의 균열현상

3) 휨균열에 대한 대책

(1) 철근의 배근

휨균열은 콘크리트 부재의 휨변형에 의하여 인장 측에 과도한 인장응력이 유발되어 발생하는 균열이다. 따라서 부재에 작용하는 인장응력을 철근이 부담할 수 있도록 배근설계를 하게 되면 콘크리트의 균열이 최소화 될 수 있다.

즉, 인장 측의 인장응력은 철근이 부담하고 압축 측의 압축응력은 주로 콘크

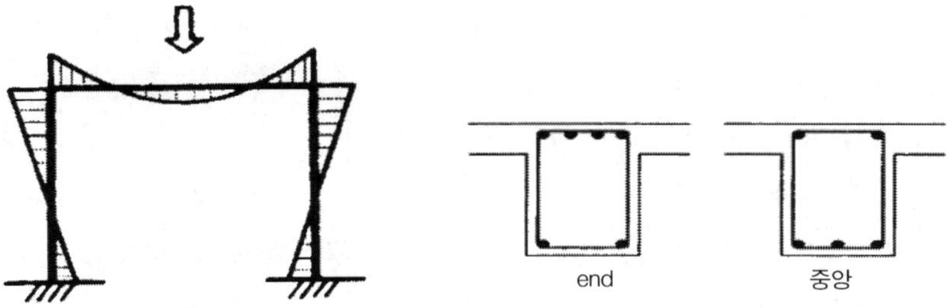

(a) 외력에 의한 휨모멘트도 (b) 보의 배근설계

그림 3.23 철근 콘크리트 구조물의 배근설계

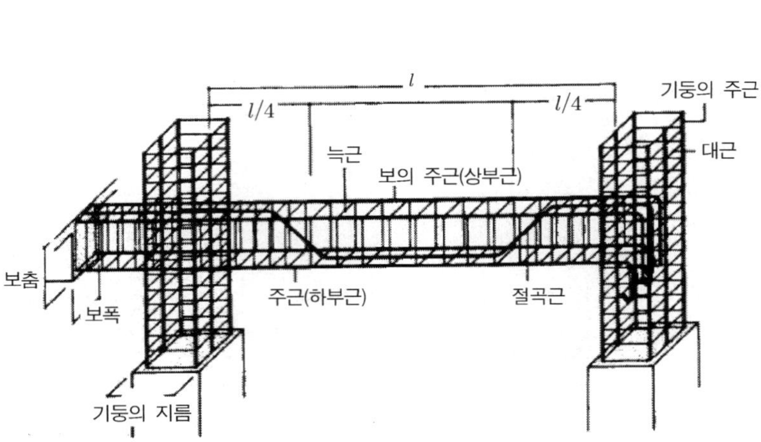

(c) 배근설계의 사례

그림 3.23 철근 콘크리트 구조물의 배근설계 (계속)

리트가 부담하도록 설계한다. 그림 3.23에서 보의 중앙 하부와 양단 상부는 인장변형에 의한 인장응력이 유발되므로 철근배근을 많이 하도록 하고, 중앙 상부와 양단 하부는 압축응력이 유발되므로 철근배근을 적게 한다.

(2) 소구경 철근의 배근

부재의 설계가 허용하는 범위에서 가는 철근으로 배근하게 되면 철근에 작용하는 인장응력이 분산되어 철근 주변의 콘크리트에 유발되는 인장응력을 최소화하게 된다.

(3) 미세균열의 허용

휨재 하부의 피복 두께 부분에서 발생하는 미세한 휨 인장균열은 구조적인 내력에 미치는 영향이 미소하므로 크게 우려하지 않아도 좋다.

하부의 미세균열은 부재의 초기 탄성처짐이나 콘크리트 건조수축현상으로 발생하는 것으로써 휨재 하부의 인장응력은 모두 주인장철근이 부담하고 있다. 단, 주변이 습한 환경이거나 콘크리트의 중성화 현상 등으로 인해 이러한 미세균열을 통하여 주철근의 부식이 촉진될 수 있으므로, 장기적인 유지관리 면에서는 미세균열도 부재의 표면마감이나 실링마감 등으로 보수할 필요가 있다.

3.5.2 하중의 작용에 의한 전단균열

1) 용어 정리와 기본개념

(1) 전단력과 전단변형

전단력은 부재축에 직교하는 방향으로 작용하는 힘으로서 부재를 절단하거나 찌그러지는 변형을 유발하게 된다.

수평방향으로 놓이는 슬래브와 보에 있어서는 중력 방향으로 작용하는 자중이나 적재되는 외력이 전단력으로 작용하고, 기둥에 있어서는 지진이나 태풍에 의한 수평외력이 대표적인 전단력이다.

이러한 전단력에 의해서 부재는 부재축의 직교 방향으로 전단응력이 유발되어 전단변형이 발생하게 된다.

일반적으로 부재에서의 전단응력은 지지단 반력이 작용하는 양단부에서 크게 작용하여 단부에서의 전단변형과 이로 인한 사인장균열과 전단파괴가 발생한다.

(a) 기둥　　　　　　　　(b) 보

그림 3.24 건물의 부재에 작용하는 전단변형

(2) 사인장균열

균열은 수직 방향의 균열과 경사 방향으로 발생한 균열의 두 가지 형태를 볼 수 있는데, 보에 하중을 가력하면, 먼저 휨응력에 의하여 수직균열이 보의 중앙부 하단에서 발생하기 시작하고 하중이 증가하면 보 단부에서 전단과 휨의 조합에 의한 주압축응력 방향으로 균열이 발생하게 되는데, 이러한 경사진 균열을 사인장균열(diagonal crack)이라 한다.

그림 3.25에서 중앙부의 수직균열은 인장변형에 의한 휨균열이고 단부 쪽의 경사진 균열은 전단변형에 의한 사인장균열이다.

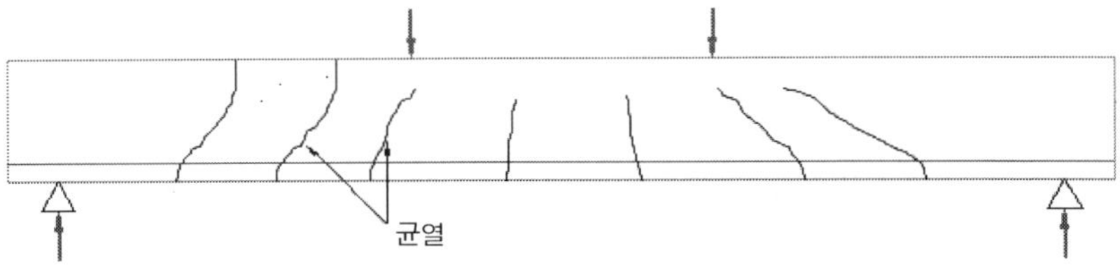

그림 3.25 2점 집중하중에 대한 보의 휨균열과 사인장균열

그림 3.26 콘크리트 보의 전단거동 실험

2) 전단균열에 대한 대책

철근 콘크리트 부재의 전단내력은 콘크리트의 단면력과 전단보강근으로 확보된다.

(1) 전단보강근의 배근

기둥에서의 전단보강근은 후프근이고, 보에서의 전단보강근은 스터럽(stirrup)이다. 전단보강근은 원칙적으로 전단변형에 의해 발생하는 사인장균열에 직교하는 방향인 경사 방향으로 배치하는 것이 응력 면에서 가장 효율적이지만, 시공이 매우 불편하여 일반적으로 수직 전단보강근으로 설치한다(그림 3.27 참조).

비틀림이 작용하는 보의 경우는 폐쇄형 스터럽으로 배근하고 비틀림이 작은 보의 경우는 U자형 스터럽으로 배근한다.

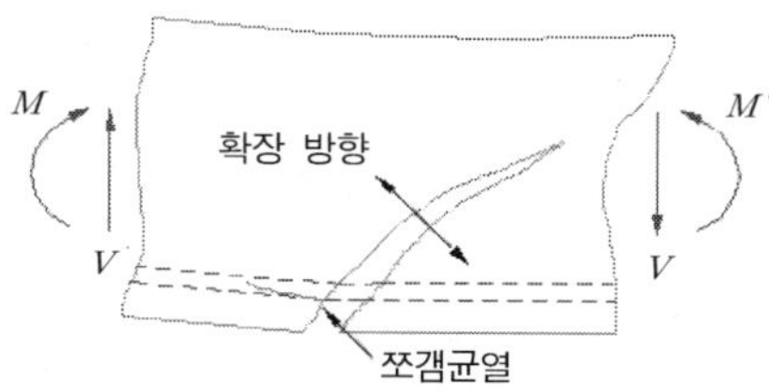

(a) 전단균열

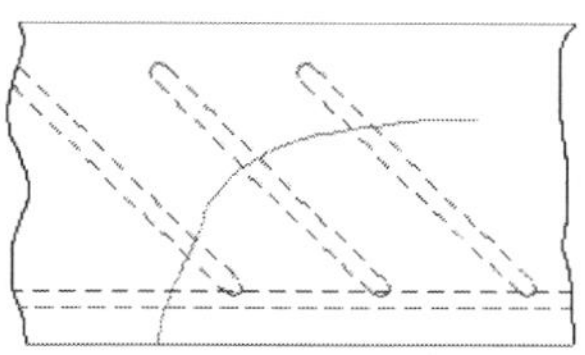

(b) 경사스터럽

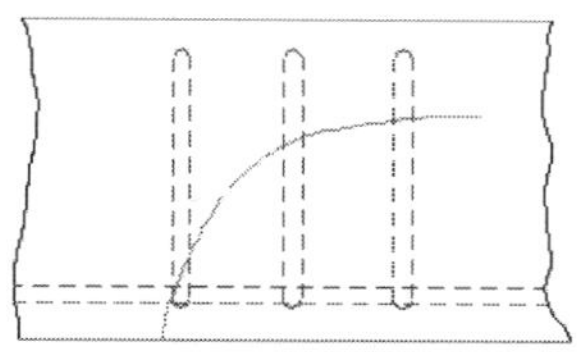

(c) 수직스터럽

그림 3.27 전단균열과 전단보강근

(2) 콘크리트의 단면내력 향상

고강도 콘크리트를 사용하거나 부재의 단면적을 크게 설계하면 콘크리트의 단면에서 저항할 수 있는 전단내력이 증가하므로 전단변형에 대한 저항성이 높아지게 된다. 그러나 콘크리트는 건물 전체에서 동일한 조건으로 타설되는 것이 경제적 · 시공적 · 구조적으로 유리하므로, 전단력이 크게 작용하는 국부적인 위치에 고강도 콘크리트를 사용하는 것은 바람직하지 않다.

콘크리트의 단면적은 건물의 층고와 다른 설계상의 조건이 허용하는 범위에서 가능한 방법이고, 콘크리트의 단면적을 키우게 되면 콘크리트의 물량과 자중이 증가하게 된다.

따라서 전단력에 대한 일반적인 설계방법은 전단보강근의 내력을 증대시키는 방법으로 한다. 전단보강근에 대한 다음 조건을 조정하여 전단내력을 증대시킬 수 있다.

① 전단보강근의 간격 (@200 → @150)

② 전단보강근의 개수 (2 → 3)

③ 전단보강근의 지름 (D10 → D13)

④ 전단보강근의 강도 (SD35 → SD40)

생각해 보기

1. 콘크리트 구조물에 발생하는 균열의 원인을 대분류로(4가지) 설명하시오.

2. 건조수축에 의한 균열의 원인, 시기, 형태, 방지대책에 대하여 설명하시오.

3. 동결융해에 의한 균열의 원인, 시기, 형태, 방지대책에 대하여 설명하시오.

4. 콘크리트 중성화의 원인에 대하여 설명하시오.

5. 철근콘크리트 부재에 발생하는 전단균열의 대책에 대하여 기술하시오.

제 4 장

보수 및 보강 기술

일반적으로 보수(repair)란 손상된 콘크리트 구조물의 내구성, 안전성, 미관 등 내하력 이외의 기능을 회복시킴을 목적으로 하는 것이며, 보강(reinforcement)이란 손상에 의해 저하된 콘크리트 구조물의 내력을 회복시킴을 목적으로 하는 것으로 정의된다.

보수설계는 손상된 구조물의 기능회복을 목적으로 적절한 재료 및 공법을 선정하는 것이 바람직하며 손상원인, 발생상황, 구조물의 중요도, 환경조건 등을 파악하여 보수목적 및 회복목표를 정한 후 재료와 공법을 선택해야 한다. 보수만으로 강도와 내구성 및 사용성을 확보할 수 없다면 적절한 재료와 공법으로 보강해야 한다. 이때는 손상의 원인, 재하조건, 보강의 범위와 규모, 안전성, 경제성, 관리의 용이성 등을 고려해야 한다.

4.1 보수

4.1.1 보수재료

일반적으로 보수재료는 무기질 재료인 시멘트계와 유기질 재료인 수지계로 구분할 수 있다. 보수공사는 공사에 따라 작업조건이 다르기 때문에 보수조건, 보수재료의 성질, 시공의 용이성, 가격, 노무의 숙련도 등을 고려하여 보수재료를 결정해야 한다. 보수재료를 선정하는 데 있어서 일반적으로 접착강도와 압축강도에 의해 평가되며, 아울러 다음과 같은 품질조건을 만족할 때 기존의 구조체와 우수한 일체성이 확보될 수 있다.

① 치수 안전성 : 경화 시 및 경화 후에 수축을 일으키지 않을 것.
② 열팽창계수 : 기존 콘크리트와 가능한 열팽창계수가 가까운 재료를 사용할 것.
③ 탄성계수 : 기존 콘크리트와 가능한 탄성계수가 가까운 재료를 사용할 것.
④ 투습성 : 콘크리트와 유사한 투습성을 갖는 재료를 사용할 것.
⑤ 전도성 : 노출철근을 보수할 경우에는 전도성을 갖는 재료를 사용할 것.
⑥ 침투성 : 폭이 협소한 곳에서도 침투, 충전이 가능할 것

1) 시멘트계 보수재료

시멘트계 재료는 수지계에 비해 기존 콘크리트와 물성이 비슷한 장점이 있으나 접착성은 현저히 떨어지므로 구조내력을 필요로 하는 곳의 사용 시 주의할 필요가 있다. 표 4.1에 시멘트계 보수재료의 특징을 나타냈다. 시멘트계 보수재료는 결함부 도포나 균열부, 이격부 충전 등에 사용되는데, 이들 중 특별한 재료로는 폴리머 시멘트계와 초미립자 시멘트 페이스트계를 들 수 있다. 폴리머 시멘트계(모르타르, 콘크리트 혹은 페이스트) 재료는 시멘트 혼화용의 폴리머를 혼입함으로써 모르타르의 유동성이 향상되며, 폴리머를 혼입하지 않은 모르타르(콘크리트)에 비해 차염성, 중성화 억제효과, 물, 산소 확산에 대한 저항성 등이 높아 통상의 시멘트에 비해 높은 보수성능을 지닌다. 폴리머 시멘트를 이용한 보수재의 품질은 표 4.2에 나타냈다.

최근에는 시멘트 제조 기술의 발달로 초미립자 시멘트 페이스트를 이용한 주입공법을 많이 이용하고 있는데, 초미립자 시멘트 페이스트의 물리·화학적 성능은 표 4.3에서 보듯이 비중이나 응결 특성에서는 보통 시멘트와 큰 차이가 없으나, 분말도가 높아 수화조직이 치밀해지므로 보통 시멘트의 1.5배 이상의 강도를 가지고 있다. 주요 용도로는 연약지반 개량, 절토부의 안정 및 토석의 유출 방지, 사면경사지대의 지반안정 강화, 댐 및 저수지의 누수 방지 및 토사유출 방지, 콘크리트 구조물의 균열 주입재 등으로 사용되고 있다.

표 4.1 시멘트계 보수재료의 특성

재료명	장점	단점	규준	적용
마이크로실리카 (실리카흄)	• 초고강도 • 수밀성 향상 • 내구성 향상	• 가격 고가 • 단위수량 증가 • 점성이 큼		• 고품질의 뿜칠 • 내마모성이 필요
뿜칠 콘크리트	• 부착력(강도) 큼 • 수축이 적음 • 시공 용이	• 기능공이 필요 • 품질이 기능공에 의존	• ACI 605 • Gunite • Contrasctors Assn. G-76	• 한계 없음
섬유보강 콘크리트	• 균열 저항성이 큼 • 피로저항 향상	• 표면부의 강섬유 부식 • 섬유의 분산이 곤란		• 균열제어 • 뿜칠 • 프리캐스트
폴리머 시멘트	• 부착성이 큼 • 양생일수 1일 이내 • 투수 · 투기성이 적음 • 내화학 저항성이 큼	• 가사시간이 짧음 • 이격 혼합 • 취급 특수 • 기능공이 필요	• FHWA • RD 78-35	• 포장 • 충진 • 화학적 침식 방지
팽창 시멘트계 (팽창성 무수축 그라우트)	• 취급 용이 • 동결융해 저항성 증가	• 배합이 시멘트나 비비기 온도의 영향이 큼 • 거푸집 필요	• ASTM C845 • ACI223-83 • CRD C 621-82 B	• 공극충전 • 균열충전 • 베이스 플레이트의 충전
석고계 (팽창성 무수축 그라우트)	• 취급 용이 • 경화가 빠름 • 공기양생	• 습윤상태 불안정 • 경화가 매우 빠름 • 물에 용해되기 쉬움	• CRD C 621-82 B	• 건조조건하에서 볼트, 파이프 고정
팽창 시멘트계 (팽창성 무수축 그라우트)	• 취급 용이 • 거푸집 불필요 • 블리딩이 적음	• 습윤양생 필요		• 볼트 고정 • 작은 공극 충전 • 포스트텐션 텐던의 충전
산화금속계 (팽창성 무수축 그라우트)	• 고강도 • 피로성상이 좋음 • 내충격성이 좋음	• 건조조건 불안정 • 녹 얼룩이 있음		• 볼트 고정 • 크레인 레일 설치 • 중량물이 필요한 경우
마그네슘 인산염	• 취급 용이 • 경화가 빠름 • 부착력 큼 • 낮은 온도 사용가능	• 가사시간이 짧음 • 요철로 마감이 필요함 • 암모니아 냄새 심함		• 저온하에서의 보수
프리팩트 라텍스 모르타르	• 취급 용이 • 부착이 큼 • 내마모 · 내화학성	• 가사시간이 짧음 • 수축함 • 비교적 고가		• 얇은 마감 • 불투수마감 • 치장마감

(표 계속)

재료명	장점	단점	규준	적용
프리팩트 · 셀프레벨링 마감재	• 취급 용이 • 부착이 큼 • 펌프압송 가능 • 마감 불필요	• 옥외 사용 불가능 • 동결융해 저항성이 없음		• 바닥재 또는 바닥마감재
프리팩트 · 개량 포틀랜드 시멘트 혼합물	• 취급 용이 • 포틀랜드 시멘트와 유사	• 경화가 늦음 • 저온에서 사용 불가		• 포장 보수 • 구조물의 국부적 보수
초미립 시멘트	• 침투성이 높음 • 블리딩이 적음	• 다량의 물이 필요 • 먼지가 다량으로 발생하여 취급이 곤란함		• 구조물 그라우팅 • 지반이나 암반의 그라우팅

표 4.2 보수용 주입 폴리머 시멘트 슬러리의 품질

항 목		품질
유동성 시험	흐름시간(초)	1회째 : 30 이내 2회째 : 45 이내
보수시험	보수계수(%)	0.35 ~ 0.55
수축시험	수축률(%)	3 이하
접착강도시험	접착강도(MPa)	0.5 이상
휨시험	휨강도(MPa)	5 이상
흡수시험	흡수율(%)	15 이하
내구성 시험	휨강도(MPa)	5 이상

표 4.3 초미립자 시멘트 페이스트의 성능 비교

종류	밀도(g/cm^3)	분말도(cm^2/g)	압축강도(MPa)
보통 시멘트	3.15	3,180	36.8
기성 제품 A	3.01	6,230	51.6
기성 제품 B	2.95	8,250	54.8

2) 수지계 보수재료

수지계 보수재료는 경화속도, 접착성, 내구성이 좋으며, 경화수축이 적고 강도가 조기에 발현되어 보수재료로 많이 이용되고 있다. 일반적으로 사용되고 있는 재료의 종류에는 에폭시계, 폴리에스테르계, 폴리우레탄계, 고무, 아스팔트 등이 있으며, 이 중 에폭시수지가 널리 이용되고 있다.

수지계 보수재료의 용도를 보면, 콘크리트 구조물의 균열 보수용 주입재, 내

표 4.4 수지의 종류와 성능 비교

성능 \ 수지	에폭시계	폴리에스테르계	폴리우레탄계	고무아스팔트계
접착성	◎	⊙	⊙	△
연질성	△	△	◎	⊙
내구성	◎	⊙	⊙	X
내수성	◎	⊙	⊙	△
내알칼리성	◎	X	⊙	△
수축성	무	대	소	대
작업성	⊙	⊙	⊙	◎
경제성	△	⊙	⊙	◎

◎ : 우수, ⊙ : 양호, △ : 가능, X : 불가능

표 4.5 수지계 보수재료의 성능

종류 \ 성능	비중	강도(MPa)			신율(%)	흡수율(%)
		인장	압축	휨		
에폭시	1.11~1.23	50~80	60~150	30~137		0.04~0.2
폴리에스테르	1.01~1.20	32~60			40~310	0.2~0.6
실리콘	1.40~2.00	3.5~7.5			100~500	0.1~0.3
아크릴	1.18~1.20	54~68	84~126	62~87	19~37	0.24~0.28
염화비닐(경)	1.35~1.45	35~64	57~90	70~115	20~40	0.07~0.4
염화비닐(연)	1.16~1.35	10~25	6.5~12	3.5~20	200~450	0.2~0.7
우레탄	1.00~1.30	35			650	
페놀	1.25~1.30	49~56	70~2.10	84~1.05	15~53	0.1~0.3

표 4.6 보수, 보강공법과 사용 재료

대책	공법	수지계 사용 재료
균열 보수	저압수지 주입공법	경질형 에폭시수지, 연질형(유연형) 에폭시수지, 탄성부여 에폭시수지
철근노출 보수	단면수복공법	에폭시수지 모르타르
표면피복 · 도장	콘크리트보호공법	우레탄수지, 에폭시수지, 불소수지, 폴리부타디엔고무
	콘크리트방식공법	비닐에스테르수지, 에폭시수지, 에폭시수지 모르타르
오염 방지	오염 방지	실리콘수지, 불소수지, 아크릴실리콘수지
내력보강	강판접착공법	에폭시수지
	섬유(FRP 등)접착공법	에폭시수지
	D-RAP공법	에폭시수지
	단면 증설	–
	외부케이블공법	–
박락보강	강판접착공법	에폭시수지
	섬유(FRP 등)접착공법	에폭시수지

력부족에 대한 강판 혹은 탄소섬유시트 등의 접착제, 중성화 · 염해 등 콘크리트의 성능 저하를 방지하는 표면피복재 등으로 사용된다. 수지계 보수재료의 종류와 성능을 표 4.4와 표 4.5에 나타냈다. 한편, 보수 · 보강 대상과 공법에 따라 사용되는 수지계 재료는 표 4.6과 같다.

(1) 에폭시수지

■ 에폭시수지의 특성

수지계 보수재료 중 가장 많이 사용되는 것이 에폭시수지이다. 에폭시수지는 주제와 경화제가 반응하여 고리상의 구조에서 3차원의 망상구조로 변화하여 기계적인 특성을 발휘하는 2액형의 열경화성 수지로써, 비스페놀A와 에피클로로하이드린(epichlorohydrin)을 카제인 소다와 동시에 가열시켜 제조한다.

에폭시수지는 사용하는 경화제의 종류 및 조합방법에 따라 혼합물의 점도, 경화시간 등이 달라지고 성능이 크게 좌우되기 때문에 사용하는 목적, 피착재의 상태, 공법 및 작업현장의 환경 등을 고려하여 선택한다. 표 4.7에 에폭시수지의 특성을 나타냈다. 반면에 에폭시수지 재료는 이러한 장점 외에 다음과 같은 단점도 있으며, 시공 시 이에 대한 주의를 충분히 해야 한다.

① 취급이 다소 복잡하고 적절한 온도관리가 필요하다.

② 지나친 저온에서는 점도가 높아져 작업이 곤란하고 경화반응이 지연된다.

③ 지나친 고온에서는 사용가능 시간이 단축되어 작업 도중 경화될 우려가 있다.

④ 동계형 및 춘추형 등 특성에 따라 사용할 시기를 적절히 구별해야 한다.

⑤ 콘크리트와 서로 다른 온도팽창계수로 인해 재료의 신축에 따른 팽창, 수축량이 달라 마무리에서 주의하지 않으면 접합면에서 박락의 우려가 있다.

표 4.7 에폭시수지의 특성

특징	설 명
접착성	① 액상에서 휘발성 용매 없이 존재가 가능하다. ② 거의 대부분의 제품에 대해 접착성이 우수하다. ③ 양생 중 발생하는 부산물이 없다. ④ 양생 중 수축성이 낮다. ⑤ 장기적인 규격 안정도가 우수하다(장기 변형이 적다). ⑥ 높은 인장 · 압축강도를 가지고 있다. ⑦ 적절한 구성재료의 배합으로 열악한 각종 환경에 대해 내구성을 높일 수 있다. ⑧ 상온에서는 물리 · 화학성능의 변화가 거의 없으며 300℃에서 녹아 일부가 휘발하면서 유독가스가 발생한다.
화학 저항성	산, 알칼리, 유류, 솔벤트 등의 침식에 대해 저항성능이 높다.
전기 특성	우수한 전기절연 재료이다.
부식 저항성	심각한 부식환경에 저항할 수 있다.
Creep & Relax.	Creep와 Relaxation은 주로 하중과 온도의 영향을 받는다.
회복성	변형 지지능력과 원래 상태로 회복하는 성능이 우수하다. (단, 자체의 탄성범위 내에서이다.)
수축성	기타 온도경화 수지에 비해 자체의 수축성이 낮다. 양생 중 선수축량이 0.001% 이하이다.
열경화 특성	에폭시수지는 열경화 재료이므로 경화 중에 화학변화를 일으키고 가열에 의해 다시 액화되지는 않는다.
내수성	얇은 피막으로도 매우 높은 내수성능을 발휘하므로 지속적인 물의 침투지역이나 수중에서 유리하다.
다양성	제품의 다양성으로 광범위한 물리 · 화학적 특성을 가지고 있으며 다양한 목적의 첨가제를 사용하여 특수목적에 대처하기 쉽다. 반대로 목적에 적절한 제품을 사용하지 않으면 물리 · 화학적으로 불리한 결과를 얻을 수 있다.

■ 에폭시수지의 품질 수준

보수용 주입 에폭시수지의 품질 수준에 대하여 참고로 일본 JIS 규정에서는 표 4.8과 같이 규정하고 있다.

표 4.8 보수용 주입 에폭시수지의 품질 수준(JIS A6024)

<table>
<tr><th colspan="4">특성 / 종류</th><th colspan="2">저점도형</th><th colspan="2">중점도형</th><th colspan="2">고점도형</th></tr>
<tr><td rowspan="4">점성</td><td colspan="3">점도혼합물 (Mpa.s/20℃)</td><td>100~ 1,000</td><td>100~ 1,000</td><td>5,000~ 20,000</td><td>5,000~ 20,000</td><td>–</td><td>–</td></tr>
<tr><td colspan="3">Tixotropy Index</td><td>–</td><td>–</td><td>5 ±1</td><td>5 ±1</td><td>–</td><td>–</td></tr>
<tr><td rowspan="2">슬럼프 (mm)</td><td colspan="2">15 ±2℃</td><td>–</td><td>–</td><td>–</td><td>–</td><td>–</td><td>5 이상</td></tr>
<tr><td colspan="2">30 ±2℃</td><td>–</td><td>–</td><td>–</td><td>–</td><td>5 이상</td><td>–</td></tr>
<tr><td colspan="2" rowspan="2">초기 경화성 (MPa)</td><td colspan="2">표준조건</td><td>2 이상</td><td>–</td><td>2 이상</td><td>–</td><td>2 이상</td><td>–</td></tr>
<tr><td colspan="2">저온조건</td><td>–</td><td>2 이상</td><td>–</td><td>2 이상</td><td>–</td><td>2 이상</td></tr>
<tr><td colspan="2" rowspan="4">접착강도 (MPa)</td><td colspan="2">표준조건</td><td>6 이상</td><td>6 이상</td><td>6 이상</td><td>6 이상</td><td>6 이상</td><td>6 이상</td></tr>
<tr><td rowspan="3">특수조건</td><td>저온 시</td><td>–</td><td>3 이상</td><td>–</td><td>3 이상</td><td>–</td><td>3 이상</td></tr>
<tr><td>습윤 시</td><td>3 이상</td><td>3 이상</td><td>3 이상</td><td>3 이상</td><td>3 이상</td><td>3 이상</td></tr>
<tr><td>건습 반복 시</td><td>3 이상</td><td>3 이상</td><td>3 이상</td><td>3 이상</td><td>3 이상</td><td>3 이상</td></tr>
<tr><td colspan="2">경화수축</td><td colspan="2">경화수축률(%)</td><td>3 이하</td><td>3 이하</td><td>3 이하</td><td>3 이하</td><td>3 이하</td><td>3 이하</td></tr>
<tr><td colspan="2" rowspan="2">가열변화</td><td colspan="2">질량변화율(%)</td><td>5 이하</td><td>5 이하</td><td>5 이하</td><td>5 이하</td><td>5 이하</td><td>5 이하</td></tr>
<tr><td colspan="2">체적변화율(%)</td><td>5 이하</td><td>5 이하</td><td>5 이하</td><td>5 이하</td><td>5 이하</td><td>5 이하</td></tr>
<tr><td colspan="4">휨강도(MPa)</td><td>30.6 이상</td><td>30.6 이상</td><td>30.6 이상</td><td>30.6 이상</td><td>30.6 이상</td><td>30.6 이상</td></tr>
<tr><td colspan="4">압축강도(MPa)</td><td>–</td><td>–</td><td>–</td><td>–</td><td>51 이상</td><td>51 이상</td></tr>
</table>

■ 취급 시 주의사항

① 사용 시기

일반적으로 에폭시수지는 저온 상태에서는 점도가 높아져 시공이 곤란해지고 경화속도가 지연된다. 또한 너무 고온 상태이면 작업 도중에 경화될 우려가 있다. 따라서 에폭시수지는 여름용(10 ~ 30℃ 표준)과 겨울용(5 ~ 15℃)으로 구분하여 공급되어 있다. 월별로 시공시기를 구분하면 표 4.9와 같다.

표 4.9 에폭시수지의 종류별 사용 시기

월별	1	2	3	4	5	6	7	8	9	10	11	12
에폭시수지 종류	겨울용				여름용							겨울용

② 혼합시간

개량 오차의 영향은 1 : 1(주제 : 경화제) 혼합의 경우가 가장 적고 혼합비에 차이가 있을 경우에는 계량 오차에 의한 영향이 커져 그 성능이 현저히 저하되는 경우가 있으므로, 계량에 대해서는 특히 주의할 필요가 있다.

주제와 경화제는 일반적으로 색상이 다르게 제조되므로 사용 시 혼동을 줄일 수 있도록 함과 동시에 혼합 상태를 확인할 수 있도록 되어 있다. 혼합시간의 표준은 표 4.10과 같다. 혼합량이 적어 수작업을 할 경우의 혼합시간은 표 4.10의 2배를 표준으로 한다.

표 4.10 혼합시간의 표준

수지량	기계 혼합시간	비고
압착용 에폭시수지 5 ~ 10kg	2 ~ 3분 이상	고점도 수지
주입용 에폭시수지 10kg	2분 이상	저점도 수지
퍼티용 에폭시수지 5 ~ 10kg	2분 이상	고점도 수지

③ 점도에 따른 주의사항

저점도 접착제의 경우는 저속 드릴, 믹서 등의 기계 사용이 바람직하다. 한편, 기계교반은 기포가 대량 발생하므로, 결함부 주입을 할 경우에는 교반 후 바로 사용하지 말고 가능한 기포를 제거한 후 사용하도록 한다.

고점도 접착제는 교반하는 사람의 개인작업에 차이가 발생하지 않도록 광폭형 강재교반형식의 기계를 사용하는 것이 좋다. 소량의 혼합은 금속주걱을 사용하여 평활한 면에서 교반의 차이가 발생하지 않도록 주의한다. 저온 상태에서 에폭시수지의 점도가 높은 경우에는 사용 직전에 열을 가하여 점도를 떨어뜨려 사용하는 것도 좋은 방법이다.

④ 혼합작업

혼합작업을 할 때에는 화재 방지를 위해 인화성 물질과 격리시켜야 하고 에폭시수지가 피부에 직접 닿지 않도록 고무장갑을 착용해야 하며 작업 후에는 비누로 손을 잘 씻어야 한다.

(2) 폴리에스테르수지

폴리에스테르수지는 수지계 보수재료로서 무수말레인산과 에틸렌글리콜을 반응시켜 만든 불포화 폴리에스테르를 에틸렌 단량체에 용해시킨 것을 주제로 하여, 여기에 촉매와 촉진제를 첨가한 것이다. 이 종류는 에폭시수지에 비해 인화성이 높아 보존성이 떨어지고 수축성이 크다. 장점으로는 경화시간의 조정이 용이하고 생산원가가 에폭시수지의 1/3~1/4 수준이며, 수지 모르타르나 수지 콘크리트용으로서의 품질은 에폭시수지와 별 차이가 없다.

3) 보수목적에 따른 재료 분류

(1) 단면복구재

콘크리트의 단면복구를 위한 보수재료로는 폴리머 시멘트계, 에폭시수지계, 모르타르 및 콘크리트 등이 있다. 단면복구재로 사용되는 폴리머 시멘트 모르타르의 경우 SBR계와 PAE계를 주로 사용하고 있다. 단면복구재의 경우 특히 중요한 것은 치수안전성(경화수축, 건조수축 등이 작은 것), 열팽창계수, 탄성계수, 투습성 등으로서 콘크리트와 같은 정도인 것이 좋다. 비교적 큰 결함부에는 시멘트 콘크리트, 폴리머 시멘트 모르타르가 유효하며, 비교적 작은 결함부에는 시멘트를 사용하지 않은 폴리머 모르타르가 유효하다.

대표적인 단면복구재는 폴리머 시멘트계 모르타르과 에폭시수지계 모르타르이며, 이에 대한 특성은 표 4.11과 같다.

표 4.11 단면복구재의 성능 비교

항목	폴리머 시멘트계 단면복구재	에폭시수지계 단면복구재
시공성	독성이 없고, 시공기구의 청소가 간단하며, 습윤면의 시공도 가능함. 한 번만에 두껍게 바를 수 없으므로 결손이 클 때에는 공정이 늘어난다.	경량골재형식이면 한 번에 두꺼운 바름이 가능하여 공정이 짧아진다. 경화재에 독성이 있는 것도 있고 작업장비의 청소가 어렵다.

(표 계속)

항목	폴리머 시멘트계 단면복구재	에폭시수지계 단면복구재
경화성	보통 타입은 약간 경화가 늦어 공기가 길어진다. 단, 속경 타입도 있다.	일반적으로 빠르고, 경화재의 종류에 따라 경화속도를 조정할 수 있다. 다만, 온도 의존성이 커서 저온 시에 경화하기 어려운 것도 있다.
각종 강도	콘크리트와 유사	일반적으로 콘크리트보다 약간 크다. 특히 인장, 휨강도가 우수하다.
탄성계수	콘크리트와 유사	일반적으로 콘크리트보다 약간 작고 변형하기 쉽다. 다만, 조정은 가능
부착성	양호하지만 혼화된 폴리머의 종류에 따라 약간 다르다.	폴리머 시멘트계에 비하여 매우 큰 부착성능을 지닌다.
방수성		일반적으로 양호하지만 골재의 입도배열에 따라 저하하는 것도 있으므로 주의한다.
차염성		상동
가스투과성		상동
열팽창계수	콘크리트와 유사	콘크리트보다 크다(2~4배).
내화 · 내열성	콘크리트와 같은 정도. 다만, 폴리머의 혼화량이 많아지면 내화성은 저하한다.	온도가 높아지면 경화나 변형이 생긴다.

(2) 방청처리재

철근이 노출되어 있을 경우 사용하는 방청처리재는 일반적으로 폴리머 시멘트계와 합성수지계의 두 가지를 사용하고 있다. 폴리머 시멘트계는 시멘트 혼화용 폴리머의 종류에 따라 SBR계와 PAE계로 나누어진다. SBR계는 방수성, 중성화에 대한 저항성이 우수하고 PAE계는 초기 접착성과 시공성이 우수하다고 알려져 있다.

합성수지계로는 에폭시수지(프라이머 포함)의 이용이 가장 많으며, 그 외에 아크릴수지 및 우레탄수지가 이용된다. 합성수지계 재료는 경화가 빠르고 도장작업이 간단하나 에폭시수지의 경우 철근의 부식을 촉진시킨다는 학계의 보고가 있어 사용에 주의가 필요하다. 최근에는 에폭시수지계의 단점 때문에 폴리머 시멘트계의 사용 비율이 증가하고 있다.

대표적으로 사용되는 방청처리재인 폴리머 시멘트계와 에폭시수지계의 특성

비교를 표 4.12에 나타냈다.

표 4.12 철근 방청처리재의 성능 비교

항목	폴리머 시멘트계 방청처리재	에폭시수지계 방청처리재
방청성	알칼리성에 의한 방청효과를 나타내며 도장방법 등에 주의가 필요하다.	산소와 물을 차단하는 도막에 의한 방청효과로 경화제의 종류에 따라서 역효과가 나타날 수 있다.
부착성	첨가되는 폴리머의 효과에 의한 것으로 그 종류나 혼화량에 따라서 약간의 차이가 있다.	수지의 효과에 의한 것으로 폴리머 시멘트계에 비하여 큰 성능을 가지고 있다.
방수성	상동	상동
차염성	상동	상동
내화·내열성	콘크리트와 같은 정도이나 폴리머의 혼화량이 많게 되면 내화성은 저하된다.	온도가 높아지면 연성화, 변형되기 쉽다.

(3) 도포함침재

도포함침재는 방수성을 개선시키거나 취약화한 콘크리트의 표면을 강화시킨다. 철근의 부식환경을 개선하는 등의 목적으로 콘크리트 표면에 도포하고 함침시키는 재료로서 그 목적에 따라 다음과 같이 나눌 수 있다.

① 방수성을 부여하여 열화 방지를 도모하는 것 : 침투성 흡수방지재

② 중성화한 콘크리트에 알칼리성을 부여하여 철근을 보호하는 것 : 침투성 알칼리성 부여재

③ 취약한 콘크리트의 표면층을 강화하는 것 : 침투성 고화재

④ 염화물 함유 콘크리트의 철근부식 환경을 개선하는 것 : 도포형 방청재

콘크리트의 취약층, 중성화 부분, 고염화물 함유분 등의 열화층은 제거한 후 보수하는 것이 좋으나, 실제로 완전 제거는 어려운 경우가 많으며 이때 도포함침재를 이용한다.

(4) 기타 재료

■ **바탕조정재**

① 열화 표면을 깨어내고 피복 부족을 보완하는 목적으로 사용한다.

② 폴리머 시멘트계와 합성수지계가 있다.

③ 요구 성능은 중성화 방지효과, 차염성, 접착 내구성 등을 필요로 한다.

■ 마감재

① 구체의 보호, 내구성 개선 및 미관의 회복 등을 목적으로 사용한다.

② 침투성 흡수방지재, 도료, 건축마감재, 도막방수재, 성형폼(패널류) 등이 있다.

③ 외부로부터의 물은 차단하고 내부로부터의 수증기는 방출시킬 수 있어야 한다.

4.1.2 보수공법

1) 균열부의 보수

철근 콘크리트 구조물에 발생한 균열을 보수하는 것은, 균열의 발생에 의해 손상된 구조물에 보수재를 주입 또는 충전하여 공기층과 차단시킴으로써 콘크리트 중성화 등의 열화를 방지하고 철근의 녹 발생 및 진행을 억제시키는 효과가 있으며, 더 나아가서는 구조물의 강도를 증진시키는 효과도 있다.

균열의 보수는 그 원인을 정확히 분석한 뒤에 이루어져야 한다. 균열이 진행성인지 비진행성인지를 파악해야 하며, 균열이 왜 발생하였는지를 파악해야 근본적이고 효과적인 보수방법을 선택할 수 있다.

일반적으로 철근 콘크리트 구조물의 보수공법의 흐름은 그림 4.1과 같다.

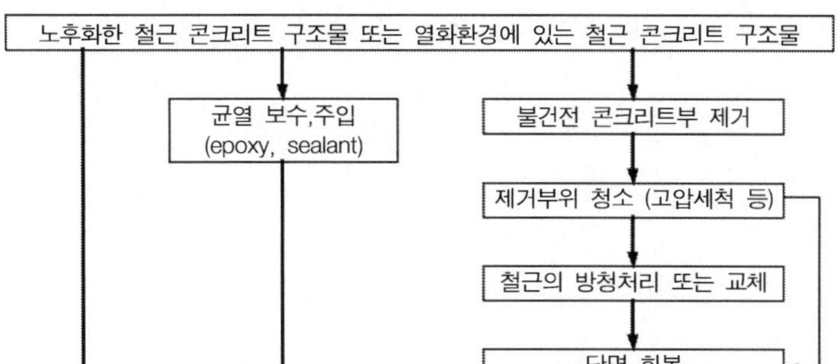

그림 4.1 철근콘크리트 구조물의 보수공법 체계도

(1) 보수재료의 선정기준

보수재료는 수지계 재료(epoxy계, polyester계, polyurethane계, gummy asphalt계)와 시멘트계 재료(polymer cement계, cement filler, 팽창시멘트 그라우트 등)로 분류될 수 있으며, 공통적으로 다음과 같은 특성이 요구된다.

① 바탕면이 건조되어 있거나 다소 물에 젖어 있어도 강력하게 접착 경화하는 것

② 경화가 신속하고 경화수축이나 건조수축이 작은 것

③ 콘크리트 속의 알칼리 성분에 대한 저항성이 크고 내구성도 좋은 것

④ 미세한 균열에도 충분히 침투, 충전될 수 있도록 입자가 작고 점성이 낮은 것

(2) 보수공법의 적용 기준

균열의 발생현상 및 원인에 따른 보수공법별 적용 기준은 일반적으로 다음 표 4.13과 같다.

표 4.13 균열 발생 및 원인에 따른 보수공법별 적용 기준

보수 목적	균열현상 · 원인		균열폭 (mm)	보수공법				
				표면처리 공법	주입 공법	충전 공법	그 밖의 공법	
							침투성 방부제 도포공법	기타
방수성	철근이 부식되지 않은 경우	균열폭 변동 적음	≤0.2	◎	△		◎	
			0.2 ~ 1.0	△	◎	◎		
		균열폭 변동 큼	≤0.2	△	△		◎	
			0.2 ~ 1.0	△	◎	◎	◎	
내구성	철근이 부식되지 않은 경우	균열폭 변동 적음	≤0.2	◎	△	△		
			0.2 ~ 1.0	△	◎	◎		
			1.0≤			◎		
		균열폭 변동 큼	≤0.2	△	△	△		
			0.2 ~ 1.0	△	△	◎		
			1.0≤			◎		
	철근부식					◎		
	염해							◇
	반응성 골재							◇

◎ : 양호, △ : 보통, ◇ : 연구단계

표 4.14 콘크리트 열화의 정도에 따른 보수공법

열화	열화의 정도			공법
균열	콘크리트 표면의 균열폭 0.3 ~ 1.0mm	관통		균열폭 에폭시수지 주입
		비관통	진동 큼	
			진동 작음	
	콘크리트 표면의 균열폭 1.0mm 이상	진동 큼		균열부, U-CUT, 실링재 충진
		진동 작음		균열부, U-CUT, 가소성 에폭시 충진
	콘크리트 표면의 균열폭 0.3mm 미만	진동 작음		균열부 실링
		진동 적음, 누수 가능성		초저점도 수지 저압 주입
결손	콘크리트의 결손	큰 결손(재료분리)		결손부, 에폭시수지 모르타르 충진
		중 정도의 결손(각종 이음)		결손부, 무수축 시멘트 모르타르 충진
		작은 결손(탈락, 천장부위)		결손부, 경량 에폭시수지 모르타르 충진
누수	균열 누수	진동 큼		수중접착용 탄성에폭시 실링, 발포성 폴리우레탄 주입
		진동 작음		수중접착용 고강도 에폭시 실링 발포성 폴리우레탄 주입
	결손부 누수	전면 누수		수중경화형 고강도 에폭시 도포 발포성 폴리우레탄 주입

(3) 보수공법의 종류별 특징

■ 표면처리공법

균열폭 0.2mm 이하의 미세한 균열에 대해서 적용되는 공법으로, 균열부에 도막을 형성하여 방수성, 내구성을 향상시키기 위해 사용된다. 주로 슬래브 또는 벽체를 보수하기 위해 많이 사용되지만, 주의할 점은 균열폭 0.2mm 이하의 미세한 균열일지라도 진행성 균열일 경우에는 다른 공법을 검토해야 한다.

표 4.15 표면처리공법의 시공순서

개요도	시공순서
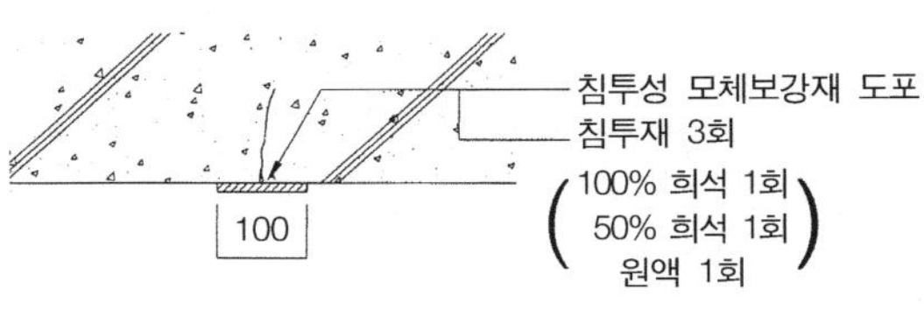	• 균열부 청소 • 표면의 기공 등을 퍼티처리 • 부착재(에폭시 등) 이용, 피복재(라텍스 등) 도포 • 표면마무리

■ 주입공법

균열폭 0.3mm 이상의, 비교적 큰 균열에 대해서 적용되고 있는 공법으로 균열 내부에 수지계 혹은 시멘트계 재료를 주입시켜 방수성과 내구성을 향상시키기 위해 사용된다. 이 공법을 사용할 때의 주의할 점은 주입 재료에 따른 주입시기를 엄수하지 않을 경우 강도저하가 우려되며, 고압주입의 경우 기존 균열을 확대시킬 우려가 있으므로 주입속도를 고려해야 한다는 것이다.

표 4.16 주입공법별 시공순서

구분	수성 에폭시수지 주입공법	마이크로 시멘트 주입공법	SBR계 폴리머 시멘트 슬러리 (RF 슬러리) 주입공법
개요	균열부에 수성 에폭시수지를 주입하는 공법	균열부에 마이크로 시멘트를 주입하는 공법	균열부에 SBR계 폴리머 시멘트 슬러리를 주입하는 공법
시공순서	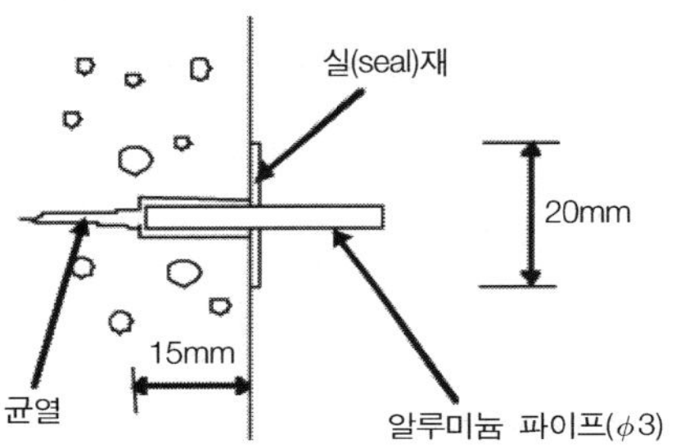		① 균열부위 청소 ② 천공 ③ 주입 파이프 설치 ④ 균열부위 실링처리 ⑤ 주입재 주입 및 양생 (주입재 : 수성 에폭시수지, 마이크로 시멘트, RF 슬러리) ⑥ 주입구 제거 및 표면마무리
장점	① 인장강도 및 휨강도 우수 ② 부착성 우수 ③ 시공성 용이 ④ 초속경이며 경화 후 재료의 수축현상이 없다.	① 무기계 재료로서 기존 콘크리트와 물리적 성질이 유사하여 시공 후 온도 및 하중변화에 의한 재균열 발생 가능성이 적다. ② 인체에 무해 ③ 건조수축의 영향을 받지 않는다.	① 무기계 재료로서 기존 콘크리트와 물리적 성질이 유사하여 시공 후 온도 및 하중변화에 의한 재균열 발생 가능성이 적다. ② 인체에 무해 ③ 건조수축의 영향을 받지 않는다.
단점	① 유기계 재료로서 기존 콘크리트와 물리적 성질이 상이하여 온도 및 하중변화에 의해 재균열 발생 가능성이 있다. ② 인체에 다소 유해 ③ 비용이 고가	① 경화시간 조절이 어렵다.	① 경화시간 조절이 어렵다. ② 공정이 다소 복잡하다.

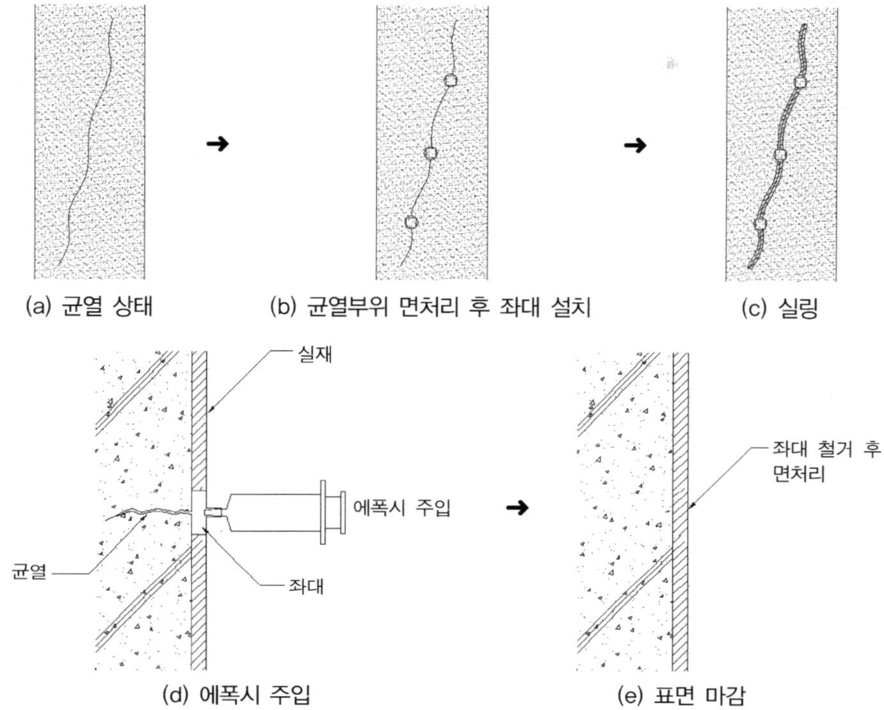

그림 4.2 에폭시 충전(epoxy injection)공법 시공순서

■ 충전공법

균열폭 0.3mm 이상의, 비교적 큰 균열에 대해서 실시하는 공법이다. 균열을 따라 콘크리트를 절단하고 그 부위에 보수재를 충전하는 공법으로, 시공방법의 특성으로 인하여 일반적으로 슬래브 상부 면에 한해서 사용된다. 이 공법을 이용할 경우 충전재와 기존 콘크리트와의 완전한 접착을 위해 프라이머를 철저히 도포해야 한다.

표 4.17 충전공법의 시공순서

개요도	시공순서
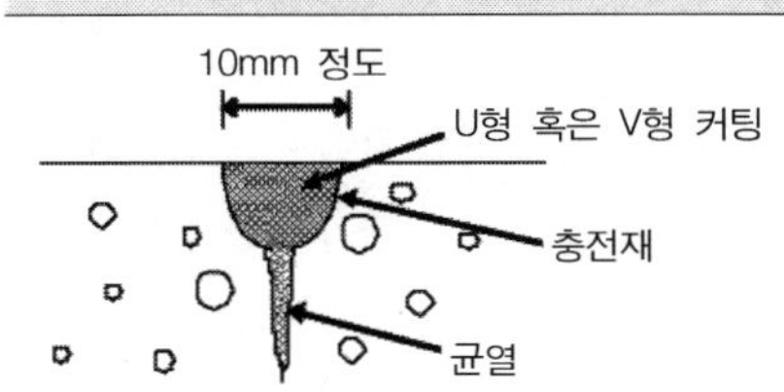	• 균열면을 “U” 또는 “V”형으로 절단 • 절단면에 프라이머 도포 • back-up재 삽입 • 충전재(수지계, 시멘트계) 충전 • 양생 및 표면정리

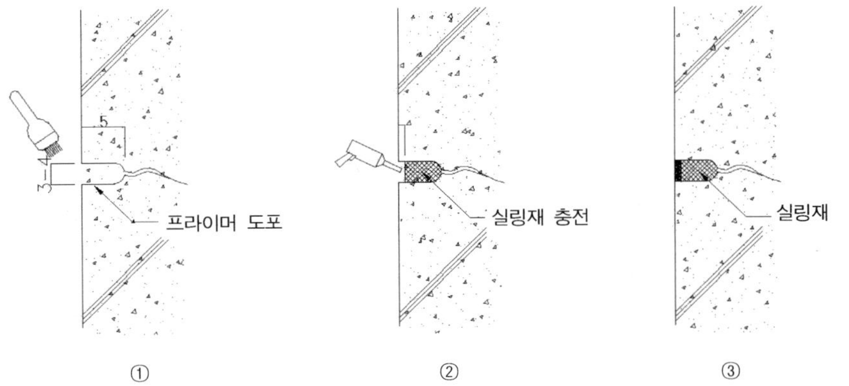

(a) 실링재 충전의 경우

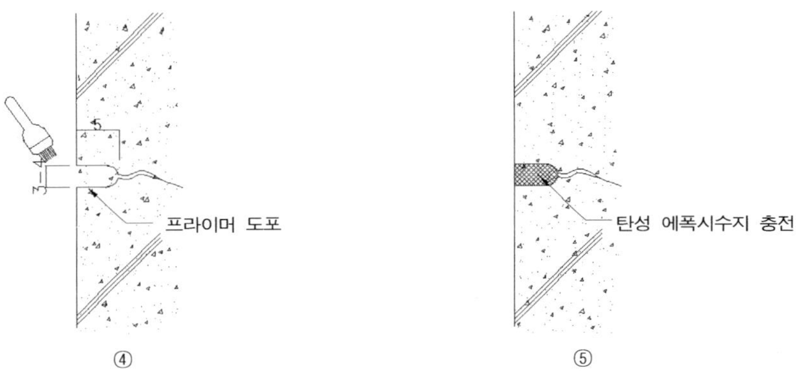

(b) 탄성 에폭시수지 충전의 경우

그림 4.3 U커팅 실(U-cutting seal)재 충전공법 시공순서

2) 누수부의 보수

일반적으로 콘크리트가 수밀성이 뛰어난 재료임에도 불구하고 누수가 발생하는 이유는 구조적으로 또는 콘크리트 타설 과정에서 발생하는 시차에 의한 접착 불량과 양생수축 및 구조물의 안정화 과정에서 발생하는 균열, 기타 타설 불량 등에 의한 결함 등이 필연적으로 발생하기 때문이다.

누수 보수는 이러한 콘크리트의 결함을 통해 유입되는 물을 차단하기 위한 것으로, 불투수성 물질을 콘크리트 표면에 접착시켜 누수 유입경로를 차단시키는 것이 일반적인 방법이다.

표 4.18 터보 실 주입공법의 시공순서 및 특징

구분	터보 실(seal) 주입공법
개요	누수 초기 시 구조물의 외벽에 기계적 압력을 이용하여 새로운 방수층을 형성시키거나 기존 방수층을 복원시키는 반영구적인 방수층을 형성하는 방법
시공순서	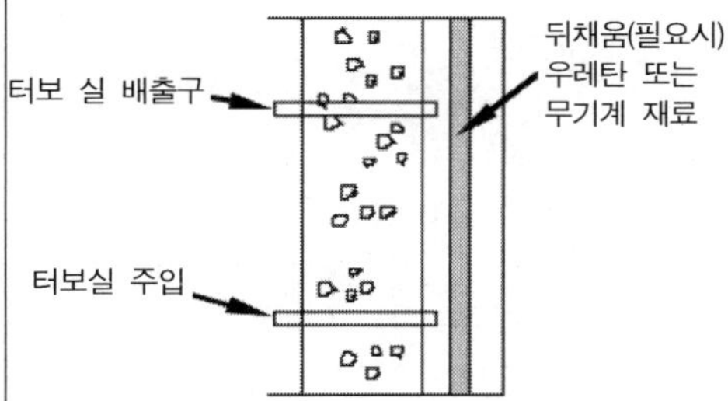 ① 벽체 및 슬래브 균열부 실링(sealing) 처리 ② 구조체를 1m 간격으로 천공 ③ 최하단 주입구에서부터 주입 ④ 직상부 주입구로 역류하며 순차적으로 상부로 이동하며 주입 ⑤ 주입작업 완료 후 니플을 강제 밀착시키고 표면마무리 ⑥ 주입구를 무수축 모르타르로 마감
특징	① 물과 접촉하면 팽창하여 들뜸 방지 ② 주입 시차에 따른 자체결함이 없다. ③ 이물질에 관계없이 우수한 방수성 확보
비고	

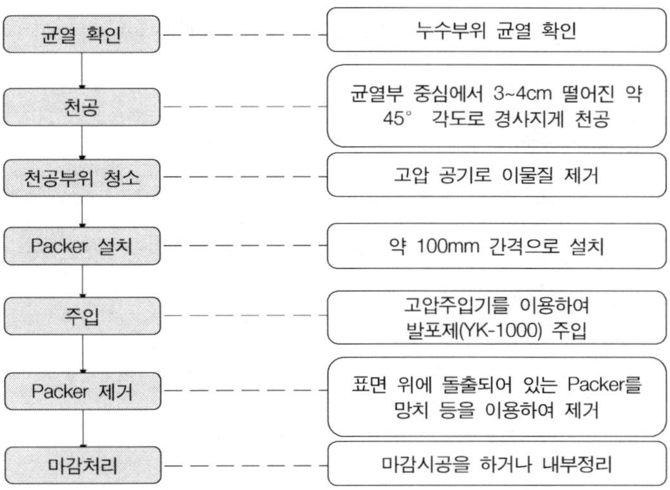

(a) 시공순서

그림 4.4 습식균열 보수(발포우레탄 주입)공법

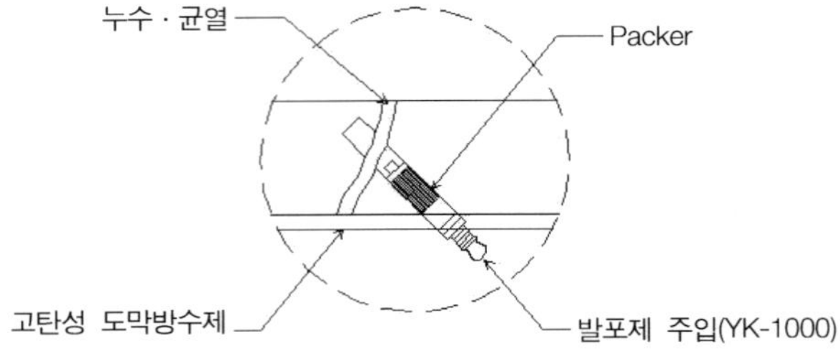

(b) 주입부 상세

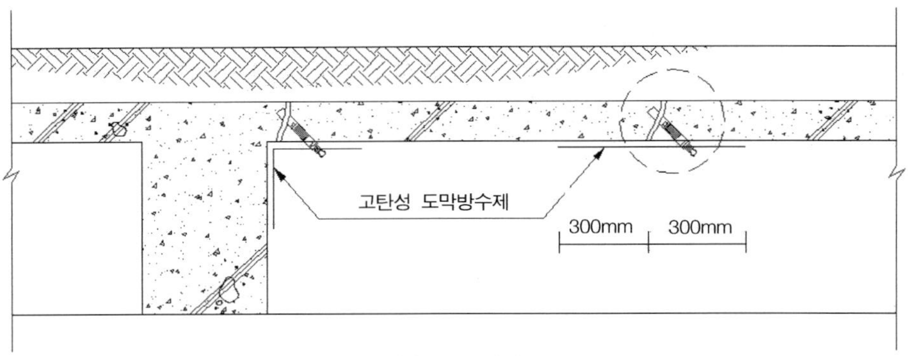

(c) 시공 단면

그림 4.4 습식균열 보수(발포우레탄 주입)공법 (계속)

3) 중성화 부위의 보수

중성화는 콘크리트의 품질을 더욱 열화시키는 촉매 역할을 할 뿐만 아니라 그대로 방치할 경우 철근을 부식시켜 구조물에 심각한 피해를 줄 수 있으므로, 적절한 보수를 실시함으로써 열화를 방지하여 구조물의 내구성과 사용성을 확보해

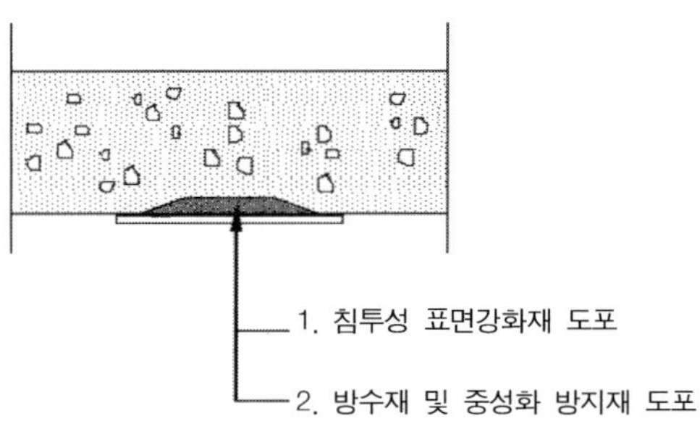

그림 4.5 침투성 표면강화 공법

야 한다. 시공방법은 다음과 같다.

① 표면 치핑(chipping) 및 고압세척을 실시한다.

② 침투성 표면강화재 및 발청억제재를 도포하고 단면을 복원하여 강도를 높여 준다.

③ 수성 방수재 및 중성화 방지재를 도포한다.

④ 표면처리 후 마무리한다.

4) 단면결손부의 보수

콘크리트 타설 시 다짐 불량 등으로 타설이 제대로 되지 않거나 사용연한이

표 4.19 단면 결손부 보수 시공방법 및 특징

구분	리프리트 공법	폴리머 변형 시멘트 모르타르 공법	리폼 시스템
개요	무기질 재료를 사용하여 물리·화학적인 방법으로 철근 부식을 방지하고 콘크리트의 성능을 개선하는 공법	열화된 구체를 강화하고 폴리머 변형 시멘트 모르타르를 이용하여 단면을 수복하고 마감재로 콘크리트 표면을 코팅하는 공법	비정질의 실리카를 이용하여 열화된 구체를 회복하고, 수성 아크릴 모르타르를 이용하여 단면을 수복시키는 방법
시공순서	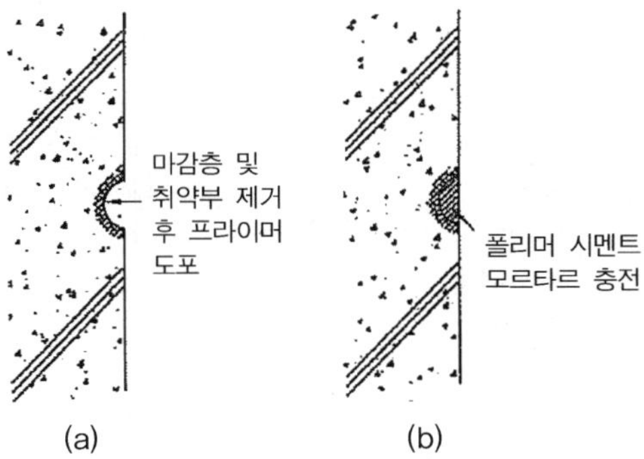		① 손상 및 결함부위를 거친 솔 청소 후 고압세척 ② 콘크리트 개선재 함침 (RF-100 / 접착 슬러리 / 수성 에폭시 침투성 강화재) ③ 결손 콘크리트 복원재 충진 (RF 모르타르 / 폴리머 변형 모르타르 / 수성 아크릴 폴리머 모르타르) ④ 표면코팅 및 마무리 (RF 방청페이스트 / 표면코팅 / 표면코팅)
장점	① 알칼리성 회복에 의한 중성화 억제 ② 보수 모르타르의 접착성 우수 ③ 통기성 확보에 유리	① Pre-mix형으로 작업성 우수 ② 기존 콘크리트와 물성값 유사 ③ 건조수축이 작다.	① 부착력과 압축강도 우수 ② 습윤면 시공 가능
단점	① 공사비 다소 고가 ② 다른 공법에 비해 공정이 다소 복잡	① 압축강도와 인장강도가 비교적 작다. ② 습윤면의 부착성능 저하	① 기존 콘크리트와 물성값 상이 ② 인체에 다소 유해

오래되어 균열 및 콘크리트의 중성화 등과 같은 열화현상으로 인하여 철근의 피복콘크리트가 들뜨거나 탈락되어 단면이 결손된 경우, 손상단면을 원상태로 복구하여 내구성과 사용성을 향상시켜야 한다. 여기서는 철근부식에 영향을 주지 않는 경우만 고려하며 철근이 부식된 경우는 철근노출부의 보수방법을 따른다.

5) 철근노출부의 보수

콘크리트 타설 시 다짐 불량 등으로 타설이 제대로 되지 않거나 사용연한이 오래되어 균열 및 콘크리트의 중성화 등과 같은 열화현상으로 인하여 철근의 피복 콘크리트가 탈락되어 단면이 결손 또는 철근이 노출된 경우, 철근의 부식을 방지할 뿐만 아니라 단면을 원상태로 복구하여 내구성과 사용성을 향상시키기 위한 공법이다.

표 4.20 철근노출부위 보수공법 및 특징

구분	리프리트 공법	E.U.L & BMR 공법	리폼 시스템
개요	무기질 재료를 사용하여 물리·화학적인 방법으로 철근부식을 방지하고 콘크리트의 성능을 개선하는 공법	티타늄 양극망을 이용하여 전기화학적 작용에 의해 철근의 부식을 방지하고 콘크리트의 성능을 개선하는 공법	에폭시 혼합 폴리머 시멘트 모르타르를 도포하여 철근의 부식을 방지하고 콘크리트의 성능을 개선하는 공법
시공순서	① Chipping 후 고압세척 ② RF-100 도포 함침 ③ 철근 및 그 주변 RF 방청페이스트 도포 ④ RF 모르타르로 단면복구 ⑤ RF 방청 페이스트 표면 도포 및 마무리	① Chipping 후 고압세척 ② 철근 방청 및 조정 모르타르 도포 ③ 티타늄망 설치 ④ 보호 모르타르로 단면복구 ⑤ B-Coating 표면 도포 및 마무리	① chipping 후 고압세척 ② 철근방청재 도포 함침 ③ 가넷 혼입 수성 아크릴 폴리머 모르타르 도포 ④ 수성 에폭시로 도포마감
	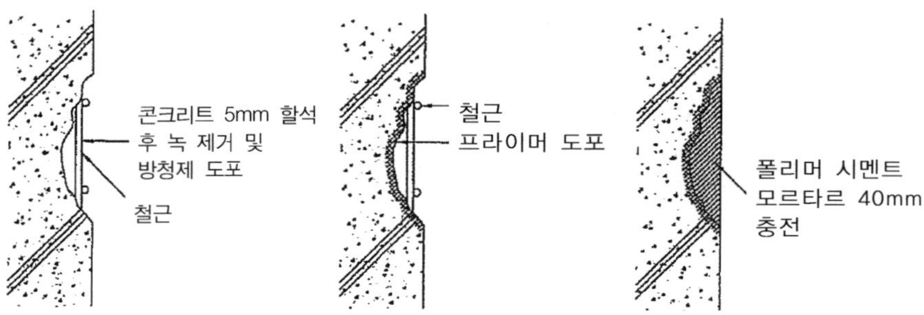 ① ② ③		

(계속)

구분	리프리트 공법	E.U.L & BMR 공법	리폼 시스템
장점	① 무기계 재료로서 기존 콘크리트와 물리적 성질이 유사하여 시공 후 온도 및 하중변화에 의한 재균열 발생 가능성이 적다. ② 건조수축의 영향을 받지 않는다.	① 인장강도 및 휨강도 우수 ② 부착성, 시공성 우수 ③ 초속경 ④ 경화 후 재료의 수축현상이 없다.	① (유기+무기)의 복합화 공법 ② 인체에 무해 ③ 수밀성, 내마모성 우수 ④ 압축강도와 휨강도가 우수
단점	① 경화시간 조절이 어렵다. ② 다른 공법에 비해 공정이 다소 복잡	① 유기계 재료로서 기존 콘크리트와 물리적 성질이 상이하여 온도 및 하중변화에 의해 재균열 발생 가능성이 있다. ② 인체에 다소 유해 ③ 다른 공법에 비해 고가	① 부식철근의 부식 억제가 어렵다. ② 재료의 사용 및 공법이 다소 어렵다. ③ 유기계 재료로 통기성이 떨어진다.

■ 시공방법

① 노출된 철근 주변의 콘크리트를 충분히 치핑(chipping)한다.

② 부식된 철근부위는 와이어브러시(wire brush) 등으로 녹을 완전히 제거한다.

③ 침투성 콘크리트 개선재(함침재)를 도포한다.

④ 철근방청재(RF 방청 페이스트 등)를 도포한다.

⑤ 폴리머 시멘트계, 무기계 모르타르 등을 이용하여 단면을 복구한다.

⑥ 표면보호층 형성을 위해 무기계 페이스트를 표면에 도포한다.

⑦ 표면을 깨끗하게 마무리한다.

4.2 보강

4.2.1 보강재료

1) 공법별 보강재료

보강재료는 손상원인, 재하조건, 보강규모, 안전성, 경제성 등을 감안하여 보강공법에 적합하도록 선택하여 사용해야 한다. 일반적인 내력 부족에 의한 보강재료는 주로 강재와 탄소섬유가 이용되고 있으며, 그 외에 프리스트레스, 아라미드 및 유리섬유 등이 있다. 보강재료의 선택 시 다음과 같은 사항에 주의하도록 한다. 보강공법에 따른 보강재료는 표 4.21에 나타냈다.

① 강판, 철근, 형강, PS강재 및 앵커볼트 등의 보강재료는 KS규정 및 사용 공법에 적합한 것으로 한다.

② 섬유시트의 품질은 강도, 탄성률, 파단변형률, 시공성 등이 양호한 것으로서 사용 공법에 적합한 것으로 한다.

③ 수지계 재료의 품질은 강도, 접착성, 내구성이 우수한 것으로서 사용 공법에 적합한 것으로 한다. 습윤 및 수중부 시공 시에는 습윤 및 수중에서의 접착 및 경화가 가능한 것으로 한다.

④ 시멘트계 재료의 품질은 체적변화가 적고 필요한 강도, 유동성, 기존 콘크리트와의 부착성, 내구성이 우수한 것으로서 사용 공법에 적합한 것으로 한다.

표 4.21 주요 보강공법별 보강재료

보강공법	보강재료
콘크리트 단면증설공법	철근, 콘크리트, PS강재, 에폭시수지, 그라우트재, 수성 아크릴 폴리머 모르타르 및 콘크리트
강판접착공법	강판, 형강, 에폭시수지, 앵커볼트
섬유시트보강공법	탄소섬유, 유리섬유, 아라미드섬유, 에폭시수지
프리스트레스 도입공법	PS강재, 탄소섬유선 아라미드섬유선, 정착구

2) 강재

보강재료로 쓰이는 강재는 주로 일반구조용 강재가 사용되는데 강판과 형강 외에 PS용 강재, 철근 등이 사용될 수도 있다. 강재의 종류는 재질에 따라 일반구조용 압연강재 SS400, SS490, SS540 (KSD 3503) 등이 있으며 용접구조용 압연강재로는 SWS400, SWS490, SWS490Y, SW S520, SWS570 (KSD3515) 등이 있다.

콘크리트 구조물의 보강에 일반적으로 사용하는 것은 강판이며, 주로 두께 3.0mm 이상의 것을 사용한다. 한편, 슬래브의 강성을 높이고 스팬(span)을 줄여 내력 회복을 하기 위해서는 보를 증설하는데, 이때 사용되는 재료로 H형강, ㄴ형강, ㄷ형강 등이 있다.

보강공사에 쓰이는 강판, 철근, PS강재 등의 품질은 KS규격에 적합한 것으로 한다. 강재와 강재의 접합에는 볼트접합이나 용접이 이용되고 콘크리트와 강재와의 접합에는 앵커용 볼트가 이용되는데, 이때 볼트는 필요한 역학적 특성을 지닌 것으로 한다. 강재는 다음 규격을 참조로 하여 선정한다.

KS B 1012 : 6각 너트
KS B 1016 : 기초 볼트
KS D 3503 : 일반구조용 압연강재
KS D 0001 : 강재의 검사통칙
KS D 3504 : 철근 콘크리트용 봉강
KS D 3505 : PC 강봉
KS D 3527 : 철근 콘크리트용 재생봉강
KS D 3515 : 용접구조용 압연강재
KS D 3558~82 : 일반구조용 용접 경량 H형강
KS D 3502 : 열간압연 형강의 형상, 치수, 중량과 그 허용차
KS D 3500 : 열간압연 강판과 강대의 형상, 치수, 중량과 그 허용차
KS D 3052 : 열간압연 평강과 강대의 형상, 치수, 중량과 그 허용차
KS D 7002 : PC 강선 및 PC강 연선

3) FRP 복합재

FRP(Fiber Reinforced Plastic) 복합재는 섬유보강 플라스틱 복합재를 의미하는 것으로써 탄소섬유, 유리섬유, 아라미드섬유 등을 매트릭스로 하여 혼화제를 첨가한 재료를 말하며, 강도나 특정 성능을 내기 위해서 섬유시트 또는 섬유조직과 적층방식으로 복합재를 제조한다.

FRP복합재는 부식하지 않고, 부서지지 않으며, 재료의 자중에 비해 강도가 크고 시공이 간편하다는 이유로 보수·보강에 많이 이용되고 있다. FRP복합재의 공학적인 특성은 다음과 같다.

① 내식성이 우수하다 : 내식용 수지는 산(acids), 알칼리(alkalies), 염(salts), 용제류(solvents) 등에 대한 우수한 내식성을 갖고 있다.

② 내열성이 우수하다 : 고내열성 수지는 높은 열 변형 온도(160℃)를 갖는 열경화성 수지이므로 고온에서도 연화하거나 변형되지 않고 저온에서도 부서지

거나 크랙(crack)이 생기지 않는다(연속사용 온도 120℃).

③ 단열성이 양호하다 : 열전도율이 철의 1/200 정도로 단열성이 양호하므로 보온 · 보냉이 필요 없다.

④ 가볍고 강하다 : 비중이 철에 비해 1/5 정도로 가볍고 중량에 대한 강도비가 크다.

⑤ 금속이온이 용출되지 않는다 : 금속을 사용하지 않으므로 내용물에 금속이온 용출이 없고 품질변동이 일어나지 않는다.

⑥ 기계적 성질이 우수하다 : 가공성, 내마모성 향상 첨가제의 개발 및 성형조건의 개발로 내마모성, 내충격성 등이 매우 높다.

구조물의 보강에 주로 이용되는 것은 탄소섬유로서 5년까지는 내구성의 변화가 전혀 없으며, 10~15년간의 촉진시험에서도 열화현상이 거의 없고 접착강도 및 인장강도의 변화가 거의 없다. 자외선에 노출된 경우에도 성능저하현상이 거의 없다. 반면에 아라미드섬유는 자외선 성능저하가 심하다. 각종 FRP섬유의 특성을 표 4.22에 나타냈다.

표 4.22 각종 섬유의 특성

구분	탄소섬유				아라미드섬유		유리섬유	
	PAN 계열		PITCH 계열		게브라	테크노라	E-글라스	내알칼리 글라스
	고강도	고탄성	GP	HP				
지름 (μm)	5~8		9~18		12	12	8~12	8~12
밀도 (g/cm³)	1.7~1.9	1.8~1.9	1.6~1.7	1.9~2.1	1.45	1.39	2.6	2.27
인장강도 (MPa)	2,500~ 4,500	2,000~ 2,800	780~ 1,000	300~350	2,800	3,100	3,500~ 3,600	1,800~ 3,500
탄성계수 (GPa)	200~240	350~450	38~40	40~80	130	77	74~75	70~76
인장탄성률 (Gpa)	50~100	177~785	230~240	350~400	131	70	73	69~74
신장률 (%)	1.3~1.8	0.4~0.8	2.1~2.5	0.4~1.5	2.3	4.4	4.8	2~3

(1) 탄소섬유

■ 탄소섬유의 개요

탄소섬유는 1959년 미국 UCC회사에서 처음 개발했고 그 후 급속한 발전으로 우주, 항공재료로 사용하다가 근래에는 콘크리트 보강재로서 많이 사용하고 있다. 탄소섬유 보강재(CFRP : Carbon Fiber Reinforced Plastic)는 섬유보강 플라스틱(FRP : Fiber Reinforced Plastic)의 일종으로 탄소섬유에 함침시킨 결합제(접착제)가 경화한 상태의 자재이다. 탄소섬유는 탄소를 주요 구성재료로 한 섬유 상태의 결정체로서 팬(PAN)계, 피치(PITCH)계, 레이온계로 분류된다. PAN계는 폴리아크릴로니트릴 섬유를 구워서 탄화시킨 것이며, PITCH계는 생성된 PITCH를 좁고 가는 노즐을 통해 구워 만든 것이다. 콘크리트 보강재로 주로 사용하는 것은 피치계이다.

탄소섬유의 특징은 강성 및 피로강도가 높으며 역학적 성질이 우수할 뿐만 아니라 고탄성, 비부식성 등의 이점을 가지고 있다. 이러한 이점 때문에 탄소섬유의 적용은 항공, 우주 분야 ⇒ 스포츠, 레저 분야 ⇒ 건축, 토목 분야로 확대되는 추세이다. 탄소섬유의 전 세계 소비량은 연간 10,000ton 정도로 추정되며 일본에서 60% 이상을 공급하고 있다.

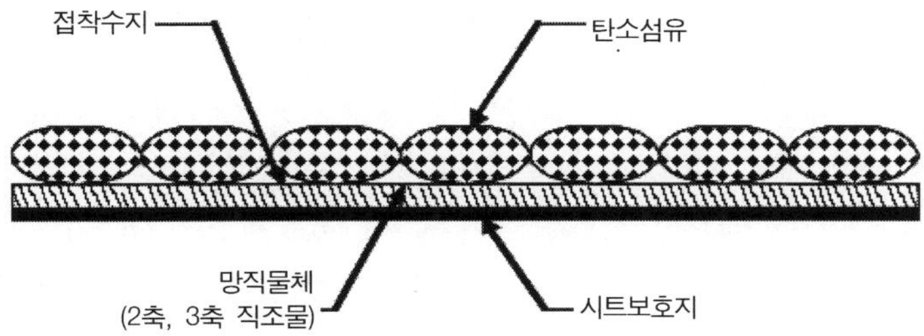

그림 4.6 탄소섬유 복합재(CFRP)

CFRP는 탄소섬유 소선을 한 방향으로 나란히 깔아 시트 상태로 생산한 탄소섬유시트(carbon fiber sheet)와 탄소섬유 소선을 묶거나 꼬아서 선재형태로 만든 탄소섬유 스트랜드(carbon fiber strand)로 구분된다. 구조물 보강에 사용하는 CFRP라 함은 일반적으로 탄소섬유시트를 이용한 보강재를 말한다.

탄소섬유시트는 탄소를 구성재료로 한 섬유 상태의 결정체이며, 탄소섬유 보강재(CFRP)는 한 방향으로 배열된 탄소섬유시트를 건조한 망직물체(2축, 3축 직조물)를 한 면 또는 양 면에 대고 가열, 가압하여 융착시킨 강화섬유시트이다.

■ 탄소섬유의 특성

탄소섬유는 비중이 강재의 1/5 정도로 매우 가벼우며, 탄성계수는 강재와 동일하나 소재에 따라 강재의 3~4배 정도의 높은 성질을 보유하고 있다. 인장강도는 철의 10배로써 고강도이며 부식환경에 대한 내구성도 우수하고 시공이 간편하여 구조물의 보강재료로 많이 이용되고 있다.

다음은 탄소섬유의 특성이다.

① 고강도, 고탄성

탄소섬유보강공법은 시트형태의 탄소강화섬유가 가지는 뛰어난 강도 특성을 최대한 발휘할 수 있는 공법으로서, 기존의 철판보강공법과 동등하거나 그 이상의 탄성률뿐만 아니라 10배에 가까운 강도로 구조물의 균열을 억제하고 내구력을 향상시켜 탁월한 보수 · 보강효과를 나타낼 수 있다.

② 고내구성 및 방식 · 방수효과

내구성은 금, 은과 동일한 수준이며 물, 염분, 산, 자외선 등 외부 영향에 따른 부식현상이 거의 없어 열화현상이 없으며 중성화를 방지할 수 있다. 또한 표면의 수지 도포층에 의한 방수효과를 기대할 수 있다.

③ 경량성, 시공성

탄소섬유시트는 비중(1.82g/cm^3)이 철의 1/4로 경량이므로 작업성이 뛰어나고 보강 후 하중 증가가 없다. 또한 공법 자체가 별도의 장비 필요 없이 단순히 접착하는 것으로 끝나므로 시공성이 우수하다.

④ 열 특성

탄소섬유는 불연성이므로 불에 타지 않으며, 구조보강용 탄소섬유는 260℃까지는 강도저하가 발생하지 않고 500~600℃까지는 강도, 탄성률의 저하가 강재보다 적다.

한편, 탄소섬유시트보강공법은 에폭시수지와 탄소섬유시트의 성능이 확인되어야만 보강재로서의 적용이 가능하며, 다음과 같은 재료 및 구조성능 시험 항목에 대한 결과가 확인되어야 한다.

- 재료의 불연성능
- 온도변화에 따른 박리 특성
- 진동하에서의 접착효과
- 휨 재하력 성능
- 전단 내하력 성능
- 폭로에 따른 내구성능

탄소섬유시트의 역학적 특성은 제조회사별로 다르나 성능시험을 통하여 확인된 국내 제품이다. 표 4.23에 탄소섬유시트의 특성을 나타냈다.

표 4.23 탄소섬유시트의 종류 및 성능

섬유의 종류	고강도 탄소		고탄성 탄소	
	제품 A	제품 B	제품 A	제품 B
섬유 무게(g/m^2)	200	300	300	300
섬유 비중(g/cm^3)	1.80	1.80	1.82	2.08
설계 두께(mm/1층)	0.111	0.167	0.165	0.144
폭	50	50	50	50
설계인장강도(MPa)	3,550	3,550	3,000	3,000
탄성계수(GPa)	235	235	380	500
최대 신장률(%)	1.5	1.5	0.8	1.4

■ 탄소섬유 보강재의 기준

탄소섬유보강공법에 사용되는 재료로는 탄소섬유, 접착용 수지, 프라이머 등이 있다. 탄소섬유 및 수지, 프라이머 등에 관한 규격이나 기준은 국내에서 아직 따로 정해지지 않으나, 일본의 경우 JIS규정이 정해져 있어 이를 참고로 한다.

① 탄소섬유

JIS R 7601의 탄소섬유 시험방법에 의한 인장시험 결과가 인장강도 2,500MPa,

탄성계수 235GPa 이상인 제품을 사용하도록 하고 있다.

② 프라이머

JIS K 5400에 의해 에폭시수지계의 2액성(2액 혼합형)의 것을 사용해야 하며 비중은 0.85~1.25, 가사시간은 1.5시간 이상, 점도는 시공조건 등을 고려하여 충분히 기능을 발휘할 수 있는 것으로 해야 한다.

③ 수지

상온경화형의 2액형을 사용하며, 상온에서 경화될 수 있으므로 냉장 보관하는 것이 좋다. 비중은 1.0~1.3(JIS K 6833), 가사시간은 0.5시간 이상(JIS K 6833), 인장강도는 17MPa(JIS K 7113), 휨강도는 20MPa(JIS K 7203) 이상이어야 한다.

(2) 유리섬유

유리섬유는 유리의 원료를 녹인 유리액을 압축공기로 비산(飛散)시켜 가는 섬유 모양으로 만든 것이다. 유리섬유의 최고 안전 사용온도는 300℃ 정도, 비중은 0.1 이하, 인장강도는 2.0GPa 정도이다. 탄성이 적고 인장강도, 단열성, 흡음성, 내식성, 내수성 등이 우수하다. 그러나 굴곡에 약하고 집속(集束)되어 있는 것은 모세관현상에 의해 흡수성이 있다는 결점이다.

유리섬유는 플라스틱 제품의 보강용 및 단열재, 방음재, 보온재 등으로 많이 이용되는데 최근에는 구조물의 보강용으로 이용된다. 유리섬유 종류는 다음과 같다.

① 촙드 스트랜드 매트(chopped strand mat) : 9~12μ의 모노 필라멘트 150~230개를 합하여 하나의 가닥으로 만든 후 일정한 크기로 절단하여 무방향성으로 접착시킨 것으로, 강도가 다소 약한 재질의 보강재로 쓰인다.

② 로빙 클로스(roving cloth) : 50~80개의 가닥(strand)을 엮어서 1개의 로빙으로 만들어 짠 평직의 두꺼운 천으로서 고강도의 FRP를 얻는 데 유효하며 대형 성형품에 널리 사용된다.

③ 얀 클로스(yarn cloth) : 로빙을 실과 같이 꼬아서 짠 것으로 강도가 가장 높으며 표면층에 사용된다.

④ 서페이스 매트(surface mat) : 모노 필라멘트를 무방향으로 접착시킨 것으로

서 고운 표면을 성형할 때 사용하며 강도는 낮다.

유리섬유시트 보강재료의 특징은 다음과 같으며, 표 4.24에 시판되는 유리섬유시트의 성능을 나타냈다.

① 인장강도, 비인장강도가 대단히 크다.
② 탄성한도 내의 변형도가 크고 인장강도가 대단히 높으므로 충격에너지의 흡수량이 크다.
③ 열전도율이 0.8kcal/mh℃이고 내열성이 우수하다.
④ 단단하며 모스 경도가 6~7이다.
⑤ 불연성이며 화학적 내구성이 우수하다.
⑥ 비흡수성으로 표면수분 흡착률이 0.3% 이하이다.
⑦ 투명성이 양호하며 굴절률 1.5~1.55(560㎛, 32℃)이다.
⑧ 전기적 저항성이 강재 및 탄소섬유보다 우수하다.

표 4.24 유리섬유시트의 성능

섬유 중량 (kg/m^3)	섬유 비중 (g/cm^3)	설계 두께 (mm/1층)	설계인장강도 (MPa)	탄성계수 (GPa)	최대 신장률 (%)
300	2.55	0.118	1,550	74	2.1

(3) 아라미드섬유

아라미드섬유는 1970년에 미국의 듀퐁(Dupont)사가 개발한 유기합성섬유로서 탄소섬유보다 비강도가 높고 내충격성도 우수한 이점을 가지고 있다. 아라미드섬유의 60% 이상이 자동차 타이어 보강재로도 이용되고 있다.

건설 분야에서는 섬유를 모르타르나 콘크리트에 혼합한 ARFC(아라미드섬유 보강 콘크리트)섬유를 에폭시수지로 굳힌 봉재(棒材) 등의 용도로 이용하며 개발이 진행되고 있다. 특히 아라미드섬유의 고장력과 낮은 영계수의 특성을 살려서 프리스트레스트 콘크리트의 긴장재로 이용하는 연구가 수행되고 있다.

아라미드섬유는 전방향족 폴리아미드섬유 및 방향족 폴리에스테르 아라미드섬유의 두 종류로 나뉜다. 이것은 분자구조 중에 공중합성분(共重閤成分)을 가지는지에 따라 다른 성질이 된다. 양자 모두 다른 유기합성섬유와 비교해 인장강도와 영계수 내열성이 현격히 큰 물성을 가지는데, 공중합 성분이 없는 아라미드섬유는 영계수가 높은 것이 특징이고 공중합 성분이 있는 아라미드섬유는 영계수가 낮아 신장능력이 커진다는 것이 특징이다.

아라미드섬유시트 보강재료의 특징은 다음과 같으며, 표 4.25에 시판되는 아라미드섬유시트의 성능을 나타냈다.

① 비중이 철의 1/5에 불과해 구조물이 받는 무게의 부담이 거의 없다.
② 방수효과와 함께 콘크리트 열화, 철근부식의 진행을 막을 수 있다.
③ 취급과 시공이 간편하다.
④ 전기가 통하지 않는 비전도체이다.
⑤ 습기부분 및 수중작업이 가능하다.
⑥ 각진 모서리 처리에도 용이하다.

표 4.25 아라미드섬유시트의 종류와 성능

분류	섬유 비중(g/cm³)	설계인장강도(MPa)	탄성계수(GPa)	신율(%)
제품 1	1.40	1,840	8	2.30
제품 2	1.45	2,100	11	2.60

(4) 단면보강재

단면보강에는 주로 시멘트계의 재료가 사용되며, 보강공사에 쓰이는 시멘트계 재료는 보강공법의 종류에 따라 그 품질을 사전에 검토할 필요가 있다.

특히 콘크리트 단면증설공법에 쓰이는 콘크리트는 기존 콘크리트와의 일체성을 확보하기 위해 접착제나 앵커볼트를 이용하거나 기존 콘크리트 표면을 거칠게 쪼아내는 방법을 병용하는 경우가 있는데, 다져 넣는 콘크리트 품질에 대해서는 가능한 건조수축 및 수화열이 작은 것이 바람직하다.

이를 위해서는 배합설계를 할 때 다음과 같은 점에 유의해야 한다.

① 물-시멘트비는 워커빌리티를 손상하지 않는 범위에서 가능한 작게 한다.
② 단위시멘트양 및 단위수량은 가능한 한 적게 한다.
③ 팽창제 등의 혼화제를 사용하는 경우에는 사용상의 주의사항을 준수해야 한다. 특히 습윤양생이 필요하다.

단면증설공법에 사용하는 재료는 상기와 같은 특성 및 유의점 때문에 폴리머 시멘트 콘크리트나 폴리머시멘트 모르타르의 사용이 바람직하다.

폴리머계 혼화제는 시멘트와 함께 사용되기 때문에 습윤면에 대한 접착력은 크지만 건조면에 대해서는 박리가 일어날 수 있으므로 주의해야 한다. 폴리머계 혼화제를 사용한 폴리머 시멘트 콘크리트 또는 폴리머 시멘트 모르타르는 보통의 시멘트, 콘크리트, 모르타르에 비해 다음과 같은 장점을 가지고 있다.

① 휨 인장강도와 신장능력이 크다.
② 방수성이 좋으며 동결융해 저항성이 크다.
③ 건조수축이 작다.
④ 콘크리트, 모르타르, 강재 등에 대한 접착력이 좋다.
⑤ 내충격성, 내마모성이 크다.

폴리머계 시멘트 혼화제는 다음과 같은 형태로 사용된다.

분말형태의 혼화제로 물을 첨가하여 사용하며 메틸셀룰로오스(MC), 폴리비닐 알코올(PVA) 등이 있다. 미리 시멘트와 혼합하여 포장한 것도 있다.

액체 상태의 혼화재로서 섞을 때 직접 혼합하여 폴리아크릴산에스테르(PAE) 에멀션, 스티렌부타디엔 고무(SBR)라텍스, 수성아크릴 에멀션 등이 있다.

앵커철근, 앵커볼트의 고정에 이용되는 에폭시수지는 충전성, 기존 콘크리트와의 부착성, 강도 등이 우수해야 하며 무수축성이어야 한다.

(5) 접착재

구조물의 보강에 주로 이용되는 것이 강판보강공법과 탄소섬유보강공법이다. 이들 공법은 수지계 접착재를 이용하여 강판이나 탄소섬유를 부재에 접착하여 내력을 발휘하게 된다. 접착재로 사용되는 재료로 에폭시수지, 폴리에스테르수지 등이 있지만 콘크리트와의 접착성, 내알칼리성 등이 우수한 에폭시수지가 주로 사용된다. 강판보강공법과 탄소섬유보강공법은 접착재의 품질과 시공에 따라 성능이 좌우되므로 이들 접착재에 대한 품질관리가 대단히 중요하다.

탄소섬유보강공법에 대한 에폭시수지 접착재의 품질규정은 없으나 강판보강공법에 대한 에폭시수지 접착재의 품질규정은 대한건축학회에서 규정하고 있으며, 일본 수도고속도로공단의 규정과 비교하여 표 4.26에 나타냈다.

표 4.26 에폭시수지의 성능기준(강판보강용)

항목	대한건축학회		일본 수도고속도로공단	
비중	–		(1.1~1.9)±5%	
점도(CPS)	강판압착	35,000~65,000	강판압착	35,000~65,000
	강판주입	동절기 6,000 이하 기 타 9,000 이하	강판주입	6,000 이하
사용가능 시간(분)	6 이상		6 이상	
압축강도(MPa)	63 이상		70 이상	
인장강도(MPa)	18 이상		20 이상	
휨강도(MPa)	36 이상		40 이상	
인장전단강도(MPa)	12 이상		15 이상	
접착강도(MPa)	–		6 이상	
충격강도(MPa)	–		2 이상	
인장탄성계수(MPa)	–		1,000 이상	
휨탄성계수(MPa)	–		1,000 이상	
압축탄성계수(MPa)	–		1,000 이상	

슬래브 하부 면에 철골보를 설치하거나 철근 · 볼트를 콘크리트에 매입하여 보강할 경우 에폭시수지를 이용하여 접착하게 되며, 이에 대한 에폭시수지의 물성은 대한건축학회에서 표 4.27과 같이 규정하고 있다.

표 4.27 에폭시수지의 성능기준(형강 부착 및 철근 · 볼트 매입재)

항목	형강 부착재	철근 · 볼트 매입재
비중	1.18 ± 5%	1.50 ± 5%
점도(CPS)	6,500 ± 1,500 이하	1,800 ± 600 이하
사용가능 시간(분)	60 이상	60 이상
도막 경화시간(시간)	24 이상	15 이내
압축강도(MPa)	65 이상	60 이상
인장강도(MPa)	25 이상	15 이상
휨강도(MPa)	45 이상	27 이상
인장전단강도(MPa)	4 이상	8 이상

4.2.2 보강공법

구조체 보강의 목적은 균열 및 구조체의 파손으로 인하여 현저히 떨어진 구조체의 내력을 회복시키는 것이다. 균열의 양생을 정확히 관찰한 후 보강을 할 것인지 아니면 보수만 할 것인지를 판단해야 한다.

보강공법으로는 단면증설공법, 강판보강공법, FRP(탄소섬유, 유리섬유, 아라미드섬유)보강공법, 포스트텐션공법, 서포트보강공법, 브래킷보강공법 등이 있다.

보강공법의 선택은 엔지니어마다 다를 수 있으나 구조물의 안전성, 시공성, 경제성, 내구성 등을 고려하여 현 실정에 가장 적합한 보강공법을 선택해야 한다.

1) 단면증설공법

단면증설공법은 기존 부재에 콘크리트를 추가함으로써 단면의 증가를 통하여 내력보강을 하는 것을 말한다. 이 공법에서는 신구 콘크리트의 확실한 일체화가 중요하며, 그러기 위해서는 타설부위에 배치하는 철근의 앵커처리와 신구 콘크리트의 이음부처리에 주의를 기울여야 한다.

2) 강판보강공법

강판보강공법은 콘크리트 부재의 표면, 특히 인장 측 표면에 강판을 접착하여 기존 콘크리트와 강판의 일체화를 도모하고 철근으로서의 단면효과를 기대하는 보강공법이다.

강판보강공법의 원리는 철근 콘크리트의 인장 측 표면에 접착제를 이용하여 강판을 부재에 접착함으로써 서로간에 전단력을 전달시켜서 강판이 부재의 일부로 거동하게 하는 것이다. 강판의 두께는 4.5~6mm가 일반적이며 접착제로는 에폭시수지계가 이용된다.

강판보강공법은 압착공법과 주입공법 두 가지가 있다. 공법의 선정은 콘크리트의 상태, 시공환경에 따라 다르나, 시공성으로 본다면 사용 수지량이 적고 시공시간이 짧기 때문에 압착공법으로 하는 편이 좋다. 보강효과는 주입공법에서 에폭시 주입만 완벽하다면 거의 동일하다고 할 수 있으나 완벽하게 주입되지 않는다면 성능적으로 압착공법이 우수하다고 할 수 있다.

(1) 강판압착공법

콘크리트면 및 강판 접착면에 에폭시수지를 각각 1~2mm 정도의 두께로 일정하게 도포한 후, 미리 콘크리트면에 고정시킨 앵커볼트 등으로 강판을 콘크리트 면에 압착하여 접착면과 수지 사이의 기포를 빼내고 그 상태로 접착제를 경화시키는 공법이다. 이 공법은 콘크리트면이 평활하고 요철이 없는 부재에 강판을 접착하는 데 적합하다.

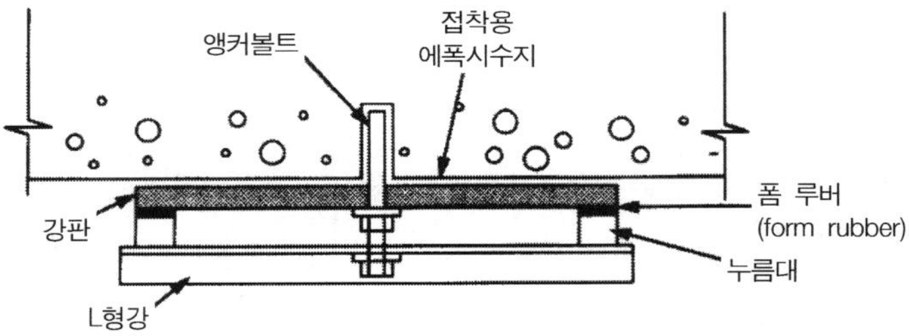

그림 4.7 강판압착공법

(2) 강판주입공법

콘크리트면과 강판면 사이에 스페이서 등으로 2~6mm 정도의 간격을 유지시켜 강판 주위를 밀봉한 뒤 한쪽에서 에폭시수지를 주입하고 공기를 추출하면서 접착하는 공법이다. 이 공법은 약간의 기포가 남을 우려가 있으며 주입에 상당한 시간을 요하지만 콘크리트면이 평활하지 않은 경우, 일부 또는 전체적으로 곡면이 포함되어 있는 경우에 강판을 접착하는 데 적합하다.

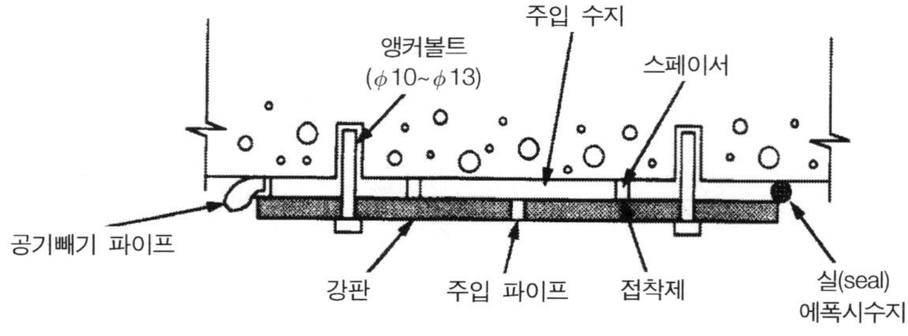

그림 4.8 강판주입공법

① 작업 전

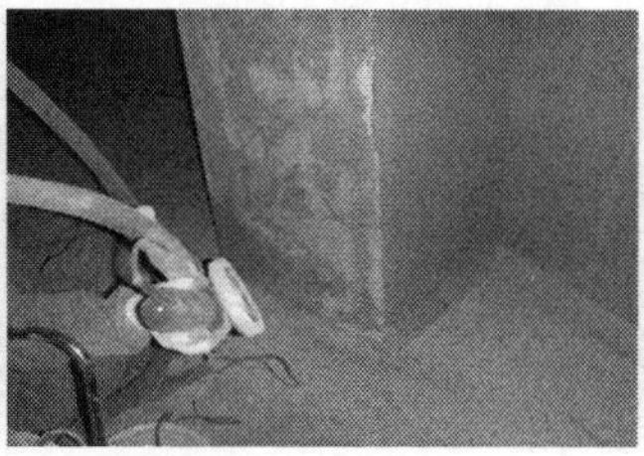

② 면 정리작업

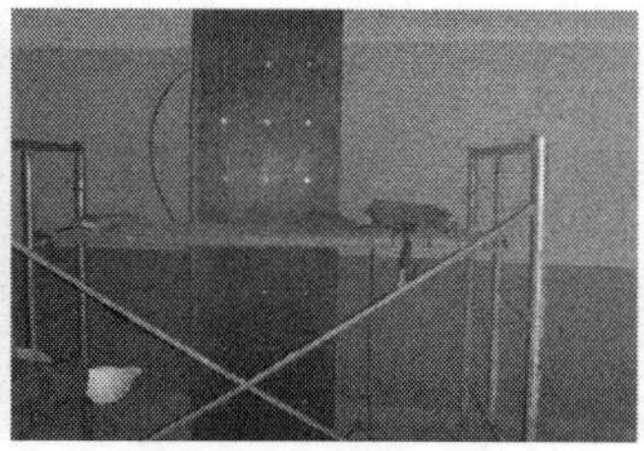

③ 철판 부착 및 앵커볼트 설치

④ 방청작업

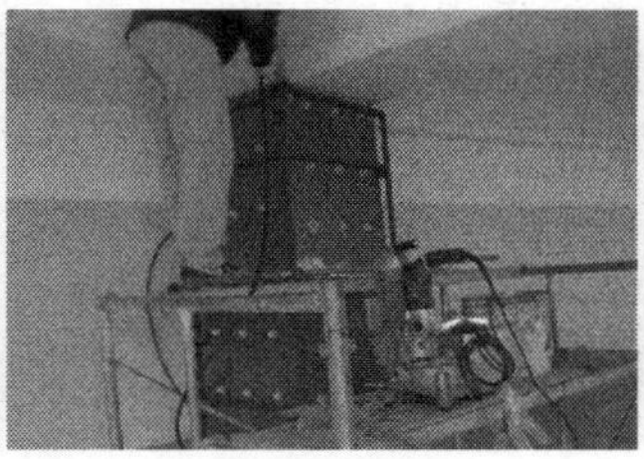

⑤ 에폭시수지 그라우팅

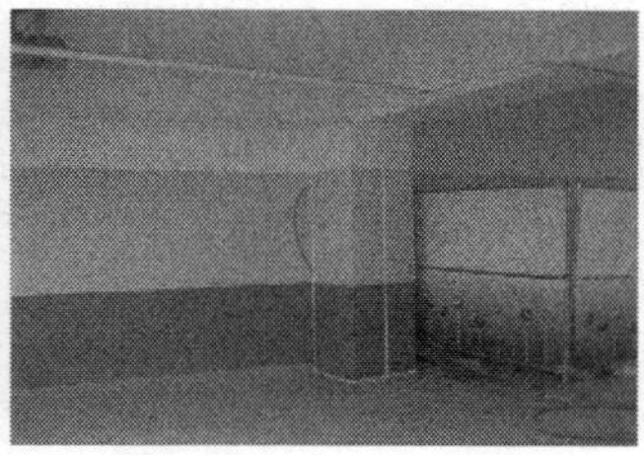

⑥ 작업 완료

기둥 철판(강판) 보강

그림 4.9 강판주입공법 시공 사례(기둥)

(3) 탄소섬유보강공법

FRP(Fiberglass Reinforced Plastic)보강공법 중에서 보강효과가 확실하여 널리 이용하는 것이 탄소섬유(CFRP)보강공법이다. 탄소섬유보강공법이란 시트 형태의 탄소섬유를 콘크리트 구조체의 표면에 접착시키는 방식이다. 이러한 공법은 탄소섬유시트와 에폭시수지를 사용하여 열화된 콘크리트 표면에 붙여서 구조물의 내력보강을 시행하는 공법이다.

탄소섬유를 이용한 보강공법은 강판보강공법에 비하여 상대적으로 고가임에도 불구하고 많이 활용되는데, 그 이유는 다음과 같다.

① 재료비가 비싸더라도 시공기간이 상당히 단축되므로 강판보강과 비교하여 경제적으로 시공 가능한 점

② 단축된 시공기간으로 시설물의 사용 불가능 기간을 최소화 할 수 있는 점

③ 가볍고 유연하여 시공이 용이한 점

④ 타 보강공법과 비교하여 시공 후 매우 깨끗하고 미려한 부재를 얻을 수 있는 점

⑤ 유지관리가 쉬운 점

등을 들 수 있다.

그러나 탄성계수가 콘크리트보다 상당히 작아 콘크리트의 균열 방지나 부재의 강성(stiffness) 증대 등을 목적으로 하기는 어렵다.

이 공법은 우선 표면을 깨끗이 정리한 다음 적당량의 프라이머를 콘크리트에 도포하고 도포한 콘크리트 표면에 접착용 수지를 도포한 후 탄소섬유시트를 정확한 방향으로 접착시키고 정량의 수지를 시트 위에 추가로 도포하여 탄소섬유를 완전히 함침시킨다. 이러한 수지는 상온 경화형의 에폭시수지가 주로 사용되고 완전 경화까지는 48시간 정도가 필요하나, 약 6시간 정도로 표면의 접착성이 없어지도록 조합되어 있다. 필요에 따라 경화 후 표면도장을 시행하여 완료한다.

외기 온도가 5℃ 이하이거나 우천 및 결로의 위험이 있는 경우에는 시공하지 않는다. 탄소섬유를 이용한 보강공법의 공정은 다음과 같다.

① 바탕처리 : 콘크리트 표면에 발생한 열화부위를 디스크 샌더 등을 사용하여 정리한다.

② 단면 및 균열 보수 : 단면 결손이 있는 부위는 에폭시수지 모르타르, 폴리머 시멘트 등으로 보수한다. 균열부위는 에폭시 등으로 보수한다.

③ 바탕 청소 : 고압 진공청소기 및 세정기를 이용하여 먼지, 불순물을 제거한다. 물로 세정하는 경우 충분히 건조시킨다.

④ 프라이머 도포 : 요철부위 등에 대하여 에폭시 퍼티처리를 한 후 프라이머를 2~3회 도포한다.

⑤ 하도 함침재 도포 : 프라이머 건조 후 상온 경화수지를 주제, 경화제의 배합비에 따라 대상 면에 충분히 도포한다.

⑥ 탄소섬유시트 부착 : 시트를 알맞게 절단한 후 수지 도포 면에 부착시킨다. 고무해라 등을 이용하여 섬유 방향을 따라 기포를 제거하며 압착시킨다. 이때, 길이 방향의 이음은 10cm 이상이 되도록 한다.

⑦ 상도 함침재 도포 : 시트면에 수지를 다시 도포하면서 섬유 방향을 따라 압착하여 수지를 완전하게 함침시킨다. 2층 이상의 시트 부착 시 ⑤~⑦의 공정을 반복한다.

⑧ 후처리 및 마감 : 필요에 따라 내후성 도료를 이용한 마감도장이나 표면도장을 한다.

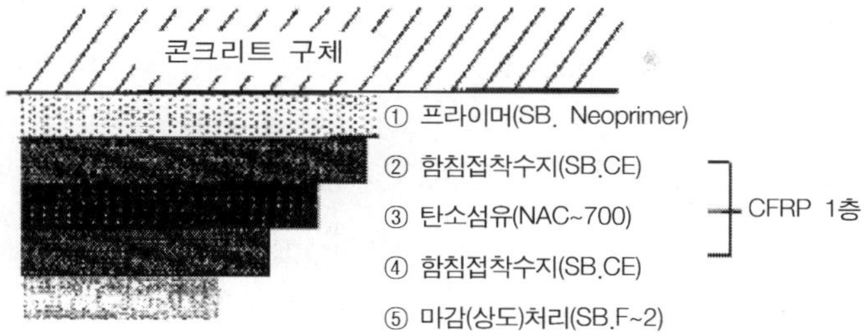

그림 4.10 탄소섬유보강공법

〈작업 전〉 〈작업 중〉 〈작업 완료〉

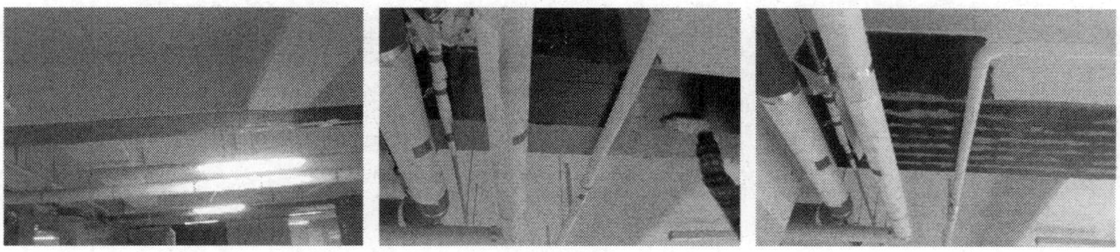

(a) 슬래브

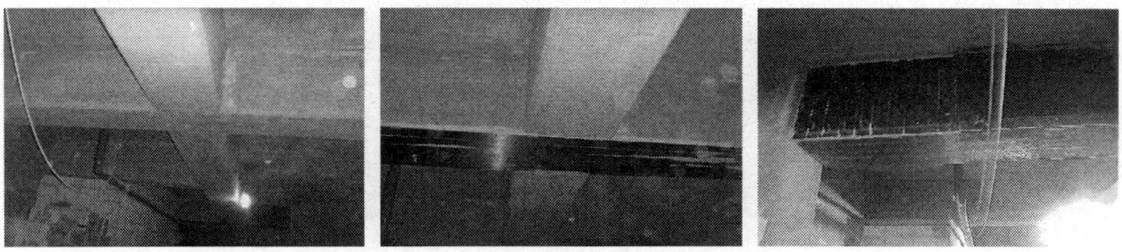

(b) 교차보

(c) 단순보

그림 4.11 탄소섬유보강공법 시공 사례

(4) 포스트텐션(post-tension)공법

부재에 포스트 스트레스를 주어 부재에 작용하는 인장응력을 감소시켜 균열의 성장을 멈추게 할 뿐만 아니라 콘크리트에 압축응력이 생기도록 하는 공법으로, 구조적인 균열보강에 유력한 방법 중의 하나이다.

이 공법은 구조물의 국부적인 보강보다는 부재 전체 혹은 구조물 전체에 휨모멘트, 전단력, 축력 상태를 변화시켜 구조물을 개선시킬 목적으로 많이 이용되기 때문에 다른 공법에 비해 더 많은 작업공간이 필요하다.

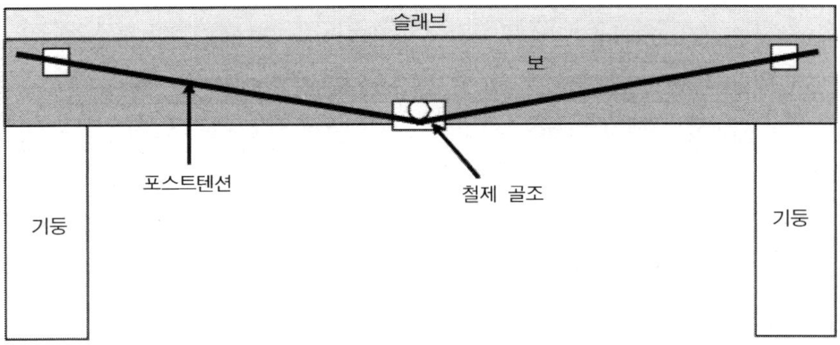

그림 4.12 포스트텐션보강공법

그림 4.13 포스트텐션보강공법 시공 사례(광진구)

(5) 기타 공법

구조물의 보강에 가장 간단히 이용할 수 있는 것이 브래킷보강공법과 서포트보강공법이다.

양 공법 모두 강재를 이용하여 보강하며, 특수한 보강기술이 필요 없는 것이 장점이다.

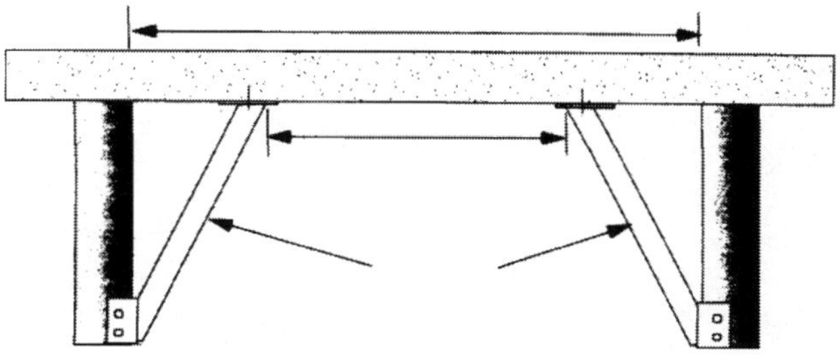

그림 4.14 브래킷보강공법

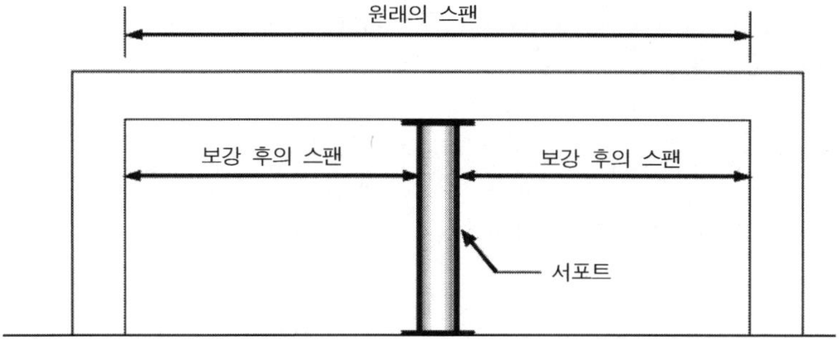

그림 4.15 서포트보강공법

생각해 보기

1. 보수(repair) · 보강(reinforcement)을 구분하여 설명하시오.

2. 보수재료가 갖추어야 할 요구성능에 대하여 설명하시오.

3. 수지계 보수재료 중 에폭시수지의 특성에 대하여 기술하시오.

4. 균열부의 보수공법 중 주입공법에 대하여 설명하시오.

5. 탄소시트보강공법에 사용되는 탄소섬유의 특성에 대하여 설명하시오.

제 5 장

화재 및 지진피해 진단

5.1 건축물의 화재피해 진단

5.1.1 국내 화재피해 현황

1) 화재의 원인

국내의 화재원인을 살펴보면 유난히 전기로 인한 화재가 40%대를 점유하고 있으나 선진국에서는 담뱃불과 방화가 화재원인의 주 원인이 되고 있다. 이 중에서 방화는 사회가 복잡해지고 보험 등 사회보장이 잘되어 생활이 안정되면서 계속 증가되는 것이 특징이며, 우리나라에서도 1980년대부터 매년 계속 줄지 않고 증가되어 화재원인의 약 10%대에 이르고 있다. 국내에서 발생한 대형 화재피해 사례는 표 5.1과 같이 상당한 인명피해를 초래하므로 그 예방 및 대책 수립에 신중을 기해야 하며, 또한 화재 후에도 피해 건물의 정확한 조사 및 진단을 통해 구조물의 보수 및 보강방법을 결정하여 경제적 손실을 최소화하는 노력도 필요하다.

표 5.1 국내 대형 화재피해 사례(2014년 한국화재보험협회)

일시	장소	원인 및 내용	인명피해	
			사망	부상
1960. 03. 02	부산 범일동 고무공장	성냥	62	39
1971. 12. 25	서울 충무로 대연각 호텔	L.P.G	163	63
1972. 12. 02	서울 세종로 시민회관	전기합선	53	78
1974. 11. 03	서울 동대문 대왕코너	전기합선	88	35
1984. 01. 14	부산 부전동 호텔	석유난로	38	68
1993. 04. 19	충남 논산 정신과병원	담뱃불	34	2
1995. 08. 02	경기도 용인 기술학원	방화	37	16
1999. 10. 30	인천 인현동 호프집	불장난	55	78
2003. 02. 25	대구지하철	방화	192	147
2008. 01. 07	경기도 이천 냉동물류센터	가연성 증기 폭발	40	10

2) 화재피해 사례

철근 콘크리트조 건축물은 내화구조로 화재가 발생했을 때 그 저항능력이 뛰어나지만, 한 번 화재 콘크리트의 강도 및 탄성계수의 저하와 철근과 콘크리트 부착력의 저하를 초래하고 열응력에 의한 각부의 파괴와 변형, 더욱이 콘크리트의 중성화가 크게 발생하여 수명이 단축되는 등 건축물 전체의 내력이 상당히 약해진다. 화재가 발생한 콘크리트의 표면은 700~1,000℃의 고온에 도달하고 수 시간 정도 지속되어 구조체 내부의 온도가 상승해서 재료 특성과 구조체 변형이 크게 발생한다.

표 5.2와 같이 화재피해 사례를 분석해 보면 화재를 입은 철근 콘크리트 부재의 상태는 그을음, 변색, 표면균열, 모르타르 마감층의 박리 등 표면적 손상과 폭렬(spalling)에 의한 주근의 노출과 기둥철근의 좌굴, 보나 슬래브의 처짐 변형 등이 공통적인 피해형태를 보이고 있다.

표 5.2 화재피해 양상별 원인

피해사진	피해상황	발생원인	점검사항
	콘크리트의 변색	가열온도에 따라 변색	온도에 따른 콘크리트 변색 상태
	콘크리트의 폭렬	고온가열에 따라 내부에 발생한 수증기압에 의해 폭렬 발생	콘크리트 재료 강도 변화 파악
	콘크리트의 균열	외관상 피해로 가열에 의한 부재강도 저하 및 열응력으로 발생	허용균열폭 기준
	피복탈락에 의한 철근노출	콘크리트 피복박락으로 열에 의해 내부 철근은 변질되고 연화됨.	철근의 재료강도 변화 파악
	콘크리트의 결손(들뜸, 박리)	가열온도에 따라 콘크리트 표면이 취약해져 발생	구조체에 대한 영향 파악
	마감재 탈락	열에 의한 마감재 · 고착재 연화로 인해 발생	경미한 피해

3) 화재피해 판단 항목

일반적으로 화재가 발생한 철근 콘크리트 부재의 피해로는 그을음, 변색, 미소균열, 모르타르 마감층의 박리 등 표면적 손상과 폭렬에 의한 주근의 노출, 기둥의 좌굴 및 보의 변형 등이 발생한다.

전자는 주로 표면적인 피해로 비교적 간단히 보수할 수 있으나, 후자는 이미 부재로써의 기능을 잃고 건물 전반에 안전성 저하가 발생한 상태로 판단된다. 따라서 화재 후 철근 콘크리트 구조물에 나타나는 공통적인 피해 양상은 '변색', '폭렬', '균열', '단면결손', '철근노출(좌굴)', '박락', '마감재 파손', '변형' 등으로 분류할 수 있고, 각 피해 항목에 따라 가열온도의 상승과 함께 발생하는 직접적인 피해와 가열된 구조부재의 열 변형과 열응력에 의한 2차 피해로 구분하여 구조체에 내력 및 내구성에 미치는 영향도를 표 5.3에 나타냈다.

표 5.3 화재피해 양상에 따른 판단기준 항목

<table>
<tr><th>피해원인</th><th>피해 양상</th><th>피해 등급 판단 항목</th><th>분석</th></tr>
<tr><td rowspan="6">직접 피해</td><td rowspan="6">• 마감재 모르타르 · 콘크리트의 변색
• 마감재 모르타르의 박리 및 들뜸
• 바닥 · 천장마감재의 파손
• 콘크리트의 폭렬
• 보, 기둥, 접합부의 단면결손
• 보, 바닥판의 균열 발생
• 철근의 노출 및 손상</td><td>마감재 파손</td><td>• 구조체 피해 경미</td></tr>
<tr><td>변색</td><td>• 콘크리트 재료강도 저하
• 수열온도 추정 근거</td></tr>
<tr><td>폭렬</td><td>• 철근노출, 부착강도 저하
• 내력저하</td></tr>
<tr><td>균열</td><td>• 균열폭에 따른 내구성 및 내력저하</td></tr>
<tr><td>단면결손</td><td>• 내력저하</td></tr>
<tr><td>철근노출(좌굴)</td><td>• 내력저하</td></tr>
<tr><td rowspan="3">2차 변형 피해</td><td rowspan="3">• 보, 바닥판의 처짐
• 외벽면의 작은 배부름
• 보의 신장으로 인한 주각, 주두부의 균열</td><td>처짐</td><td>• 사용성, 내력저하</td></tr>
<tr><td>배부름</td><td>• 사용성, 내력저하</td></tr>
<tr><td>균열</td><td>• 균열폭에 따른 내구성 및 내력저하</td></tr>
</table>

5.1.2 온도변화에 따른 재료 특성 변화

화재에 노출된 철근 콘크리트 구조물의 내력저하 및 손상도평가를 위해서는 다양한 온도 범위에 따른 콘크리트와 철근의 열 특성 및 재료 특성에 대한 자료가 필요하다. 콘크리트의 열 특성은 화재에 노출된 콘크리트 부재의 온도 분포를 확인하기 위한 열전도 해석에 필요한 자료이며, 철근과 콘크리트의 재료 특성은 화재에 노출된 구조 부재의 성능평가를 위한 구조응력 해석 시에 기초자료로 활용된다.

1) 철근재료

철근의 항복강도, 탄성계수, 열팽창계수의 온도에 따른 특징은 다음 표 5.4와 같다.

표 5.4 온도변화에 따른 철근의 재료특성 변화(ACI 216R-89)

<table>
<tr><th>항목</th><th>그래프</th><th>설명</th></tr>
<tr><td>항복강도</td><td>
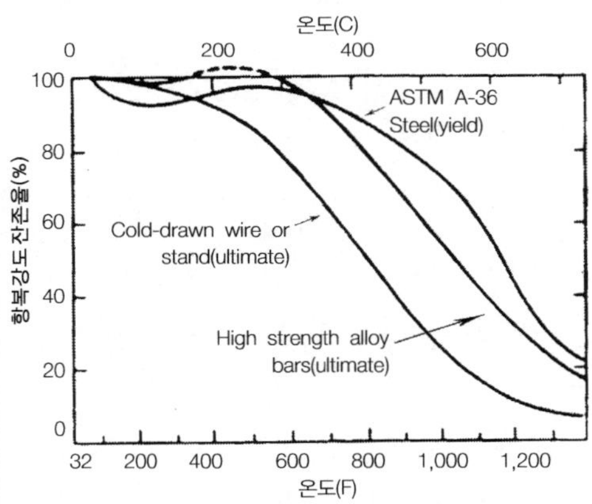

</td><td>고온 시에 철근의 항복강도 저하를 살펴보면 200℃ 이상의 온도에서 항복강도가 감소되어 400℃를 넘으면 급격히 저감됨을 알 수 있고, 600℃에는 철근 초기 강도에서 약 50% 정도 감소됨을 알 수 있다.</td></tr>
<tr><td>탄성계수</td><td>
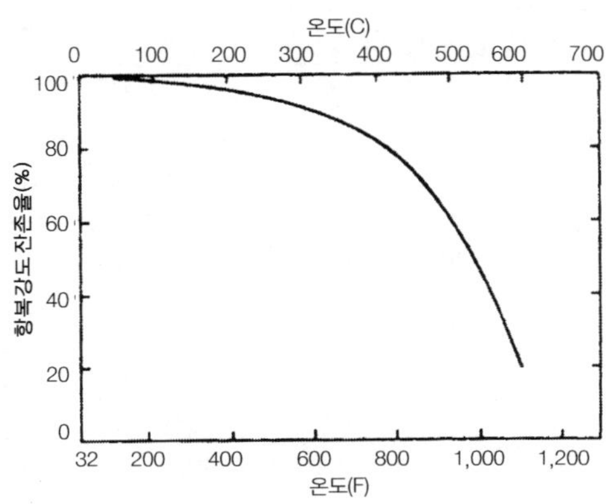

</td><td>철근의 탄성계수는 온도가 증가함에 따라 감소되고, 항복강도와 같이 400℃를 넘으면 감소율이 급감함을 알 수 있다.</td></tr>
</table>

항목	그래프	설명
열팽창 계수	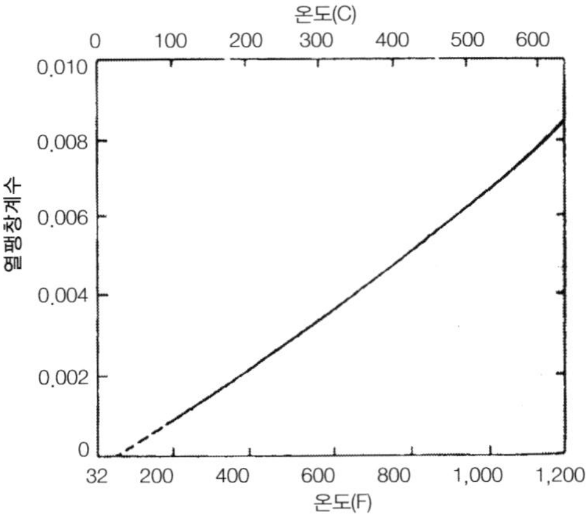	200~650℃의 온도 범위에서 철근의 열팽창계수의 변화를 나타내고 있으며, 열팽창계수는 온도가 증가함에 따라 상승하는 경향을 나타내고 있다. • 열팽창계수(α)의 약산식 $\alpha = (11 + 0.0036t) \times 10^{-6}/℃$ 여기서, t=온도(℃)

2) 콘크리트재료

화재에 노출된 콘크리트는 화학성분과 물리구조의 변화를 경험한다. 이러한 변화는 주로 경화된 시멘트 페이스트에서 발생하는데 일반적으로 400℃에서는 칼슘수화물의 분해가 시작되어 900℃에 이르면 칼슘수화물이 완전 파괴되어 콘크리트의 강도와 내구성이 감소한다. 온도변화에 따른 압축강도, 탄성계수, 열팽창계수, 열전도계수 등의 콘크리트 재료의 특성 변화는 표 5.5, 표 5.6과 같다.

표 5.5 온도변화에 따른 콘크리트의 압축강도 변화(ACI 216R-89)

항목	그래프	설명
압축강도 (규산질 골재 콘크리트)	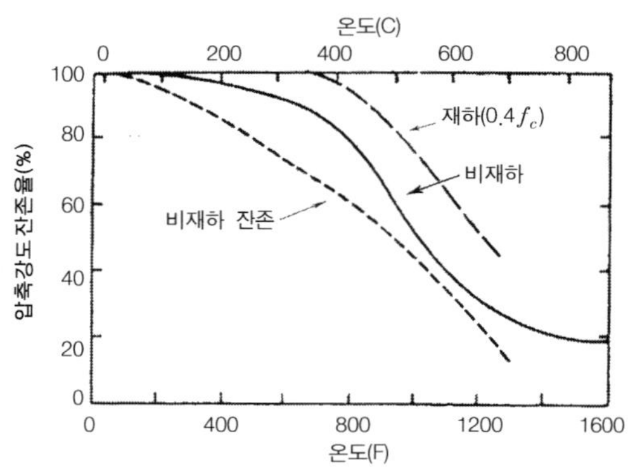	그래프에서 비재하(unstressed)는 추가 하중재하 없이 시험온도까지 가열한 시험체의 압축강도를 나타내고 있고, 재하(응력 $0.4f'c$)는 압축강도의 40%까지 하중을 가력하고 가열한 시험체의 압축강도를 보여주고 있다. 또한 비재하 잔존(unstressed residual)은 시험온도까지 가열한 시험체를 75%의 상대습도에서 6일 동안 공

<table>
<tr><th>항목</th><th>그래프</th><th>설명</th></tr>
<tr><td></td><td></td><td>기 중 냉각한 후 실행한 시험체의 압축강도의 변화를 보여주고 있다.</td></tr>
<tr><td>압축강도
(탄산질
골재
콘크리트)</td><td>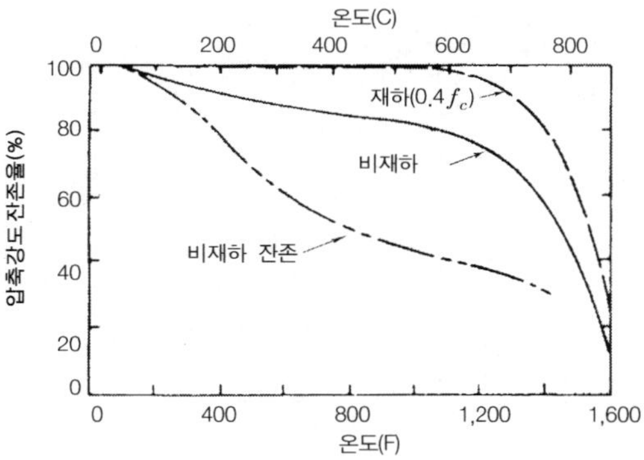
</td><td>콘크리트의 압축강도는 규산질, 탄산질, 경량 등 골재의 종류에 따라 많은 영향을 받는데, 재하 조건 기준으로 그래프를 살펴보면 규산질 골재 콘크리트는 400℃에서 강도저감이 시작되어 700℃에서는 초기강도의 40%를 나타내며, 탄산질 골재 콘크리트는 600℃에서 강도저감이 시작되어 900℃에서 강도저감이 급격하게 발생한다.</td></tr>
<tr><td>압축강도
(경량
콘크리트)</td><td>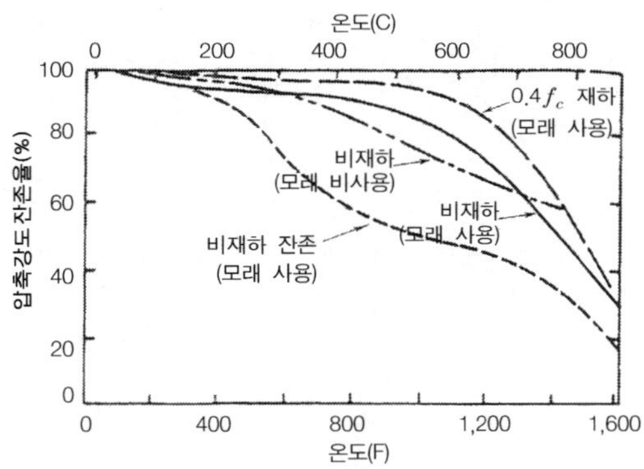
</td><td>콘크리트의 압축강도는 화재 후 어느 정도의 시간이 경과하면 자연 회복되는 경향이 있으며, 수열온도가 500℃ 정도 이내일 경우 시간이 지나면 재사용이 가능한 상태로 회복된다고 알려져 있다.</td></tr>
</table>

표 5.6 온도변화에 따른 콘크리트의 재료 특성 변화(ACI 216R-89)

항목	그래프	설명
탄성 계수	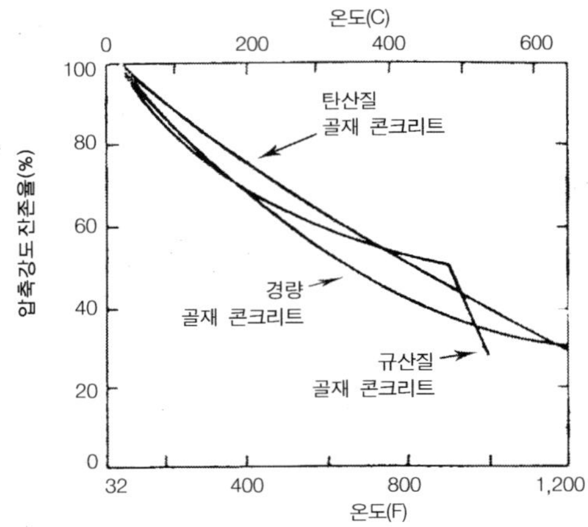	골재 유형에 따라 콘크리트 탄성계수는 다른 변화를 보여주고 있으며, 온도가 증가함에 따라 감소하고 있음을 알 수 있다.
열팽창 계수	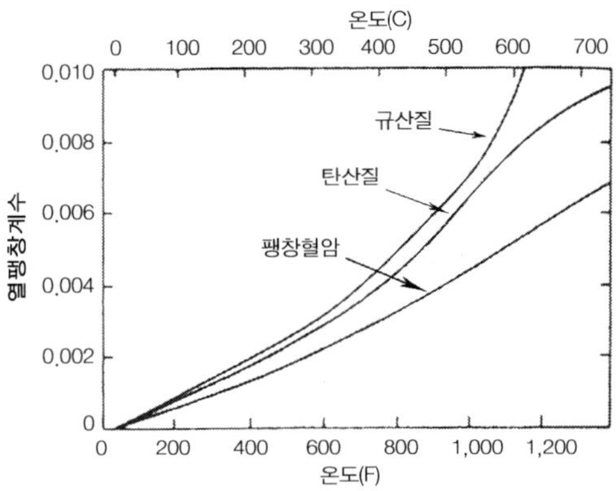	콘크리트 열팽창계수는 골재 유형, 물-시멘트비, 재령 등에 영향을 받으며, 온도가 증가함에 따라 상승하는 경향을 나타낸다.
열전도 계수	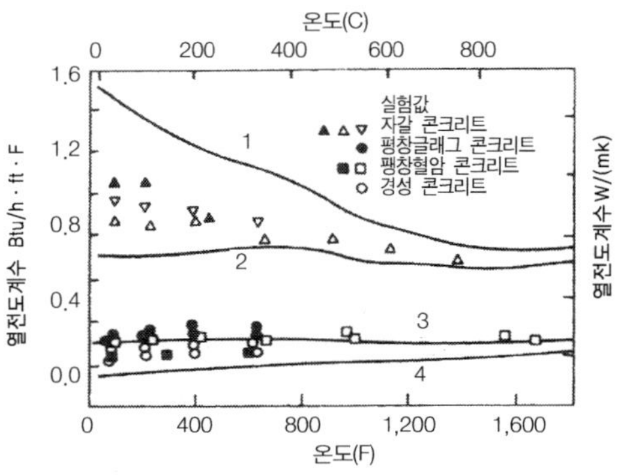	콘크리트의 열전도계수는 구조 부재의 온도전도 특성에 영향을 주는 주변수로 보통 중량 콘크리트인 경우 1.3~3.0W/(mK) 값을 보이고 있으며 그래프 1 · 2는 보통중량 콘크리트, 그래프 3 · 4는 경량 콘크리트의 열전도계수를 나타내고 있다.

5.1.3 화재피해 건물 안전진단 프로세스

1) 화재피해 건물의 내력 및 손상도 평가방법

(1) 평가방법 분석

표 5.7 화재피해 구조물의 단계별 평가 항목 및 판단기준

항목		설명	분석
육안 조사	콘크리트 변색	• 300℃ 미만 : 변화 없음 • 300~600℃ : 분홍색 또는 붉은색(pink or red) • 600~900℃ : 회색(grey) • 900~1,200℃ : 담황색(buff) • 1,200℃ 이상 : 황색(yellow)	• 변색상황에 따라 콘크리트의 수열온도를 추정하여 재료강도 저하 추정
	균열조사	• 휨, 전단, 표면균열 양상 파악	• 균열폭 및 깊이에 따른 피해도 평가
	폭렬, 들뜸, 박리 조사	• 마감재 파손 및 구조체 피해도 조사	• 구조체 파손 깊이 평가
	휨, 변형 조사	• 부재 휨, 변형도 측정	• 허용값에 따른 피해도 평가
	철근 조사	• 철근노출 양상 및 범위 조사	• 철근노출에 따른 피해도 평가
재료 시험 · 구조 시험	반발경도시험	• 화재부분의 콘크리트강도가 설계기준강도 이상 여부와 부재 건전도 조사	• 콘크리트 잔존 압축강도 평가
	콘크리트 코어 압축시험	• 부재에서 채취한 공시체의 압축강도 조사 • 구조물의 안전성에 문제가 있으면 실시 불가	• 콘크리트 잔존 압축강도 평가 • 콘크리트 영계수 저하도 평가 • 중성화 깊이 평가
	철근채취 인발시험	• 부재에서 채취한 철근의 인장시험	• 항복점, 탄성계수, 인장강도, 연신율 등을 평가
	중성화시험	• 콘크리트 코어나 콘크리트 탈락부분에 페놀프탈레인 용액 분사 후 중성화 깊이 측정	• 콘크리트는 500℃ 이상에서 알칼리성이 중성화로 변하므로 손상부분의 피해도 평가
	재하시험	• 콘크리트 강도시험에 불합격인 경우 또는 시공상의 결함이 인정되는 경우 그 조치로서 수평재에 대해 실시함.	• 부재 콘크리트 강도 추정과 비교 검토
	진동시험	• 슬래브나 보의 고유진동수, 진폭, 모드, 감쇄비 측정	• 진동 특성 변화에 따른 부재의 건전도 평가
	수열온도 추정시험	• 고온역에서 CO_2 방출 등의 열분해로부터 추정	• 부재의 수열온도 평가
구조 해석	열전도 해석	• 화재 시 전도 등에 의한 부재 내부의 수열온도 추정을 위한 컴퓨터 시뮬레이션(FEM 해석)	• 부재의 수열온도 평가
	열응력 해석	• 화재 시 온도변화에 따른 내부응력 변화 조사(FEM 해석)	• 열응력에 의한 2차 변형 평가
	골조 해석	• 화재 시 열팽창에 의한 골조변형 조사	• 열팽창에 의한 골조 2차 변형 평가

(2) 단계별 평가방법 및 기준의 설정

화재를 입은 건축물의 내력 및 손상도 평가는 1단계 예비평가, 2단계 정밀평가의 순서로 진행된다. 예비평가는 표 5.9 화재피해 등급 표를 이용하여 화재피해 건물의 사용제한 및 긴급보강 조치와 향후 정밀평가의 방향 설정을 위한 중요한 작업이 되고, 또한 예비평가 결과에 따라 정밀평가 여부 및 실시 항목을 결정한다.

재료강도 손상도는 화재 시에 노출된 수열온도의 확인이 매우 중요하며 열전도 해석 시 사용되는 열확산계수, 열전도계수에 따라 내부온도 분포의 차이가 크게 나타나므로 해석 시 적절한 값의 신중한 선택이 필요하다.

골조구조 해석 시 탄성계수, 열팽창계수는 온도변화에 따라 보정이 필요하고, 저감된 탄성계수를 사용한 선형해석 또는 온도변화에 따라 탄성계수 변화를 고려한 비선형 해석도 정밀분석을 위해 수행할 수 있다.

표 5.8 화재피해 구조물의 단계별 평가 항목 및 판단기준

<table>
<tr><th colspan="8">화재피해 구조물의 내력 및 손상도 평가</th></tr>
<tr><th rowspan="2">단계</th><th rowspan="2" colspan="2">평가</th><th colspan="4">평가 항목</th><th rowspan="2">판단기준</th></tr>
<tr><th>콘크리트 강도 손상도</th><th>철근강도 손상도</th><th>구조내력</th><th>내구성</th></tr>
<tr><td>1 단계</td><td colspan="2">예비 평가</td><td>• 피해도 육안 조사
• 콘크리트 변색 확인
• 슈미트 해머에 의한 압축강도 추정</td><td>• 철근노출 범위 확인</td><td>• 구조체 및 부재의 휨, 처짐 정도 확인</td><td>• 콘크리트 박락 및 폭렬 범위 확인
• 표면균열 양상 조사</td><td>피해등급 판정표 활용</td></tr>
<tr><td rowspan="2">2 단계</td><td rowspan="2">정밀평가</td><td>조사·시험</td><td>• 코어 채취에 의한 압축강도 확인
• 수열온도 추정시험</td><td>• 철근 채취에 의한 인장시험
• 수열온도 추정시험</td><td>• 구조물의 재하시험에 의한 내력 확인(필요시)
• 구조물 진동시험
• 균열 양상, 깊이 진전도 조사
• 폭렬 등에 의한 단면결손 확인</td><td>• 중성화 깊이 추정
• 적외선카메라에 의한 마감재 박리 범위 및 정도 확인</td><td rowspan="2">정밀 검토에 의한 종합적인 판단</td></tr>
<tr><td>해석</td><td>• 열전도 해석에 의한 부재 내부온도 분포 추정</td><td>• 열전도 해석에 의한 수열온도 추정</td><td>• 골조구조 해석
• 구조계산에 의한 내력 확인</td><td>–</td></tr>
</table>

(3) 화재피해 등급 판정표

화재피해를 입은 구조물의 피해 등 예비평가 시 사용되는 피해 등급 판정표는 표 5.9와 같다. 등급 판정은 육안 조사에 근거한 조사 결과에 따라 A~E등급까지 5등급으로 나누어지고 피해가 심할수록 E등급의 판정을 받는다. 기본적으로 피해 등급 A의 경우에는 보수를 필요로 하지 않고, 피해 등급 B와 C의 경우에는 보수를 필요로 하며, D는 보강, E는 부재 교환 및 철거를 고려해야 한다. 또한 C등급 이상에서는 보다 상세한 피해 조사 및 보수·보강법의 결정을 위해 구조전문가에 의한 정밀평가가 요구된다.

표 5.9 피해 등급 판정표

피해등급	판단기준 항목					구조체 안전성 판단
	콘크리트 변색	균열	폭렬 및 박리	철근노출	부재변형	
A	• 없음	• 없음	• 없음	• 없음	• 없음	• 구조체에 피해가 없음. • 내장 및 마감재 교환 • 정상적인 유지관리
B	• 표면에 그을음 • 수열온도 : 300℃ 미만	• 0.2mm 이하	• 약간의 박리	• 없음	• 시공하중 오차 범위 내	• 구조체에 피해가 없음. • 표면세척 및 일부 균열 보수 • 지속적인 감시와 보수
C	• 피복 콘크리트 분홍색 • 수열온도 : 300~500℃	• 0.2~0.8mm	• 부재면적의 10% 미만의 폭렬 발생	• 약간의 철근노출 • 철근부착은 문제 없음.	• 설계 허용값 이내	• 피복 콘크리트의 피해 • 철근에는 피해가 없음. • 피복 콘크리트 교체 및 균열 보수
D	• 피복 콘크리트가 회색 • 일부분 내부 콘크리트는 분홍색 • 수열온도 : 500~800℃	• 0.8~2.0mm	• 부재면적의 10% 이상의 폭렬 발생	• 다수의 철근노출 • 약간의 철근이 좌굴	• 설계 허용값 초과	• 콘크리트 단면결손, 철근내력 저하 • 구조 부재의 보강 필요 • 사용제한의 판단과 정밀진단 필요
E	• 피복 콘크리트가 담황색 • 일부분 내부 콘크리트가 회색 또는 분홍색 • 수열온도 : 800℃ 이상	• 2.0mm 이상	• 광범위한 폭렬 발생	• 상당량의 철근노출 • 다수의 철근이 좌굴	• 대변형 : 휨변형과 처짐이 두드러짐	• 상당량의 콘크리트 단면결손, 철근내력 저하 • 구조 부재의 보강 및 철거 필요 • 사용금지 및 긴급보강 조치가 필요 • 정밀진단 필요

2) 화재 안전진단 프로세스

화재피해를 입은 구조물은 안전과 사용성의 문제가 심각한 경우가 대부분이기 때문에, 화재 안전진단은 책임 있는 기술자에 의해 신속하게 이루어져야 하며 그에 따른 적절한 보수·보강조치와 수명 연장을 위한 유지관리를 해야 한다.

본 장에서 제시되는 화재 안전진단 프로세스는 크게 성능평가, 보수·보강, 유지관리의 3단계로 구분되며 각 단계별 프로세스에 의해 순차적으로 수행한다. 각각의 단계 프로세스별 개요는 다음과 같다.

화재 안전진단 프로세스(총괄)	설명
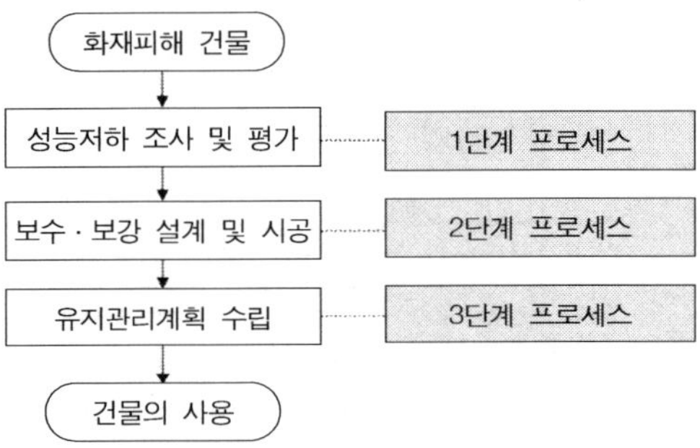	• 화재 안전진단 프로세스는 열화된 구조물의 성능저하 요인을 경험과 기술이 있는 기술자가 미리 조사·평가하여 그에 대한 적절한 조치를 하고, 적시에 적절한 보수·보강 조치를 하여 구조물의 안전 및 유지관리를 체계적으로 행함으로써 구조물의 안전과 기능을 확보하고 수명을 연장하기 위함을 목적으로 함. • 전체 프로세스는 3단계로 성능저하 조사 및 평가, 보수·보강 설계 및 시공, 유지관리단계로 나누어짐.

1단계 프로세스인 '성능저하 조사 및 평가'는 현 구조물의 화재피해도를 조사·평가하여 구조물의 잔존성능을 조사하는 프로세스로 구조물의 미래 사용 여부, 보수·보강의 범위와 규모를 판단하는 기초자료가 되며, 또한 화해 구조물의 임시 안전을 위한 긴급보강, 사용제한 등을 판단하는 가장 중요한 프로세스이다.

2단계 프로세스인 '보수·보강 설계 및 시공'은 1단계 프로세스의 결과를 근간으로 구조물의 안전과 기능을 확보하기 위해 구조물의 내력과 내구성을 증진시키는 프로세스이다. 또한 설계 후 보수·보강 시공 시 품질확보를 위한 철저한 관리 감독이 요구되며 추후 유지관리를 위해 공사도면, 시방서, 공사기록 등도 체계적으로 관리하여 보관해야 한다.

3단계 '유지관리' 프로세스는 구조물의 수명 연장을 위해 필요한 과정으로 주기적인 안전점검을 통한 구조물의 안전과 사용성이 장기적으로 확보되어야 하고, 추후 화재 재발의 원인 제거를 통한 예방조치에도 주의를 기울여야 한다. 각 단계별 프로세스와 그에 따른 주안점은 다음과 같다.

(1) 1단계 프로세스(성능저하 조사 및 평가)

<table>
<tr><th>1단계 프로세스</th><th>설명</th></tr>
<tr><td>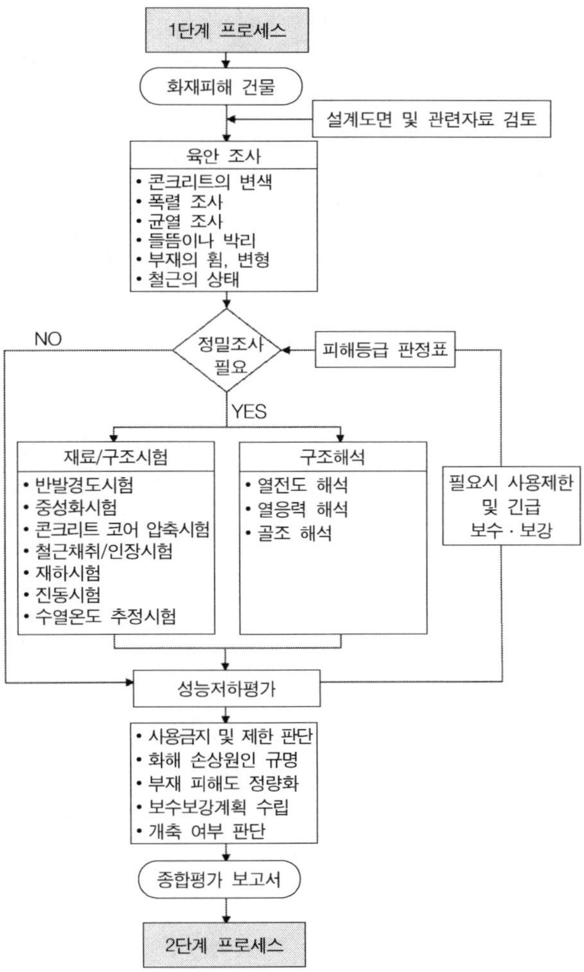
</td><td>• 화재피해를 입은 구조물의 현장조사는 신속하게 이루어져야 함.
• 현장조사 시 육안 점검을 통해 피해 등급 판정표를 이용하여 개략적인 구조물의 피해 등급을 평가
• 사용제한 및 보강조치 등의 긴급조치 등을 우선적으로 취하여 2차 피해를 방지
• 구조물의 성능저하의 정량적 판단을 위해 정밀조사 여부를 결정하여 향후 보수 · 보강설계를 위한 기초자료를 확보
• 보수 · 보강비용의 경제성 여부를 판단하여 개축이나 신축 여부를 고려</td></tr>
</table>

(2) 2단계 프로세스(보수 · 보강설계 및 시공)

2단계 프로세스	설 명
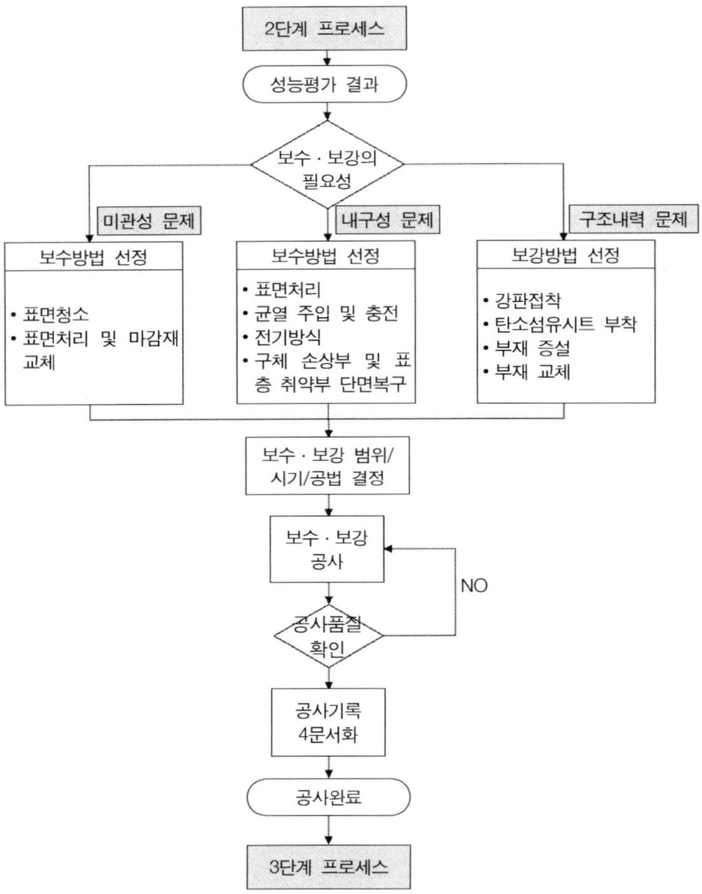	• 보수 · 보강의 원칙은 미관상, 내구성, 구조내력 문제로 분류하여 각각에 적합한 방법을 선정함. • 미관상 문제는 구조내력에 큰 문제가 없으므로 청소, 마감재 교체 등의 방법으로 미관 회복 • 성능평가 결과에 따라 보수 · 보강방법을 선정하고 구조내력상의 문제는 우선 보강을 원칙으로 함. • 보수 · 보강공사 시행 시 공사품질의 확인이 무엇보다 중요하고 결함 발견 시 재시공 조치함. • 추후 유지관리를 위한 기초자료 확보를 위해 공사도면, 공사기록, 품질확인 문서 등의 관리가 중요함. • 보수 · 보강 시 구조물 안전에 대한 조치를 필히 취하고, 필요하면 건물의 사용제한 후 공사 시작

(3) 3단계 프로세스(유지관리)

3단계 프로세스	설명
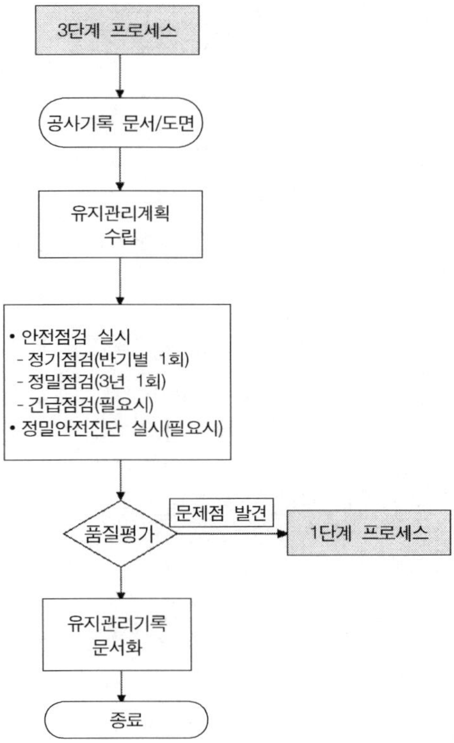	• 보수 · 보강공사 기록 문서 및 도면에 근거하여 주기적인 안전점검을 실시하여 품질확인 후 문서화 • 화재피해인 경우 재발의 가능성이 높으므로 근본적인 원인 제거를 통한 유지관리

표 5.10 화재피해 조사표

<table>
<tr><td>작성 시
주의사항</td><td colspan="8">* 각 부재별 피해 등급은 안전성 평가기준을 참조하여 판단
* 피해 조사 시 도면을 첨부하여 증상, 피해부위, 범위 등을 표기
* 응급조치사항에는 사용제한, 긴급보강 유무 등을 표기
* 종합의견에는 결정된 안전성평가 등급에 대한 종합적인 의견 명기</td></tr>
<tr><td rowspan="2">건물명
(소재지)</td><td colspan="4" rowspan="2"></td><td colspan="2" rowspan="2">분 류</td><td>종 류</td><td></td></tr>
<tr><td>용 도</td><td></td></tr>
<tr><td>구조형식</td><td colspan="4">철근 콘크리트조</td><td colspan="3">조사대상 층수</td><td></td></tr>
<tr><td>화재원인</td><td colspan="4"></td><td colspan="3">화재 지속시간</td><td></td></tr>
<tr><td>재산피해</td><td colspan="8"></td></tr>
<tr><td>건물
개요 조사</td><td colspan="8">건물 개요, 규모, 마감 개요, 사용이력, 재해경험 등을 조사하여 별지 첨부</td></tr>
<tr><td>화재피해
조사 항목</td><td colspan="8"><table>
<tr><td>화재
증상</td><td>콘크리트 변색</td><td>폭렬</td><td>균열</td><td>들뜸,
박락</td><td>철근 상태</td><td>변형</td></tr>
<tr><td>조사
내용</td><td>• 그을음 : 300℃ 미만
• 핑크색 : 300~600℃
• 회백색 : 600~950℃
• 담황색 : 950~1200℃</td><td>유무,
범위,
폭,
깊이</td><td>유무, 폭,
깊이,
진전
유무</td><td>박리면
의 상태
및 정도</td><td>• 철근노출
상황
• 콘크리트와
부착 유무</td><td>부재별
휨, 변형
유무 및
정도</td></tr>
</table></td></tr>
<tr><td rowspan="2">분 류</td><td colspan="8">조사내용(해당하는 곳에 ○표 하시오.)</td></tr>
<tr><td>변색</td><td>폭렬</td><td>균열</td><td>들뜸</td><td>철근</td><td>변형</td><td>피해등급</td><td>특기사항</td></tr>
<tr><td>기 둥</td><td></td><td></td><td></td><td></td><td></td><td></td><td></td><td></td></tr>
<tr><td>보</td><td></td><td></td><td></td><td></td><td></td><td></td><td></td><td></td></tr>
<tr><td>슬래브</td><td></td><td></td><td></td><td></td><td></td><td></td><td></td><td></td></tr>
<tr><td>벽 체</td><td></td><td></td><td></td><td></td><td></td><td></td><td></td><td></td></tr>
<tr><td>계 단</td><td></td><td></td><td></td><td></td><td></td><td></td><td></td><td></td></tr>
<tr><td>비내력벽</td><td></td><td></td><td></td><td></td><td></td><td></td><td></td><td></td></tr>
<tr><td>마감재</td><td></td><td></td><td></td><td></td><td></td><td></td><td></td><td></td></tr>
<tr><td>응급조치
사항</td><td colspan="8"></td></tr>
<tr><td>종합의견</td><td colspan="2"></td><td>종합
판정</td><td>A</td><td>B</td><td>C</td><td>D</td><td>E</td></tr>
</table>

5.2 건축물의 지진피해 진단

5.2.1 지진의 일반적 사항

1) 지진의 정의

지진(earthquake)은 자연적, 인공적 원인으로 인해 지구의 표면이 흔들리는 현상이며, 보통 자연적 원인 중 단층면에서 순간적으로 발생하는 변위 자체를 지진이라고 한다. 현상적인 정의로는, 지각 내에 저장되어 있던 힘이 탄성 진동 에너지로 바뀌어 급격히 방출되는 현상으로 설명할 수 있다.

오늘날에도 규모 8 이상의 지진은 전 세계적으로 매년 2회, 규모 7 이상은 20회나 발생하고 있으며, 이러한 지진에 의한 피해는 다른 재해에 비해 파괴의 규모나 인명피해가 크다 할 수 있다.

2) 지진의 발생원인

자연적으로 일어나는 지진의 대부분은 대륙이동을 설명하는 지질학 이론인 판구조론과 관련되어 있다. 이러한 지진을 구조지진이라고 하며, 지질학자들은 탄성·복원이론으로 지진의 원인을 설명하기도 한다. 또한 지진은 화산활동과 관련하여 일어날 수 있다. 지하 마그마의 움직임은 지진을 유발할 수 있으며, 이런 지진을 관측함으로써 화산활동을 감시하고 분화를 예측할 수 있다.

일반적으로 변환단층에서 일어나는 지진들의 진원은 수십km 정도이나 진원의 깊이가 깊은 곳에서는 수백km에 달하기도 한다. 대부분의 지진이 판의 경계에서 일어나는 데 비해 판의 내부에서 일어나는 지진도 종종 보고되고 있으며 이러한 지진을 판내지진이라고 한다.

인공적 원인에 의해 지진이 발생하기도 하는데 화석연료나 지하수의 개발, 저수지, 인공적인 폭발, 큰 건물의 붕괴 등에 의한 것이 있으며, 암석 사이의 공극에 물이 차거나 빠지거나 하면 암석의 강도가 변하기 때문에 지진이 발생할 수 있다.

지진의 발생원인은 크게 탄성반발설과 판구조론적 지진발생설로 나누어지는데 현재는 판구조론적 이론이 지진 발생원인에 근접한 이론으로 평가되고 있다.

(1) 탄성반발설(elastic rebound theory)

이 이론은 1906년에 캘리포니아 대지진이 발생했을 때, H. F. Reid가 산안드레아스 단층을 조사하여 지진의 원인을 규명한 것이다. 이는 지면에 기존의 단층이 존재한다고 가정하고, 이 단층에 가해지고 있는 힘에 어느 부분이 견딜 수 없게 되는 순간 급격한 파괴를 일으켜 지진이 발생한다는 것으로 당시에는 큰 지지를 받았다.

(2) 판구조운동론(plate tectonics)

1960년대 후반에 등장한 학설로 지구의 표층이라고도 하는 수십km 혹은 그 이상의 두께를 가진 암석권은 태평양판, 북미판, 유라시아판 등 10여 개의 판으로 나누어져 있어 각각 매년 수cm 정도의 속도로 제각기 움직이고 있다. 이러한 상대운동으로 인해 주로 판 경계 부근에서 지진이 발생하지만 경계 부근의 판 내부(intraplate earthquakes)에서도 발생하고 있다.

일본의 지진은 대부분이 태평양 쪽에서 발생하고 있는데, 이것은 판경계(inter-plate earthquakes)지진으로서 태평양판이 유라시아판 밑으로 충돌 침강하고 있기 때문이다. 이 이론은 대규모 수평면 운동이 지진, 화산 및 조산현상의 원인임을 설명하는 것이다.

3) 진원과 진앙

(1) 진원(hypocenter)

지진이 실제로 발생한 땅 속의 위치를 말하며, 지반의 파괴가 시작된 곳으로 지진파가 발생한 지점을 의미하며 거리와 깊이의 의미가 포함되어 있다. 진원거리는 지진을 관측한 장소에서 지하의 지진이 발생한 지점까지의 직선거리를 의미한다.

(2) 진앙(epicenter)

진원으로부터 연직 방향에 있는 지표상의 지점으로 진앙지는 인근 지명을 사용하여 붙여진다. 예를 들면, 1996년에 발생한 영월지진 하면, 이 지진의 진앙지가 영월 부근이라는 것을 의미한다. 진원과 진앙의 관계를 표현하면 그림 5.1과 같다.

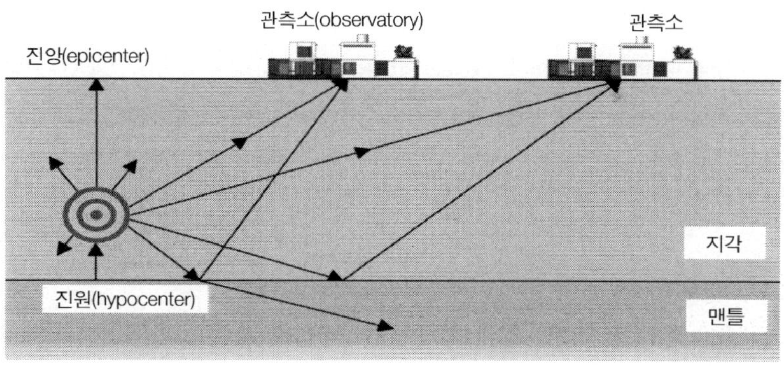

그림 5.1 진원과 진앙

4) 규모 및 진도

지진활동을 정량적으로 분석하기 위해서는 지진이 어디에서 발생하는가 하는 문제 이외에도 지진의 크기 또는 발생에 수반된 에너지에 관한 분석이 필요하다. 지진의 크기는 보통 두 가지 척도인 규모(magnitude)와 진도(intensity)로 표현한다.

(1) 지진의 규모

1935년에 미국의 지진학자 리히터(Richter)는 지진의 크기를 지진에너지의 정량적인 표현을 사용하여 표시하였고, 이것을 리히터 스케일이라고 부른다. 규모는 계측관측에 의해 계산된 객관적 지수이며 지진계에 기록된 지진파의 진폭과 발생 지점까지의 진앙거리를 이용하여 계산한다.

리히터 스케일 1의 강도는 60t의 폭약(TNT)의 힘에 해당되며 지진규모가 1.0 증가하면 약 32배의 지진에너지가 증가하게 된다.

우리가 일반적으로 체험하는 지진의 규모(M)는 4~5 정도이고, 가옥이 무너질 정도의 대지진이라면 규모(M)가 7~8 정도이다. 또한 사상 최대라고 하는 칠레(Chile) 지진(1960년)의 규모(M)는 9.5 정도였다.

표 5.11 규모와 최대 지반가속도와의 관계

규모(magnitude)	최대 지반가속도 (g = 980cm/sec^2)	최대 지반속도 (cm/sec^2)
4.0	0.015 ~ 0.02	1 ~ 2
4.5	0.03 ~ 0.04	2 ~ 5
5.0	0.06 ~ 0.07	5 ~ 8
6.0	0.1 ~ 0.15	8 ~ 12
6.5	0.25 ~ 0.3	20 ~ 30
7.0	0.5 ~ 0.55	45 ~ 55
8.0 8.5 9.0	0.6	60 이상

(2) 지진의 진도

진도는 어떤 장소에서 지진동의 강약을 인체의 감각과 주위의 물체나 구조물의 흔들림 정도를 수치로 표현한 것으로, 정해진 설문을 기준으로 계급화한 척도이다.

진도 표시 체계에는 JMA(Japan Meteoralogical Agency)라고 부르는 일본 기상청의 진도계급(0~Ⅶ), 유럽의 RF(로시-포렐) 진도계급(Ⅰ~Ⅹ), 그리고 아메리카대륙에서 최근 많이 사용하고 있는 MM(Modified Mecalli) 진도계급(Ⅰ~Ⅻ), 이밖에 동유럽에서 러시아를 중심으로 발달한 MSK(Ⅰ~Ⅻ) 진도계급 등이 있다.

따라서 진도계급은 세계적으로 통일되어 있지 않으며 나라마다 실정에 맞는 척도를 채택하고 있다. 기상청은 과거 일본 기상청 계급(JMA Scale : 1949)을 사용하여 왔으나 2001년 1월 1일부터는 미국에서 시작되어 여러 나라가 사용하는 표 5.12와 같이 수정메켈리 진도계급(MMI scale : 1931, 1956)을 사용한다.

표 5.12 MMI 진도 등급표

진도	가속도 계수(g)	설 명
I		특별히 좋은 상태에서 극소수의 사람을 제외하고는 전혀 느낄 수 없다. 지진계에만 감지되는 경우가 많다.
II		소수의 사람들, 특히 건물의 위층에 있는 소수의 사람들에 의해서만 느껴진다. 매달린 물체가 약하게 흔들린다.
III		실내에서 현저하게 느끼게 되는데, 특히 건물의 위층에 있는 사람에게 더욱 그렇다. 그러나 많은 사람들이 지진이라고 인식하지 못한다. 정지하고 있는 차는 약간 흔들린다. 트럭이 지나가는 것과 같은 진동이 있고 지속시간이 산출된다.
IV	0.015~0.02	낮에는 실내에 서 있는 많은 사람들이 느낄 수 있으나 실외에서는 거의 느낄 수 없다. 밤에는 일부 사람들이 잠을 깬다. 그릇, 창문, 문 등이 흔들리며 벽이 갈라지는 소리가 난다. 대형 트럭이 벽을 받는 느낌을 준다. 정지하고 있는 자동차가 뚜렷하게 움직인다.
V	0.03~0.04	거의 모든 사람들이 지진동을 느낀다. 많은 사람들이 잠을 깬다. 그릇, 창문 등이 깨지기도 하며, 어떤 곳에서는 회반죽에 금이 간다. 불안정한 물체는 넘어진다. 나무, 전신주 등 높은 물체가 심하게 흔들린다. 추시계가 멈추기도 한다.
VI	0.06~0.07	모든 사람들이 느낀다. 많은 사람들이 놀라서 밖으로 뛰어 나간다. 무거운 가구가 움직이기도 한다. 벽의 석회가 떨어지기도 하며, 피해를 입는 굴뚝도 일부 있다.
VII	0.10~0.15	모든 사람들이 밖으로 뛰어 나온다. 설계 및 건축이 잘된 건물에의 피해는 무시할 수 있는 정도이지만 보통 건축물에서는 약간의 피해가 발생한다. 설계 및 건축이 잘못된 부실 건축물에서는 상당한 피해가 발생한다. 굴뚝이 무너지며 운전 중인 사람들도 지진동을 느낄 수 있다.
VIII	0.25~0.30	특별히 설계된 구조물에는 약간의 피해가 있고, 일반 건축물에서는 부분적인 붕괴와 더불어 상당한 피해를 일으키며, 부실 건축물에서는 피해가 아주 심하다. 창틀로부터 창문이 떨어져 나간다. 굴뚝, 공장 물품더미, 기둥, 기념비, 벽들이 무너진다. 무거운 가구가 넘어진다. 모래와 진흙이 약간 분출된다. 우물물의 변화가 있다. 차량 운행을 하기가 어렵다.
IX	0.50~0.55	특별히 잘 설계된 구조물에도 상당한 피해를 준다. 잘 설계된 구조물의 골조가 기울어진다. 구조물에 부분적 붕괴와 함께 큰 피해를 준다. 건축물이 기초에서 벗어난다. 지표면에 선명한 금 자국이 생긴다. 지하 송수관도 파괴된다.
X	0.60 이상	잘 지어진 목조 구조물이 부서지기도 하며, 대부분의 석조건물과 그 구조물이 기초와 함께 무너진다. 지표면이 심하게 갈라진다. 기차선로가 휘어진다. 강둑이나 경사면에서 산사태가 발생하며 모래와 진흙이 이동한다. 물이 튀며 둑을 넘어 흘러내린다.
XI		남아 있는 석조 구조물은 거의 없다. 다리가 부서지고 지표면에 심한 균열이 생긴다. 지하 송수관이 완전히 파괴된다. 지표면이 침하하며, 연약지반에서는 땅이 꺼지고 지면이 어긋난다. 기차선로가 심하게 휘어진다.
XII		전면적인 피해가 발생한다. 지표면에 파동이 보인다. 시야와 수평면이 뒤틀린다. 물체가 공중으로 튀어 나간다.

(3) 규모와 진도와의 관계

"규모"와 "진도"의 관계는 마치 빛에서의 "광도"와 "광조도"의 관계에 대응된다. 즉, 어느 지역에서 진동을 느끼지 못해 진도가 0일지라도 지진 시 절대적인 크기의 규모는 정해져 있는 것이다. 예를 들면, A장소에서 규모 4.8인 지진이 발생하였을 때, 진앙인 A에서는 진도 Ⅵ, 50km 떨어진 B장소에서는 진도 Ⅲ, 그리고 200km 떨어진 C장소에서는 진도 0이라는 표현에서와 같이 하나의 규모값에 대하여 여러 진도값이 있는 것이다. 규모와 진도는 진동의 세기와 진원의 깊이, 지반의 특성, 구조물의 형태, 그리고 거주상황에 따라 진도가 다르게 평가될 수 있으므로 1대 1의 관계를 가지고 있지 않다. 표 5.13은 진도 등급과 규모의 관계를 서로 비교하여 표현한 것이다.

표 5.13 진도 등급과 규모와의 관계

구분												
진도	MM	Ⅰ	Ⅱ	Ⅲ	Ⅳ	Ⅴ	Ⅵ	Ⅶ	Ⅷ	Ⅸ	Ⅹ	Ⅺ	Ⅻ
진도	JMA	Ⅰ	Ⅱ	Ⅲ	Ⅳ	Ⅴ	Ⅵ	Ⅶ					
진도	RF	Ⅱ	Ⅲ	Ⅳ	Ⅴ	Ⅵ	Ⅶ	Ⅷ	Ⅸ	Ⅹ			
진도	MSK	Ⅱ	Ⅲ	Ⅳ	Ⅴ	Ⅵ	Ⅶ	Ⅷ	Ⅸ	Ⅹ	Ⅺ	Ⅻ	
규 모		2	3	4	5	6	7	8					

5.2.2 국내 · 외 지진 발생 현황

1) 국외의 지진

세계의 지진 분포는 그림 5.2와 같이 판과 판의 경계부를 중심으로 집중되어 있다. 지진 발생이 가장 활발한 지진대는 표 5.14와 같이 뉴질랜드에서 필리핀, 일본, 아메리카 대륙의 서해까지 펼쳐 있는 환태평양 지진대이고, 다음으로 지중해 북부에서 소아시아, 중아아시아, 중국대륙, 인도북부, 인도네시아까지 잇는 아시아–유럽 지진대이다. 이와 같이 지진이 많이 발생하는 지역은 대륙과 대양의 경계지대이며 대륙의 중심부나 대양의 중심부에서는 많이 발생하지 않는다.

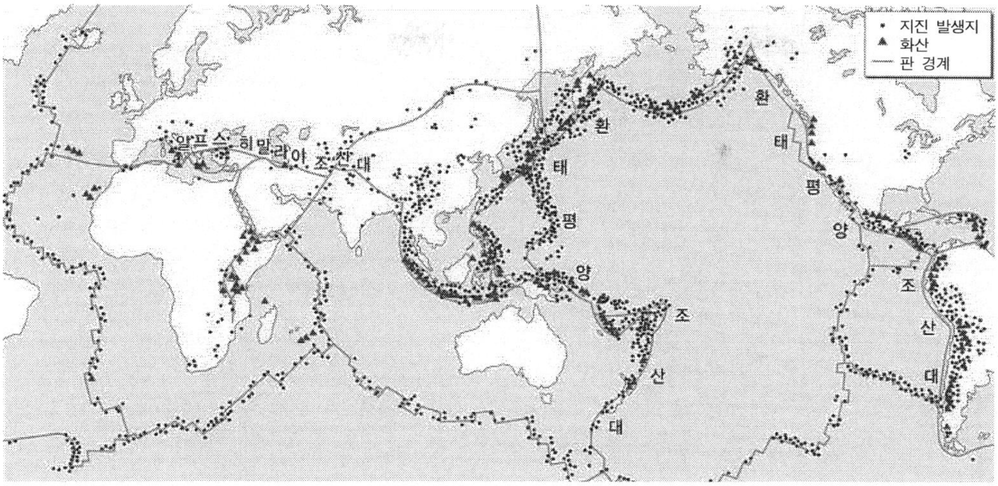

그림 5.2 지진활동 분포도(oxford 2008)

표 5.14 세계의 주요 지진대

주요 지진대	발생횟수(%)
환태평양 지진대(뉴질랜드-파푸아뉴기니-필리핀-일본-알류샨 열도-아메리카 대륙의 서해안)	835(40.7%)
아시아-유럽 지진대(지중해 북부-소아시아-중앙아시아-중국 내륙-인도 북부-말레이시아-인도네시아-셀레베즈 섬)	219(10.7%)
대서양의 해저산맥을 따라서 발달한 지진대	385(18.8%)
홍해에서 인도양을 횡단하는 지진대	214(10.4%)
아프리카 동쪽을 연한 지진대	166(8.1%)
기타	231(11.3%)

지진에 의한 피해는 다른 재해에 비하여 파괴의 규모나 인명피해의 정도가 매우 크다. 그동안 세계 각지에서 지진으로 인하여 많은 인명 및 재산피해를 가져왔으며 1900년 이후 세계의 대표적인 지진 발생 사례는 표 5.15와 같다.

표 5.15 1900년 이후 세계의 대표적인 지진 발생 사례(USGS)

순서	발생 지역	발생 년월일	규모(M)
1	칠레(Chile)	1960.05.22	9.5
2	알래스카 대지진(Great Alaska Earthquake)	1964.03.28	9.2
3	북부 수마트라 서부해안(Off the West Coast of Northen Sumatra)	2004.12.26	9.1
4	일본, 혼슈 동해안 부근(Near the East Coast of Honshu)	2011.03.11	9.0
5	캄차카반도(Kamchatka)	1952.11.04	9.0
6	칠레 마울레 해안(Offshore Maule, Chile)	2010.02.27	8.8
7	에콰도르 해안(Off the Coast of Ecuador)	1906.01.31	8.8
8	알래스카, 랫 제도(Rat Islands)	1965.02.04	8.7
9	인도네시아, 북부 수마트라(Northern Sumatra)	2005.03.28	8.6
10	티베트, 아삼(Assam)	1950.08.15	8.6
11	북부 수마트라 섬 서쪽 해안(Off the west coast of northern Sumatra)	2012.04.11	8.6
12	알래스카, 안드레아노프 제도(Andreanof Islands)	1957.03.09	8.6
13	인도네시아, 남부 수마트라(Southern Sumatra)	2007.09.12	8.5
14	인도네시아, 반다 해(Banda Sea)	1938.02.01	8.5
15	캄차카반도(Kamchatka)	1923.02.03	8.5
16	칠레 아르헨티나 국경(Chile-Argentina Border)	1922.11.11	8.5
17	쿠릴 열도(Kuril Islands)	1963.10.13	8.5

2) 국내의 지진

판 구조론적 입장에서 볼 때 한반도는 유라시아판 내부에 위치해 있으며 지진활동은 판 내부 지진활동의 범주에 속한다. 따라서 한반도의 지진활동은 판 구조론적 입장에서는 지진활동을 설명할 수 없고 판 내부에서 지진이 발생하는 특성을 보여준다.

지진자료는 크게 두 가지로 분류할 수 있는데, 하나는 역사적 문헌에서 찾아 볼 수 있는 역사지진이고, 또 하나는 지진계에 의해서 탐지되는 계기지진이다.

서기 2년부터 1905년 인천에 국내 최초로 지진계가 설치되기까지 지진이 기록된 역사자료로는 삼국사기, 고려사절요, 조선실록, 승정원일기, 증보문헌비고 등이 있다. 이러한 역사 지진자료는 그 당시의 인구밀도 분포 상태와 밀접한 관계가 있고 수도지역인 경주, 서울, 평양, 개성, 부여, 공주 등지를 중심으로 기록되어 있다.

지진 발생 빈도는 매우 불규칙하다. 세기별 분포는 표 5.16과 같고, 이 표에서처럼 한반도는 14~17세기에 지진활동이 활발하다가 18세기 중엽부터 조용한 지진 진정기에 들어갔다. 이것은 판 내부 지진활동의 불규칙성을 잘 말해주고 있다.

표 5.16 한반도에서 발생한 지진횟수

기간(년)	총지진 횟수	지진횟수 (MM 진도 Ⅶ 이상)	기간(년)	총지진 횟수	지진횟수 (MM 진도 Ⅶ 이상)
1 ~ 100	12	4	1001 ~ 1100	30	5
101 ~ 200	11	1	1101 ~ 1200	18	1
201 ~ 300	10	–	1201 ~ 1300	43	–
301 ~ 400	7	3	1301 ~ 1400	79	3
401 ~ 500	6	2	1401 ~ 1500	245	19
501 ~ 600	6	2	1501 ~ 1600	681	47
601 ~ 700	14	1	1601 ~ 1700	380	64
701 ~ 800	23	3	1701 ~ 1800	212	22
801 ~ 900	9	–	1801 ~ 1900	57	1
901 ~ 1000	9	1	1901 ~ 1992	561	11

우리나라는 1905년 최초로 인천에 지진계가 설치된 후 1945년 해방 전까지 인천, 서울, 부산, 대구, 평양, 추풍령 등 6개 지진관측소를 설치하였고, 이 기간 중 한반도에서 발생한 지진들의 일부에 대하여 진앙, 규모 등에 대한 정량적인 분석이 가능해졌다.

그 후 1945~1962년까지 공백기간이 지속되다가 1963년 미국의 USGS에서 국제표준지진계를 설치한 후 서울, 강릉, 춘천, 서산, 대전, 광주, 울진, 부산, 제주 등에 추가로 설치되었다.

최근 한반도의 지진활동은 약 200년 동안 지진정지기(seismic gap)였다가 20세기부터 다시 활발해지기 시작했다. 고려시대 이후 MM 진도Ⅴ 이상의 주요 지진은 경상도 및 충청도 일대의 역사지진과 계기지진을 관측할 수 있었으나 경기도, 서울지역에서는 과거에는 지진이 많이 발생하였음에도 불구하고 최근에는 뚜렷한 계기지진이 하나도 관측되지 않았다. 즉, 남부지역은 변형에너지의 축적과 방출이 어느 정도 균형을 이루었다고 볼 수 있으나 중부지역은 1992년까지 에너지의 축적만이 지속되어 온 지진정지기로 간주된다.

한반도가 판 경계에서 다소 떨어진 유라시아판 내부에 위치해 일본보다 발생 빈도는 낮지만 실제 조선왕조실록 등 문헌에는 2,000회에 달하는 지진이 기록돼 있다.

779년 4월 경주에서 진도 6.5 규모의 지진이 발생해 100여 명이 사망했고, 1518년 7월 서울에서 6.5 규모의 지진으로 가옥이 붕괴되기도 했으며, 1643년 7월에도 울산에 7.0 규모의 지진으로 봉화대와 성벽이 무너졌고 1810년 2월 청진에서는 6.5 규모 지진에 의해 사람과 가축이 압사하기도 했다.

그동안 한국에서 발생한 최대 규모의 지진은 1978년 충북 속리산과 2004년 경북 울진 앞바다에 발생한 진도 5.2 규모였다. 또한 1978년 충남 홍성과 2003년 인천 백령도 앞바다에서도 규모 5.0의 지진이 발생했는데, 특히 홍성 지진 당시 2명이 다치고 건물 118동이 파손됐으며 건물 1,000여 개에 균열이 생겼다.

최근 한반도 주변의 지진 발생 횟수가 증가하는 추세이며 연평균 지진 발생 횟수는 1978~1996년까지 16회에 불과했지만, 1997년부터 2010년까지 41회로 급증했다.

5.2.3 지진피해의 종류 및 사례

지진으로 인한 일반적인 현상은 지반의 진동에 따른 인접 건물의 진동, 지표면의 붕괴, 해일, 홍수, 화재 등 다양하며, 이로 인한 인명 및 재산피해의 정도는 지진 강도에 따라 다양하다.

지진에 의한 건축물의 피해는 크게 두 가지로 구분할 수 있는데, 하나는 진동에 의한 피해이고, 또 다른 하나는 기초변형에 의한 피해이다. 그러나 지진 시

각기 독립적으로 피해가 일어나는 현상은 드물고 상기 원인이 복합적으로 일어나는 경우가 많다.

지진에 의해 나타나는 피해현상을 크게 분류하면 다음과 같으며, 이 중에서 건축물에 피해원인을 중심으로 기술하고자 한다.

1) 지면변동에 의한 피해

산사태, 단층, 지반의 융기, 함몰, 침강 등에 의한 피해를 말하며, 지면변동에 의한 구조물은 입지조건, 환경조건 등을 고려하여 2차적인 피해를 최소화해야 한다.

지면변동에 의한 지진피해의 예로는 일본의 노비단층(상하 6m, 수평 2m), 알래스카 지진 시의 광범위한 산사태, 산 페르난도 지진 시의 단층지대의 피해 등이다. 1970년에 페루의 산악지대에서 발생한 지진은 14km에 걸친 산사태를 촉발시켜 40,000명에 달하는 인명손실을 가져왔다.

2) 지진해일에 의한 피해

해저에서 수직단층운동이 일어나거나 연약한 퇴적지층이 잘 발달된 해저에서 지진이 발생한 경우 해수에 진동이 전달되어 파도를 일으키게 되며, 이러한 해면파를 지진해일이라고 한다.

파도가 해안에 도착하면 파고가 급속히 증가하면서 해안에 큰 피해를 일으킨다. 지진해일의 피해를 최소화하기 위해서는 방파제, 방조림 등의 시설을 하는 것 이외에 마을을 고지대로 이전하는 방법 등이 있다.

지진해일에 의한 피해의 예로써 칠레 서해안에서 발생한 지진해일이 하와이와 일본 동해안까지 피해를 주었으며, 1896년 일본 북동 해안의 산리쿠 근처에서 발생한 지진에 의한 지진해일의 파고는 10여m에 달했다.

3) 지진 시 화재에 의한 피해

지진 시에는 지반의 붕괴나 진동으로 인하여 누전 또는 가스관의 파열이 일어나 화재가 발생한다. 도시 과밀지대의 지진피해 중 가장 피해를 주는 요인으로 인해 사상자율이 높다. 1906년 샌프란시스코 지진, 1923년 동경지진, 그리고 1995년 고베지진의 경우에도 화재가 주 피해요인이었다.

4) 지진동에 의한 구조물의 진동피해

지진은 지각이 진동하는 현상이며, 지진이 발생하면 지반은 상하좌우 모든 방향으로 움직인다. 그러나 건물에 피해를 주는 것은 지반의 지표면과 나란한 방향(수평방향)으로 움직이는 경우인데, 이는 모든 건물이 일차적으로 연직하중에 저항할 수 있도록 설계되어 상하 방향의 지반진동에 대해서는 상당한 저항력을 갖기 때문이다.

구조물의 진동에 의한 파괴형식은 건물 전체의 전도, 활동 등과 구조물의 각부 파손에 수반되는 붕괴, 경사파손 등으로 나누어진다.

전도의 예로는 철도의 플랫폼, 지붕, 담장, 수조 등 상부가 무거운 구조물 등이 있고, 기초의 휨 저항력이 약하며 수평력에 내진요소가 약한 단순구조물 등에서 많이 볼 수 있다.

골조파괴에 대한 원인은 전단력에 대한 강도부족에 의해 비교적 저진폭의 지진에서 파괴되는 경우와 진동이 증폭하여 과도한 변형에 대해 부재가 항복파괴를 일으키는 경우로 나누어진다.

지진동에 의한 구조물의 피해원인을 살펴보면 다음과 같다.

(1) 기둥의 취성파괴(brittle failure)

기둥의 축방향 철근 간격이 너무 좁거나 후프철근의 간격이 넓을 때, 기둥 주근의 좌굴이 발생하여 기둥에 압축파괴가 발생한다(그림 5.3 참조).

(2) 짧은 기둥(short column)의 전단파괴

조적벽이나 깊이가 큰 보에 의해 기둥의 변형구간이 짧아지면 기둥의 휨항복이 일어나기 이전에 전단파괴가 발생하며, 기둥에 횡철근이 보강되지 않는 경우 건물 전체가 붕괴에 이를 수 있다(그림 5.4 참조).

(3) 구조물의 비정형성

구조물의 질량이나 강성이 비대칭인 경우 구조물에 비틀림이 발생하여 건물의 파괴나 전도가 일어나기 쉽다(그림 5.5 참조).

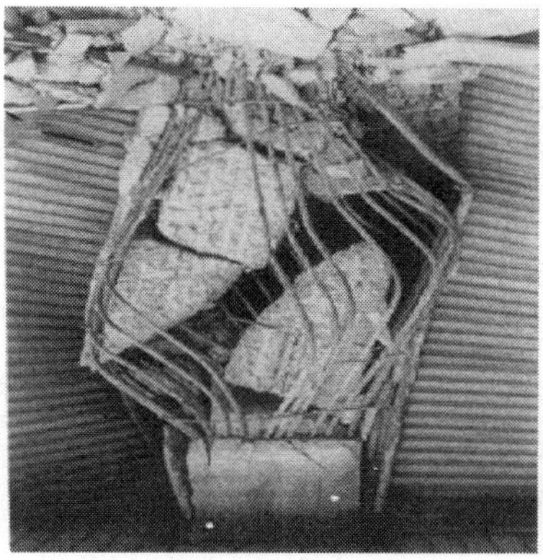

그림 5.3 기둥의 취성파괴

그림 5.4 기둥의 전단파괴

그림 5.5 구조물 전도

(4) 구조 부재의 불연속성

구조물의 횡력 저항 시스템에 있어서 각 부재에 작용하는 지진동에 의해 발생하는 관성력은 바닥, 수직 부재 및 기초와 지반에 연속해서 전달되어야 한다. 구조 부재의 불연속성은 구조 시스템 전체의 붕괴를 초래할 수 있다.

(5) 인접 건물에 대한 근접성

건물이 서로 인접해 건설되었을 경우, 건물 사이의 충돌에 의해 구조 부재의 손상으로 인한 건물의 전도 등의 피해가 발생할 수 있다.

(6) P-delta 효과

중력 방향의 하중이 크고 구조물의 유연성이 큰 경우, P-delta 효과에 의한 기둥의 2차 변형으로 구조물의 피해가 발생할 수 있다(그림 5.6 참조).

(7) soft story(약층)

구조물의 하부층에 조적채움벽이 설치되지 않거나 층고가 높아져 기둥 길이가 길어지는 등 상부층에 비해 구조물의 강성을 작게 설계했을 경우, 1층 필로티와 같이 하부의 파괴가 발생할 수 있다(그림 5.7. 참조).

그림 5.6 기둥의 P-delta 효과에 의한 피해

그림 5.7 1층 약층 필로티의 파괴

(8) 부동침하

지반의 부동침하는 직접적인 피해를 줄 뿐만 아니라 구조물의 고유진동수와 비슷할 경우 공진현상에 의해 피해가 증가하며, 연약지반에서는 고층건물이 암반에서는 저층건물이 지진의 영향을 더 크게 받는다.

(9) 기타

구조설계 시 고려하지 않은 비내력벽, 계단 및 과다한 질량이 구조물의 동적 거동을 변화시켜 파괴가 일어날 수 있다. 또한 구조물 간의 충돌, 지진의 전파 과정에서 연약지반에 의한 지진파의 증폭현상 등에 의해 구조물의 피해를 유발할 수 있다.

5.2.4 지진피해 시설물의 조사 및 안전성 판정

1) 개요

지진 발생 이전에 건물의 내진성을 진단하고, 필요하다면 보강하는 것이 바람직하지만, 불행히도 보강 전에 지진이 발생하여 건물에 피해를 입힐 수도 있다.

여기에서는 지진피해를 받은 철근 콘크리트 시설물의 진단 및 안전성 판정방법에 대해 서술하였다.

2) 지진피해 조사

지진피해가 발생한 직후에는 건물의 붕괴나 인명피해를 막기 위해 신속한 조치를 취한 후, 건물의 안정성이 확보된 이후에 그 피해를 최소화하기 위해 피해시설물의 잔존기능을 조사한다.

조사 결과에 따라 보수 · 보강 및 철거 여부를 결정하고, 만약 보수 · 보강 후 재사용이 가능하다면 비용 및 공기를 고려하여 가장 적절한 보수 · 보강공법을 선정한다. 이러한 조사 과정 중에 모든 사항을 고려하여 가장 적절한 방법을 찾아야 한다.

지진피해 조사는 표 5.19의 지진피해 조사표를 사용하여 노후화 건물의 일반 안전점검 · 진단 시 수행되는 균열, 변형 조사 등 공통 조사를 우선적으로 수행하며 신속한 복구를 위해서 필요한 추가 조사를 한다. 시설물을 사용하면서 복구공사를 행하는 경우에는 시간의 시급성이나 공간의 제한 등을 고려하여 사용상황의 조사 등 정밀하고 광범위한 조사를 행할 필요가 있다.

지진피해 조사 시 주요 고려대상은 다음과 같다.

(1) 기존 건물의 피해 전 자료 조사

본 조사는 건물의 개요 및 규모, 마감 개요, 사용이력, 재해경험 등의 항목을 중심으로 수행한다.

① 콘크리트 및 철근의 재료 종별, 재료강도 등

② 구조체 치수

③ 철근배근 상황

④ 2차 부재의 상세

⑤ 지진 발생 시 적재하중

⑥ 설계 혹은 시공의 상태

⑦ 설계도서, 공사기록 등의 서류 조사

(2) 지진피해에 의한 건물 손상도 조사

변형, 균열 상태, 파괴 상태 및 피재경험의 흔적 등을 중심으로 아래와 같은 사항을 조사한다.

① 기둥, 보, 내진벽의 전 부재의 손상도의 조사와 분류 및 손상의 구체적인 상황 파악(필요시 마감재 철거)

② 잔류 수평변형, 슬래브의 침하량, 건물의 전체 경사량의 정도

③ 기초, 말뚝, 슬래브, 2차 부재의 피해상황

④ 기타 피해원인에 관계되는 사항의 조사

(3) 재료강도의 조사

재료강도에 대해서는 설계도서에 기술되어 있으나, 건설 후 시간경과에 따른 노후화 등의 문제를 무시할 수 없는 경우에 조사를 실시한다. 이러한 조사 결과는 진단 및 보강설계 시의 재료강도와 경년변화 등에 반영된다.

(4) 기타 조사

현 시설물의 지진피해와 관련이 있는 모든 사항 등을 조사한다.

① 도로사정

② 각종 설비

③ 물, 화기 혹은 열 등의 사용제한

④ 기상 상황

⑤ 기타 특수조건

3) 지진피해 등급의 판정

지진피해 조사 완료 후, 각 부재의 손상도를 표 5.17에 근거하여 전체 건물과 개별 구조 부재의 피해상황을 고려하여 피해 등급을 결정한다.

피해 등급은 5등급(A–E)으로 분류하고 있으며 E등급으로 갈수록 피해 정도가 심한 것을 말하고, 각각의 등급은 전체 건물, 기둥, 보, 벽체, 비내력벽 등 주요 구조재를 중심으로 세분하여 구분한다.

표 5.17 지진피해 등급에 따른 구조물의 피해 양상

분류 / 구조물	지진피해 등급				
	A(경미)	B(소파)	C(중파)	D(대파)	E(반괴, 전괴)
전체 건물	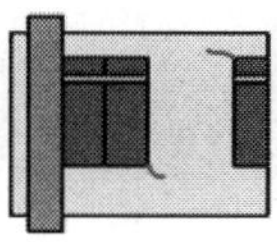	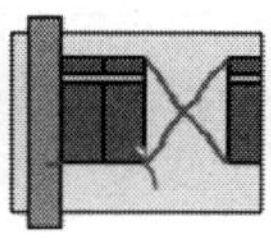	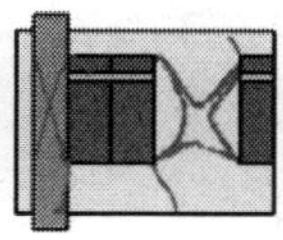	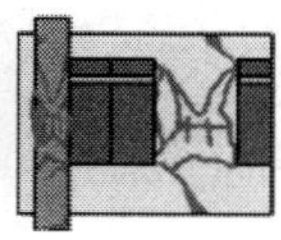	붕괴
기둥	무피해	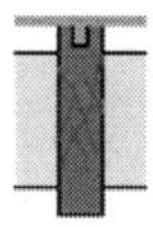	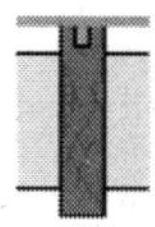	기둥 주근 좌굴 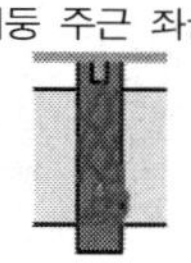	붕괴
보	무피해	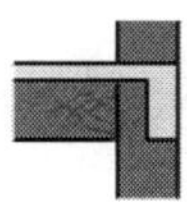		보 주근 항복 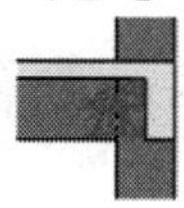	붕괴
벽체	무피해	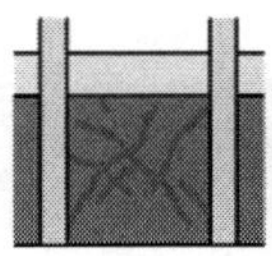	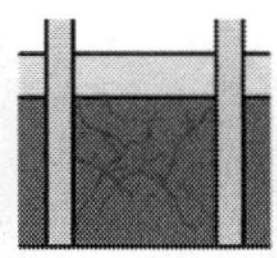	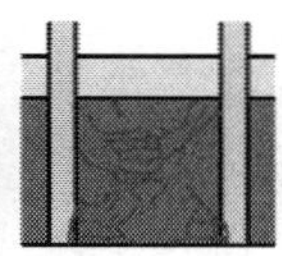	붕괴
비내력벽	무피해	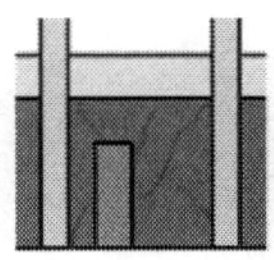	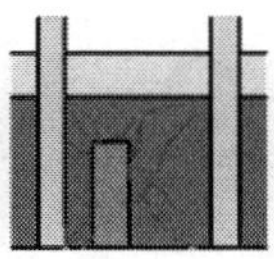	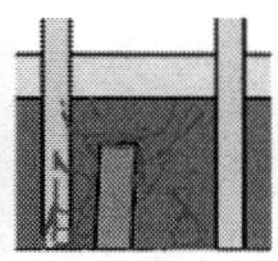	붕괴

4) 지진피해 시설물의 안전성 판정

시설물에 대한 피해 시설물의 항구 사용이 보수, 보강, 그리고 철거의 필요성 판정은 결정된 각 부재의 손상 등급에 따라 표 5.18의 피해손상 등급별 안전성 평가 기준에 근거하여 판정한다. 여기에서 C등급 이상에서는 보다 상세한 피해 조사 및 보수·보강법의 결정을 위해 구조전문가에 의한 정밀안전진단이 요구된다.

표 5.18 지진피해를 입은 시설물의 안전성평가 기준

<table>
<tr><th colspan="2">피해 등급</th><th>피해 상황</th><th>조치</th></tr>
<tr><td>A</td><td>무피해
(경미)</td><td>기둥, 보, 내력벽 등의 구조체, 비내력벽 등의 2차 부재 모두 대부분 손상이 없거나 있어도 경미한 것.</td><td>보수 불필요</td></tr>
<tr><td>B</td><td>소파</td><td>구조체의 손상은 비교적 경미하지만 2차 부재 휨 또는 전단균열이 있는 것. 구조내력상은 지장이 없는 것.</td><td>내력벽 등 2차 부재 보수</td></tr>
<tr><td>C</td><td>중파</td><td>구조체에 휨 또는 전단균열이 보이고, 더욱이 2차 부재와 함께 연결 복도 등 부속부분에 파괴가 보이는 상황</td><td>부분적인 구조체의 보수 또는 보강(정밀안전진단 요함)</td></tr>
<tr><td>D</td><td>대파</td><td>구조체에 휨 또는 전단파괴가 보이고 내력이 현저히 저하되었다고 생각되는 것.</td><td>대규모의 보수·보강 또는 철거(정밀안전진단 요함)</td></tr>
<tr><td rowspan="2">E</td><td>반괴</td><td>건물의 상단부분이 거의 원형을 회복할 수 없을 정도로 파괴된 것.</td><td>보강 또는 철거(정밀안전진단 요함)</td></tr>
<tr><td>전괴</td><td>건물 전체가 원형을 거의 회복할 수 없을 정도로 파괴, 건물의 전체 또는 일부가 붕괴한 것.</td><td>철거(정밀안전진단 요함)</td></tr>
</table>

또한 영구적으로 사용하기 위한 보수·보강공사에 현저한 위험이 따르는 경우, 시설물 전체가 큰 피해를 입어 보수·보강 공사비가 방대한 경우, 또한 다량의 보수에 의한 중량 증가가 크고 시설물 기초의 안전성이 확보되지 않은 경우에는 구조전문가와 협의한 후 시설물의 철거를 우선적으로 결정한다.

표 5.19 지진피해 조사표

<table>
<tr><td>작성 시
주의사항</td><td colspan="4">* 각 부재별 피해 등급은 등급분류표를 참조하여 판단
* 피해 조사 시 도면을 첨부하여 증상, 피해부위, 범위 등을 표기
* 응급조치사항에는 사용제한, 긴급보강 유무 등을 표기
* 종합의견에는 결정된 안전성평가 등급에 대한 종합적인 의견 명기</td></tr>
<tr><td rowspan="2">건물명
(소재지)</td><td rowspan="2"></td><td rowspan="2">분류</td><td>종 류</td><td></td></tr>
<tr><td>용 도</td><td></td></tr>
<tr><td>구조형식</td><td>철근 콘크리트조</td><td colspan="2">조사대상 층수</td><td></td></tr>
<tr><td>지진규모</td><td></td><td colspan="2">진원지</td><td></td></tr>
<tr><td>재산피해</td><td colspan="4"></td></tr>
<tr><td>건물 개요
조사</td><td colspan="4">건물 개요, 규모, 마감 개요, 사용이력, 피재경험 등을 조사하여 별지 첨부</td></tr>
<tr><td>지진피해
조사 항목</td><td colspan="4">

피해증상	부재 손상도	변형	균열	기초피해	건물 전도	기타
조사 내용	손상도의 분류 및 구체적 상황 파악	수평변형, 슬래브 침하량, 건물 전체 경사량 등	양상, 폭, 깊이, 진전 유무	기초절단, 말뚝파괴 상황	비틀림에 의한 건물 전도 상황	화재, 폭발 등 기타 피해 조사

</td></tr>
</table>

<table>
<tr><td rowspan="2">분류</td><td colspan="3">조 사 현 황 표</td></tr>
<tr><td>조사내용(현 피해상황을 간략히 기술)</td><td>피해등급</td><td>특기사항</td></tr>
<tr><td>기둥</td><td></td><td></td><td></td></tr>
<tr><td>보</td><td></td><td></td><td></td></tr>
<tr><td>슬래브</td><td></td><td></td><td></td></tr>
<tr><td>벽체</td><td></td><td></td><td></td></tr>
<tr><td>계단</td><td></td><td></td><td></td></tr>
<tr><td>기초</td><td></td><td></td><td></td></tr>
<tr><td>비내력벽</td><td></td><td></td><td></td></tr>
<tr><td></td><td></td><td></td><td></td></tr>
<tr><td></td><td></td><td></td><td></td></tr>
<tr><td>응급조치
사항</td><td colspan="3"></td></tr>
<tr><td>종합의견</td><td></td><td>종합판정</td><td>A | B | C | D | E</td></tr>
</table>

생각해 보기

1. 화재 시 철근콘크리트의 온도변화에 따른 철근의 항복강도 변화에 대하여 설명하시오.

2. 화재 시 철근콘크리트의 온도변화에 따른 콘크리트의 압축강도 변화에 대하여 설명하시오.

3. 화재피해에 따른 등급 판정 시 구조적 안전성 판단 내용에 대하여 설명하시오.

4. 지진동에 의한 구조물의 진동피해 원인을 설명하시오.

제 6 장

구조물의 진동 및 계측

건물에서 발생하는 진동으로는 보행자나 기계에 의하여 건물의 바닥구조에서 유발되는 수직 방향의 진동과 강풍이나 지진 등에 의하여 건물 전체가 횡방향으로 진동하는 수평진동이 있다. 대부분의 경우는 이러한 진동이 미약하여 건물에 거주하는 사람이 진동을 느끼지 못하고 있으나 진동원이 강하게 작용하거나 구조물의 강성이 낮은 경우에는 진동량이 커져서 건물 내부에 거주하는 인간에게 불쾌감을 유발하거나, 건물 내에서의 여러 가지 작업성을 저해하고, 설비 · 기계류의 성능을 저해하기도 한다. 심지어는 지속적인 반복진동으로 인하여 건물의 안전까지도 위해하게 되므로 건물에 발생하는 진동에 대해서는 설계 시부터 철저한 대책을 수립하여 건물의 사용성 확보가 필요하다고 판단된다.

또한 많은 건설현장에서 지속적으로 발생하는 충격성 소음 · 진동은 단순한 불편함의 정도가 아니라 심각한 정신적 · 육체적 질병을 유발하는 공해로 인식되어 가고 있으며, 여러 가지 환경오염 문제 중에서도 가장 민감한 편이고 많은 민원이 제기되고 있다. 따라서 관련정부 부처인 환경부와 국토교통부에서도 이에 대해 많은 관심을 가지고 여러 가지 관련기준 제정과 대책 마련에 고심하고 있는 사항이다.

6.1 진동하중의 분류 및 특성

6.1.1 인간에 의한 진동

인간에 의해 유발되는 수직진동의 가진원의 유형으로는 보행하중, 뜀하중, 율동하중 등을 들 수 있다. 특히 이러한 인간의 주기적 행동은, 수직진동의 경우 가진 진동수 대역이 1.6Hz~5.0Hz 사이의 저진동수 영역에 집중된다는 점에서 구조물 설계 시 중요하게 고려되어야 한다.

사람의 보행을 그림 6.1과 같이 하중-시간함수로 나타낼 때 여기에 영향을 미치는 주요 매개변수는 보행빈도, 체중, 성별, 신발의 형태, 바닥의 표면 상태 등이다. 보행빈도는 하중함수의 진동수 성분을 결정하는 중요한 요소이다. 각 보행형태에 따른 보행빈도, 보행속도, 보폭 길이의 관계는 표 6.1과 같다.

(a) 보행하중 실험 전경

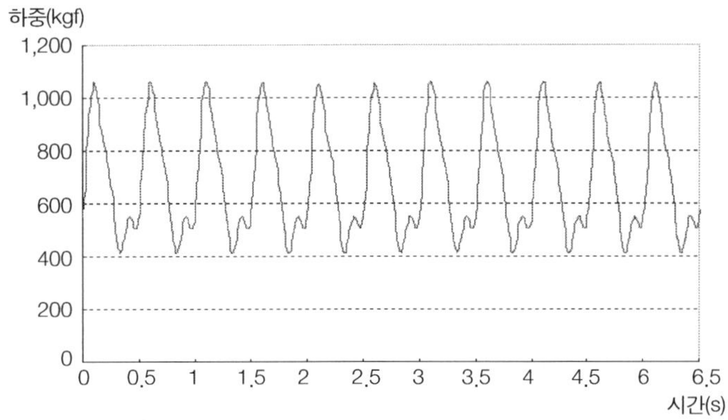

(b) 보행하중 함수

그림 6.1 보행하중 실험과 하중 함수

표 6.1 보행빈도, 보행속도, 보폭 길이의 상관관계

구분	보행빈도(Hz)	보행속도(m/sec)	보폭 길이(m)
느린 걸음	1.7	1.1	0.6
보통 걸음	2.0	1.5	0.75
빠른 걸음	2.3	2.2	1.0
천천히 달리기	2.5	3.3	1.3
빨리 달리기	3.2 이상	5.5	1.75

6.1.2 기계 및 외부 가진원에 의한 진동

1) 기계진동

생산, 가공기계 및 부대 기계설비가 가진원인 경우로 왕복운동이나 회전운동, 충격력이나 고온·고압 발생 등에 따른 진동이다. 이러한 기계는 조화하중, 주기하중, 과도하중, 그리고 충격하중을 발생시켜 구조물에 전달하고 구조 부재의 피로나 비구조 부재의 손상, 그리고 기계 자체의 성능저하 등과 같은 악영향을 미치게 된다.

공장에서 진동 발생의 원인이 되는 기계로는 단조기, 프레스, 주형조형기 등이 있으며, 이 중에서도 단조기의 진동은 압도적으로 크다. 단조기에서 5m 떨어진 거리에서의 진동레벨은 평균 81dB, 10m에서 78dB, 20m에서 75dB이다. 또한 단조기를 제외한 다른 기계들의 평균 진동레벨은 5m에서 68±4dB, 10m에서 64±4dB, 20m에서 60±4dB이고, 거리가 2배로 멀어질 때 3~5dB(평균 4dB) 정도 진동레벨이 감소하는 것으로 알려져 있다.

2) 도로교통진동

차량이 도로 위를 주행하면 신축 장치부의 단차나 노면의 요철 때문에 차량진동이 발생하고, 이 진동은 타이어를 매개로 노면에 동하중을 작용시키고 이것으로 인해 도로에서는 동적인 응답이 발생한다. 차량 주행에 의해 발생하는 도로의 동적응답은 일반적으로 정하중에 의한 응답보다도 크고 부재에서는 정적응력보다도 큰 응력이나 처짐이 발생한다.

도로교통진동의 주된 발생원은 덤프차, 대형 트럭, 버스 등의 중량차이고 승용차가 진동의 발생원이 되는 경우는 극히 드물다. 전체의 차종을 종합해 볼 때, 간선도로의 도로단에서 약 55±15dB, 20m까지 45±15dB, 40m까지 40±15dB의 진동레벨을 보이고 50m 이상 떨어지면 전체적으로 50dB 이하로 감소된다.

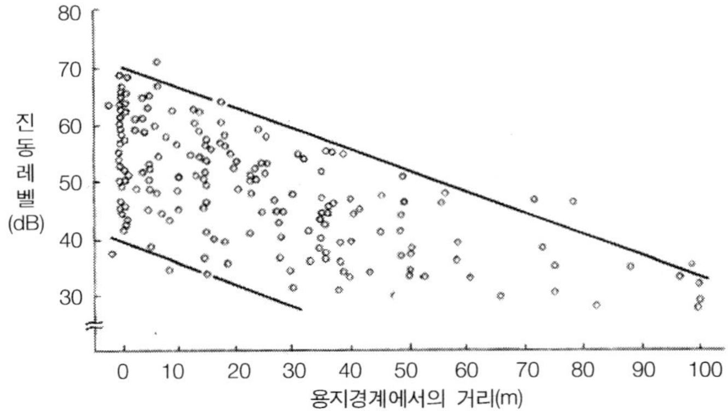

그림 6.2 도로교통진동의 실태(간선도로)

3) 철도진동

차륜과 레일 간의 철도에서 운행 중에 발생하는 진동은 지반과 암반을 통해 주변지역의 건물로 전파된다. 진동의 크기는 열차의 속도나 길이, 통과시간, 이격거리, 선로 상태나 종류 및 지반 상태, 전파경로 등에 따라 달라진다.

차량-레일에서 발생한 진동은 지반으로 전달되는데, 이 진동은 지반 속으로 여러 파의 형태로 전파되면서 인근 구조물에 영향을 주며, 이러한 진동레벨은 성토구조에서 10m에서 약 64~72dB, 20m에서 약 55~65dB 정도를 보인다.

참고로 일본 신간선에서 발생한 철도의 진동레벨은 그림 6.3과 같이 속도가 증가함에 따라 증가하지만 어느 한계속도(약 150km/h) 이상의 속도에서는 진동레벨이 일정하다고 보고되고 있으며, 열차속도가 감소할 시에도 반드시 진동이 감소하는 것이 아니라 시스템의 고유진동수와 공진으로 진동레벨이 증가하는 경우도 있다.

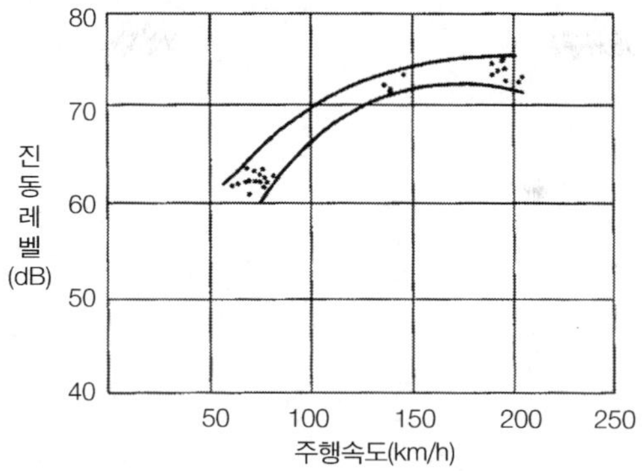

그림 6.3 신간선 철도진동과 속도와의 관계

4) 건설진동

건설진동에서 문제가 되는 것은 지면, 특히 건설장비로부터 그다지 멀지 않은 지역의 지면진동이다. 실제로는 지면의 진동보다 건물의 진동이 문제이지만 건물 내의 진동은 층수, 실의 위치, 주변 설치물의 유무 등에 따라 현저한 차이가 발생하므로 지표면상의 진동을 문제시하는 것이 일반적이다. 건설진동에 의해 우리의 생활공간에 피해를 주는 과정은 그림 6.4와 같다.

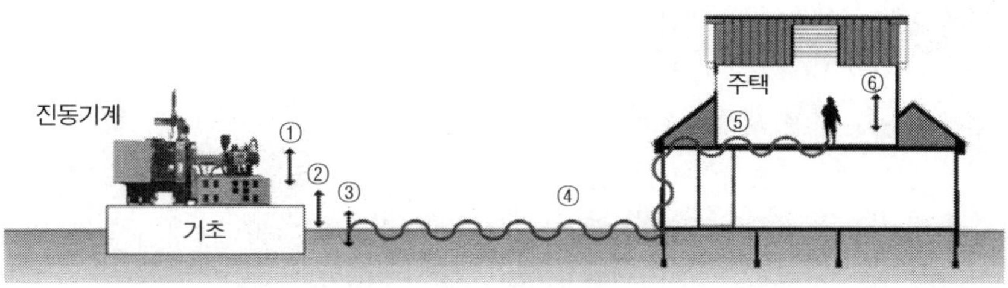

그림 6.4 건설장비로부터 건축물까지의 진동전파

그림에서 보면 건설장비에 의해 발생된 가진력은 기초를 진동시키고 지반을 통해 건축물을 진동시킴으로써 우리의 생활공간에 영향을 미쳐 사람들이 진동을 느끼게 된다.

진동을 측정하지 않고서 해당 현장에서 발생하는 진동의 크기를 미리 예측할 수 있다면, 그 진동이 구조물 및 양생 중인 콘크리트에 미치는 영향 등을 사전에 파악할 수 있을 것이다. 표 6.2에 건설장비에 따른 거리별 진동 발생량을 표시하였다.

5) 발파진동

최근 대부분의 건설산업 분야에서 90% 이상 사용되고 있는 화약에 의한 발파작업에 있어서 진동은 매우 중요한 부분이다. 폭약의 폭발로 그 가스압력이 주변 암반 전체에 큰 응력을 일으키게 되는데, 이것은 마치 젤리가 담긴 그릇에 숟가락으로 젤리에 충격을 주어 흔들리게 하는 것과 같다.

진동은 폭원을 중심으로 퍼져 나가며 특히 지반을 따라 전파된다. 따라서 진원지로부터 점점 멀어짐에 따라 기하급수적으로 확대되어 매질을 거치면서 점차 에너지의 위력이 감소한다. 그러나 가까운 지점에 존재하는 사람에게는 두려움을 일으키고, 건물과 설비 등의 손상을 일으키거나 건물 거주자의 사용성에 막대한 영향을 미칠 수도 있다. 특히 최근에 도심지나 주택가에 인접하여 지하공간을 이용하기 위한 각종 토목공사가 진행되면서 발파작업으로 인한 피해가 심각하여 잦은 민원의 대상이 되고 이것이 사회문제화 되고 있다.

암반굴착 시 발파를 하게 되면 충격파가 발생하는데, 이는 암반의 압축강도보다 더 큰 초기 폭발압에 의해 발생되어 암반 내의 소성영역을 거치지 않고 유체역학적으로 격동한다. 이런 충격파는 비탄성영역을 지나면서 속도가 줄어들고 안정된 유사 탄성영역에서 진동파 운동을 한다. 이때부터 진동파는 진로에 있는 매질을 교환할 만큼 충분한 에너지를 갖지 못하는데, 이 영역을 탄성영역이라 한다. 이 탄성영역에서 암반이 충격을 받게 되면 변형을 일으키게 되는데, 이때 암반이 갖고 있는 질량은 계속 변형하려 하나, 암반 내부에 갖고 있는 강성이 이 변형을 원래 상태로 되돌리려 한다. 이렇게 하여 암반이 평형 상태로부터 변형과 회복을 계속하게 되는데, 이것이 발파에 의한 탄성파이며 곧 발파진동인 것이다.

표 6.2 건설장비에 따른 발생 진동수치(한국소음진동공학회논문집, 2006)

기계명	동력 (HP)	상태	진동레벨(Leq.30s dB(V))				샘플수
			7.5m		15m		
			범위	평균	범위	평균	
굴삭기	<75	무부하	36.7	36.7	35.6	35.6	1
	75~140	무부하	24.1~39.0	33.5/28.9	20.1~37.2	31.4/24.7	4
	140~280	무부하	26.5~46.6	40.5/34.4	19.8~44.5	38.7/29.5	3
		작업	39.9~40.0	39.9/39.9	21.3	21.3	7
	>280	무부하	34.6	34.6	28.6	28.6	1
불도저	50~240	무부하	38.9	38.9	–	–	1
		작업	50.9~58.6	55.4/54.1	–	–	5
로우더	>140	작업	34.0~40.2	37.9/37.4	31.5~38.3	35.5/34.9	5
그레이더	120~170	작업	36.6	36.6	30.5	30.5	1
텐뎀 롤러	>75	작업	34.6	34.6	34.0	34.0	1
진동 롤러	>75	무진동 작업	16.6~42.1	36.1/27.5	16.3~25.3	21.7/20.4	10
		무진동 작업	51.8~76.9	73.8/69.5	57.6~74.0	70.5/67.4	12
타이어 롤러	>75	작업	17.6~29.3	26.3/24.1	17.2~30.8	27.3/24.5	3
탬핑 롤러	>75	무진동 작업	42.9	42.9	33.5	33.5	1
		무진동 작업	71.7	71.7	53.2	53.2	
마이티	180	무부하	45.3	45.3	38.1	38.1	1
		작업	66.5	66.5	59.9	59.9	
어스오거	–	무부하	45.9	–	–	–	5
		작업	40.1~68.0	61.1/55.4	36.4~58.9	53.0/43.9	13
		항타	53.5~55.9	54.7/54.6	46.9~54.8	52.4/50.9	7
파일항타기		작업	70.1~76.0	73.9/73.1	68.7~70.3	69.6/68.5	6
진동 파일항타기		작업	64.1~69.4	67.9/67.3	56.0~64.6	61.2/59.5	3
소구경 암반드릴		작업	48.7	48.7	42.0	42.0	1
암반드릴		무부하	21.4~26.9	24.9/24.2	15.0~20.4	18.5/17.7	4
		작업	32.0~47.2	44.6/41.9	26.4~40.1	37.3/33.3	
콘크리트 펌프카	305~340	공회전	26.2	26.2	20.1	20.1	1
		무부하	29.9	29.9	15.4	15.4	
		작업	33.3	33.3	26.1	26.1	
콘크리트 피니셔		작업	29.5~35.9	33.8/32.9	27.3~27.6	27.5/27.5	2
아스팔트 피니셔		무부하	25.4	25.4	27.1	27.1	1
		작업	32.6	32.6	32.4	32.4	
브레이커	<500kg	작업	57.9	57.9	45.9	45.9	1
	>500kg	무부하	37.8	37.8	15.1	15.1	1
		작업	45.8~76.7	68.4/55.0	37.0~67.6	60.0/48.3	7
크레인	–	무부하	27.2	27.2	20.0	20.0	1
		작업	27.3~34.6	31.4/30.1	21.0~26.6	24.0/23.4	3

6.2 진동의 영향

1) 진동이 인체에 미치는 영향

진동이 인체에 미치는 영향은 심리적인 피해와 생리적인 피해로 구분되며, 심리적인 면에서는 개인이 갖고 있는 감정이나 분위기에 의해 크게 좌우되므로 개인차가 매우 크다. 생리적인 반응은 객관적인 심리현상, 호흡, 맥박, 신진대사 등의 변화를 의미하며 심리적인 면에 비하여 개인적인 차가 크지는 않다.

높은 수준의 진동을 일정 시간 이상 전신에 받게 되면 순환기계, 자율신경, 내분비계 등에 생리적인 영향을 미치게 되나, 낮은 진동이 생리적인 피해를 직접적으로 야기하는 경우는 드물다. 특히 우리는 실제 생활에서도 차량 탑승 시 10kine(cm/sec) 이상의 상당한 수준의 진동에 노출되어 있으나, 특별한 신체적 이상 증상이 없는 것으로 볼 때 공사장에서 발생한 1.0kine 이하의 진동피해는 대부분 심리적인 것으로 볼 수 있다. 이러한 진동의 심리적인 영향은 노출된 환경에 따라 다르게 작용한다. 사전경고 없이 진동에 노출될 경우 불쾌감이 증폭되며, 소음과 같은 요소와 병행하여 발생할 경우에는 더 크게 부각된다.

아직까지 진동에 의한 피해는 대부분 구조물의 균열 등의 피해이며 진동으로 인한 인체에 대한 피해가 소송으로 발전한 경우는 거의 없다. 그러나 법적인 기준은 인체에 대한 기준이므로 공사장 현장에서 민원에 대한 대비 등을 할 경우에는 진동레벨을 측정할 필요가 있다.

국내에서 이러한 진동에 의한 인체의 피해기준을 나타내는 국내 '소음 · 진동규제법'상의 진동기준과 진동레벨에 대한 인체의 반응 정도는 표 6.3, 표 6.4와 같다.

표 6.3 건설, 생활진동의 규제기준(대상 진동기준) (단위 : dB(V))

대상 지역 \ 시간별	주간 (06 : 00~22 : 00)	야간 (22 : 00~06 : 00)
주거지역, 녹지지역, 관리지역 중 취락지구 및 관광 · 휴양개발진흥지구, 자연환경보전지역, 그 밖의 지역에 소재한 학교, 병원, 공공도서관	65 이하	60 이하
그 밖의 지역	70 이하	65 이하

표 6.4 진도계와 진동레벨에 따른 인체반응

진도계	지진의 명칭	진동레벨	비고
0	무감	55 이하	인체로 느끼지 못함
I	미진	60 ±5	약간 느낌, 불쾌감 유발
Ⅱ	경진	70 ±5	크게 느낌
Ⅲ	약진	80 ±5	창문, 미닫이가 흔들리고 진동음이 발생

2) 진동이 구조물에 미치는 영향

(1) 독일 DIN 4150 Part 3(1986) 기준

독일의 기준은 비교적 엄격하게 규정하고 있고 진동 허용기준값과 특징은 표 6.5와 같다. 이는 충격진동에 대한 기준으로 규제값 이내로 준수될 경우 구조물에 손상을 주지 않는다는 기준이며, 진동의 측정은 기초지반 또는 최상층 바닥면에서 측정한 값으로 비교한다.

표 6.5 진동 허용기준값

<table>
<tr><th rowspan="4">항목</th><th rowspan="4">건물형식</th><th colspan="4">기준 진동속도(kine, cm/sec)</th></tr>
<tr><th colspan="3">기초</th><th>최상층 바닥면</th></tr>
<tr><th colspan="3">주파수대*</th><th rowspan="2">모든 주파수대</th></tr>
<tr><th><10Hz</th><th>10~50Hz</th><th>50~100Hz</th></tr>
<tr><td>1</td><td>상업지역, 공장지역 건물 및 이와 유사한 형식의 건축물</td><td>2.0</td><td>2.0 ~ 4.0</td><td>4.0 ~ 5.0</td><td>4.0</td></tr>
<tr><td>2</td><td>주택건물 및 부속 건축물과 활용 면에서 이와 유사한 건축물</td><td>0.5</td><td>0.5 ~ 1.5</td><td>1.5 ~ 2.0</td><td>1.5</td></tr>
<tr><td>3</td><td>특별히 진동에 민감하여 1항과 2항에 해당되지 않거나 특별히 보존가치가 있는 건축물(예, 역사적 기념물)</td><td>0.3</td><td>0.3 ~ 0.8</td><td>0.8 ~ 1.0</td><td>0.8</td></tr>
</table>

• 100Hz 이상의 주파수에서는 100Hz에 준한 값을 최소한의 기준으로 한다.

(2) 국내 기준

국내에서는 진동으로 인한 구조물의 피해에 대한 기준이 대부분 지하철공사의 기준인 표 6.6을 적용해 왔는데, 1996년에 환경부 환경분쟁조정위원회의 연구

의뢰를 받아 한국지질자원연구원에서 수행한 연구에서 제시하고 있는 건축물의 진동 허용기준이 표 6.7과 같이 제시되었다.

표 6.6 지하철공사 적용 진동 허용값 (단위 : kine, cm/sec)

구분	문화재 및 컴퓨터 시설물 주변	주택, 아파트	상가	철근 콘크리트 빌딩 및 공장
건물 기초에서의 허용진동값	0.2	0.5	1.0	1.0 ~ 4.0

표 6.7 건축물의 진동 허용기준(환경분쟁조정위원회, 한국지질자원연구원)

민감도 등급	대상 건축물	진동속도(kine, cm/sec) 주파수 대역		
		<10Hz	10~40	>40
Ⅰ	• 공업지역 및 상업지역의 철근 콘크리트조의 산업용과 상업용 건물	1.5	1.5 ~ 4.5	4.5 ~ 5.0
Ⅱ	• 주거지역의 콘크리트 벽돌조 주거건물	1.0	1.0 ~ 2.5	2.5 ~ 3.0
Ⅲ	• 조적조 시멘트 블록조의 주거건물 • 학교, 종교시설, 병원건물	0.5	0.5 ~ 1.5	1.5 ~ 2.0
Ⅳ	• Ⅲ 등급의 건물이 개축된 건물 • 역사적 보호 건물	0.25	0.25 ~ 0.75	0.75 ~ 1.0

– 이 기준값은 각 방향 성분 중 최대값을 의미하며 순간적인 충격진동에 대한 기준값임.
– 이 기준값은 건축물의 기초 지반에서 측정한 것으로 하며 건축물 내 최상층에서 계측할 경우 40Hz에 해당하는 값을 기준값으로 할 것을 제안함.

3) 진동이 콘크리트 양생에 미치는 영향

진동이 양생 중인 콘크리트에 미치는 영향으로 가장 크게 인식되고 있는 것은 콘크리트의 강도이다.

일반적으로 진동으로 인하여 콘크리트의 압축강도 및 부착강도의 저하가 발생할 가능성에 대하여 관심이 집중되어 있으나, 진동이 양생 중인 콘크리트에 미치는 영향은 강도저하와 같은 부정적인 영향뿐만 아니라 공극량 감소와 같은 긍정적인 영향이 동시에 존재한다. 이에 대해 표 6.8에서 진동이 콘크리트 양생에 미치는 긍정적인 영향과 부정적인 영향을 살펴보았다.

표 6.8 진동이 콘크리트 양생에 미치는 영향

	긍정적 영향	부정적 영향
콘크리트 강도발현과 진동	• 공극량의 감소 • 간극 폭의 감소 • 수화작용의 촉진	• 재료의 분리 • 모르타르와 골재의 부착균열 발생
콘크리트의 응결과 진동	• 공극 감소 • 초기강도 증진	• 슬럼프의 감소 • 단위수량의 증가 • 균열 유발

현장에서 발생하는 발파진동이나 말뚝항타 시의 진동은 그 진동속도나 진동가력 시점에 따라 콘크리트에 미치는 영향이 다를 수 있다. 따라서 이러한 진동의 영향을 고려하기 위해 다음과 같은 허용진동기준을 정하여 사용하고 있다.

1970년, 미국토목학회(ASCE)에서는 표 6.9와 같이 콘크리트 타설 후 12시간 이내의 콘크리트에는 0.254cm/sec의 낮은 기준을 적용하도록 하였다. 콘크리트의 재령시간이 길어질수록 허용할 수 있는 최대 진동속도가 높아진다.

표 6.9 콘크리트 양생과 허용진동속도(미국토목학회, 1970)

콘크리트 타설 후 경과시간	허용진동값(cm/sec)
0 ~ 12시간	0.254
12 ~ 24시간	1.27
1 ~ 5일	1.27 ~ 5.08 타설 후 시간과 비례적으로 증가
5일 이상	5.08

6.3 진동응답의 계측 및 절차

건물에 발생하는 진동은 일반적으로 두 가지 실험적 방법에 의해 계측되는데, 하나는 상시하중, 건설하중, 교통하중 등 어떤 가진력에 의한 구조 시스템의 응답을 알아내고 그것을 쉽게 이해할 수 있는 진동량으로 표현하는 진동응답값의 계측이 있으며, 다른 하나는 그 시스템을 측정 가능한 힘으로 가진시키고 응답과 입력의 비를 연구하여 고유진동수, 감쇠비 및 모드형상 등과 같은 구조 시스템의 고유한 특성을 알아내는 동특성 분석으로 분류된다. 이 두 가지 부류에 따른 계측절차와 고려사항을 표시하면 그림 6.5와 같다.

진동계측에 있어서 계측 데이터가 대상 시스템의 진동 특성을 올바르게 나타낼 수 있도록 계측의 모든 단계에서 면밀한 검토와 세심한 주의가 필요하다. 이를 위해서는 계측장비의 올바른 선택이 필요하며, 계측장비를 다룰 수 있는 능력을 가

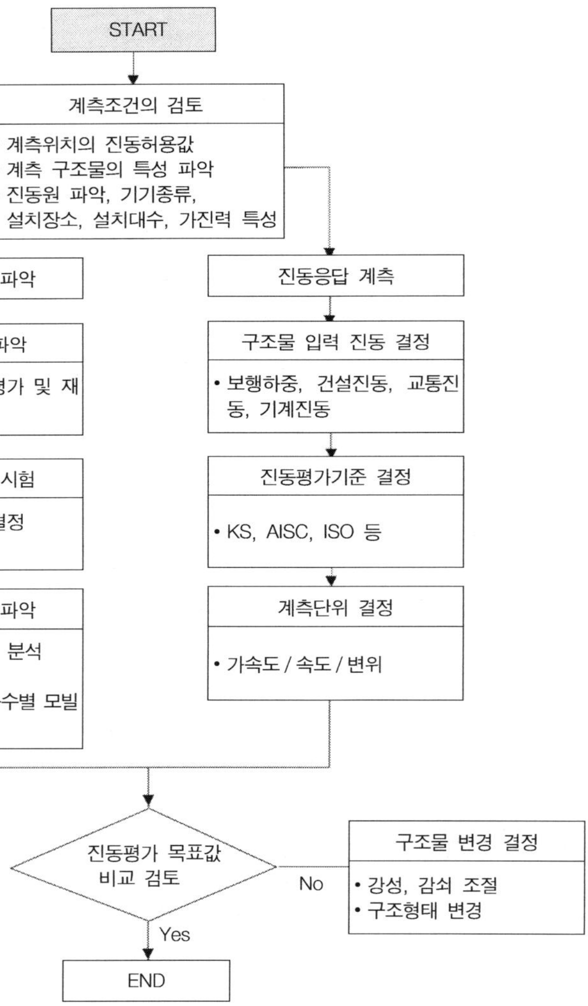

그림 6.5 진동계측 절차 및 검토사항

지고 있어야 한다. 또한 계측하고자 하는 양의 물리적 의미에 대한 이해와 함께 계측위치의 올바른 선정과 계측절차에 대한 체계적인 이해가 선행되어야 한다.

6.4 진동계측 장비의 구성

진동계측 장비는 크게 진동레벨계와 신호분석기로 분류되며, 휴대형 진동레벨계는 건설진동이나 교통진동 등을 현장에서 데시벨 단위로 간편하게 계측할 수 있는 장비이다.

또한 정밀진동 분석을 위해 가속도계, 전치 증폭기, 그리고 신호분석기가 사용되고, 경우에 따라서는 외부 필터도 포함된다. 신호분석기와 필터는 종종 한 장비로 조합되어 주파수 분석기 혹은 스펙트로미터(spectrometer)라 불리며 각 진동응답계측 시스템을 구성할 수 있다. 가진실험을 위한 가진장치로는 가진기, 태핑머신 등이 있으며, 충격하중을 가하는 장치로는 충격망치(impact hammer) 등을 이용할 수 있다. 기타 액세서리로는 케이블, 밀납, 설치 스탠드, 접지선 등이 있다.

건축 구조물의 진동을 정밀 분석 및 평가하기 위한 실시간 주파수 분석기(real time analyzer)는 많은 주파수 대역이 동시에 계산되어 연속적으로 화면에 나타난다. 실시간 분석기는 보통 디지털 출력과 원격조정 기능을 갖추고 있어 테이프 레코더와 컴퓨터에 연결하면 완전 자동분석 시스템을 구성할 수 있다.

6.4.1 진동레벨계

진동레벨이란 공해진동, 작업환경 등과 관련하여 사용되는 말로서 인체의 전신을 대상으로 하는 진동의 평가척도를 의미한다. 진동레벨계는 교류(AC) 출력 단자를 갖추고 있으므로 이 단자를 신호분석기에 연결하여 진동가속도 레벨을 측정하며 센서로도 이용할 수 있다. 취급이 용이하고 측정에 따른 온도, 습도, 바람, 소음 및 전자기적인 영향을 거의 받지 않는다. 건축구조물의 진동을 정밀 분석 및 평가하기 위하여 신호분석기를 사용하지만, 진동을 환경적인 것으로 인체의 감각과 관련지을 때 진동레벨계를 사용한다.

진동레벨계는 KSC 1507에 정한 진동레벨계 또는 이와 동등 이상의 성능을 가진 것이어야 하며, dB 단위로 지시하는 것으로 견고하고 빈번한 사용에 견딜 수 있어야 하며 항상 정도를 유지할 수 있어야 한다.

또한 진동레벨계에서 측정 가능한 주파수는 1~90Hz 이상이어야 하며 측정 가능한 진동레벨의 범위는 45~120dB이어야 한다.

진동 픽업의 횡감도는 규정 주파수에서 수감축감도에 대한 차이가 15dB 이상이어야 하고 지시계의 눈금오차는 0.5dB 이내여야 한다.

진동레벨계의 계측 장면을 그림 6.6과 그림 6.7에 나타냈다.

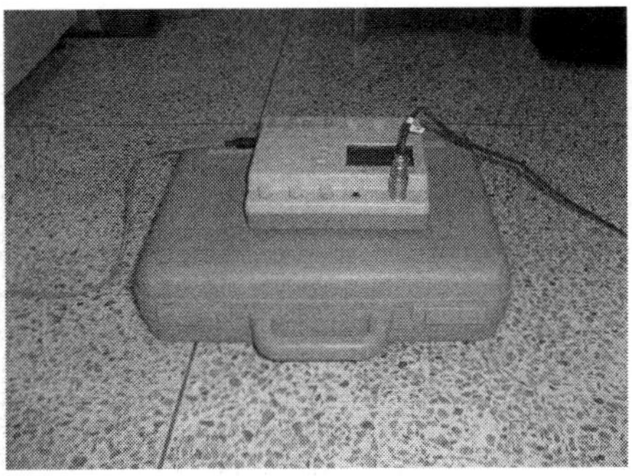

그림 6.6 진동레벨계

그림 6.7 진동레벨 계측 센서

6.4.2 주파수 분석기

주파수 분석기란 센서로 측정한 물리량의 신호를 계측기나 변환기가 받아들여 물리적인 의미를 가지는 데이터로 변환하는 것을 말한다. 주파수 분석기 또는 FFT(Fast Fourier Transform)가 있으며, 주파수 분석기는 측정한 신호가 시간의 변화에 따라 진동의 크기가 변하는 것을 측정하고 이를 주파수의 변화에 따른 진동변화의 값으로 나타낸다. 시간이력으로 계측된 모든 데이터는 FFT분석을 하고 진동가속도값을 옥타브 분석하여 데시벨(dB)로 전환하는 방법도 있다.

주파수 분석을 하는 목적은 시간신호를 푸리에 변환하여 주파수 대역이 광대역(broad band) 또는 협대역(narrow band)에 분포하는 각 주파수의 성분을 알기 위함이다. 주파수 분석 시에는 진동신호 중에서 대상 주파수 범위에 포함된 것을 통과하게 하는 밴드 패스(band pass) 필터를 사용한다. 필터에서 통과하는 대역이 전체 주파수에 걸쳐 연속적으로 변화할 때 각 주파수 대역에 대한 레벨을 얻을 수 있다.

주파수 분석기의 계측 장면을 그림 6.8에 나타냈다.

그림 6.8 동적 주파수 분석기

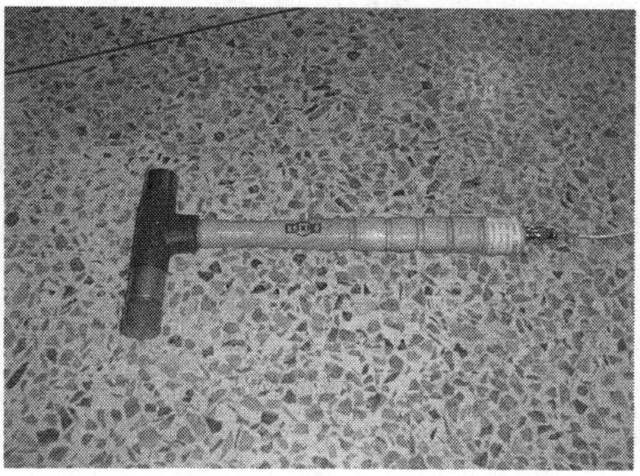

그림 6.9 충격망치(Dytran 5805A)

■ 주파수 분석기의 주요 기능

① 가속도계를 통한 진동응답을 디지털 신호화하며 시간, 진동수 이력으로 측정된 데이터를 FFT 분석한다.

② 동시에 가속도계 2개의 신호를 측정하고 분석한다.

③ 임의의 응답신호에 대한 모드해석 및 모드 형상의 애니메이션 제공

④ 회전속도가 변하는 기계의 소음 및 진동, 회전속도 측정

⑤ 실시간 옥타브 분석, 1/3 옥타브 분석하여 데시벨(dB)로 전환한다.

⑥ 충격응답 스펙트럼 분석으로 충격하중의 잠재적 손상을 특성화 할 수 있으며 감쇠계수 및 고유진동수를 알 수 있다.

6.4.3 진동평가 단위

일반적인 진동계측은 계측점의 변위, 속도 또는 가속도 등의 결과로 표현하게 되지만, 이 값들을 공통적으로 비교하기 위해 도입된 개념이 무차원 양인 진동수준으로 대수척도인 데시벨(dB) 단위이다.

이 가운데 진동가속도 레벨(VAL : Vibration Acceleration Level)은 진동의 가속도를 dB단위로 나타낸 것으로 진동량을 평가하는 데 널리 사용되며, 다음 식 (6.1)로 정의된다.

$$VAL = 20\log_{10}(A/A_0)(\text{단위 : dB}) \tag{6.1}$$

여기서, A : 가속도의 실효값(rms)

A_0 : 기준 가속도(10^{-5}m/sec^2)

식 (6.1)로 정의된 진동가속도 레벨은 인체감각 등과는 관계없는 물리량의 표시인데, 진동의 인체 또는 건물 등에 미치는 영향은 진폭과 진동수에 의존하며, 또 연직진동과 수평진동에서는 감지방법이 다르다. 그래서 ISO의 인체의 진동에 대한 진동 폭로기준에 의하여 가속도 레벨에 주파수에 의한 인간의 진동감각의 보정을 가한 것을 진동레벨이라 한다.

연직 방향에 대하여 진동레벨을 식으로 정의하면 식 (6.1)에 있어서 A_0를 다음 식과 같이 주파수마다 보정한 것으로 된다.

$$1 \le f \le 4 \quad A_0 = 2 \times 10^{-5} f^{-1/2}(\text{m/sec}^2)$$

$$4 \le f \le 8 \quad A_0 = 10^{-5}(\text{m/sec}^2)$$

$$8 \le f \le 90 \quad A_0 = 0.125 \times 10^{-5} f^2(\text{m/sec}^2)$$

진동을 평가하고 기준을 정하는 데 있어서 어느 단위를 쓰는가에 대해서는 여러 가지 의견도 있지만, 1999년에 개정된 '소음진동규제법 시행규칙'에서는 데시벨(dB) 단위를 사용하도록 되어 있다.

또한 지하철공사 등의 발파진동으로 인한 건물의 진동피해에 대한 평가단위로 진동속도를 사용하고 있지만, 진동속도의 피크(peak)값과 진동레벨 사이에는 이론적으로 진동수 8Hz 이상에서는 식 (6.2)와 같은 관계식이 성립하므로 진동레벨을 사용해도 큰 차이는 없는 것으로 판단된다.

$$Y(\text{dB}) = 20\log_{10} V + 71 \tag{6.2}$$

여기서 V(mm/sec)는 진동속도의 피크값, Y(dB)는 진동레벨이다.

건설장비나 교통수단 또는 산업용 설비에 의해 발생되는 진동은 주변의 환경과 건축물에 영향을 주는 원인 중 하나이고, 이러한 진동원의 대표적인 예는 철도차량, 항타나 프레스 및 발파작업 등과 같은 건설공사장 등 다양하다. 이와 같은 환경에 피해를 끼치는 진동은 지표면을 통해 전달되며 측정단위로 속도의 경우 mm/sec, 가속도의 경우 m/sec^{2}을 사용한다. 진동에 의해 건물이 영향을 받는 경우는 속도의 최대값이 선호되고 있으며, 환경진동이 인체에 영향을 미치는 경우는 속도나 가속도의 단위로 표현하는 것이 적합하다.

또한 바닥구조의 진동으로 인한 사용성 평가를 위해서는 일반적으로 진동측정 시 가속도의 단위를 많이 사용하는데, 건물의 대부분이 장스팬임을 생각하면 건물의 사용자가 가장 민감하게 느낄 수 있는 것이 진동멀미이기 때문이다. 해외 기준에서도 ISO 2631 표준규격을 보면 진동의 강도, 진동신호의 주파수 성분, 진동에 노출되는 기간 및 전달 방향에 따라 수직, 수평 방향 진동 허용기준을 가속도의 단위로 규정하고 있다.

생각해 보기

1. 강한 진동 발생 시 건축물에 유발되는 피해에 대하여 설명하시오.

2. 기계 및 외부 가진원에 의한 진동의 종류에 대하여 설명하시오.

3. 진동계측 장비의 종류에 대하여 설명하시오.

제 7 장

안전진단 사례
(○○골프장 지하주차장)

7.1 개요

7.1.1 진단 배경 및 목적

1) 진단 배경

진단대상 건축물인 경기도 용인시에 위치한 '○○골프장 지하주차장'은 현재 주차시설 용도로 사용하고 있다. 현재 구조체에 균열이 발생되어 있는 상태이며, 주차장의 주차면적 부족으로 인한 증축의 필요성과 일부 주차장의 캐디 대기실로의 사용 가능 여부를 판단하기 위해 본 과업을 실시하게 되었다.

2) 목적

본 정밀안전진단은 ○○골프장 지하주차장에 대한 현황 조사를 토대로 시설물에 대한 현 상태의 평가 및 일부 주차장의 증축 여부를 구조 검토 및 재해석을 실시하여 진단건물의 구조적 안전성 여부를 판단하며, 재해 예방과 시설물의 수명 연장 등 안전성 확보와 합리적인 유지관리를 하기 위하여 그에 따른 보수·보강방법을 제시하는 데 목적이 있다.

그림 7.1 ○○골프장 지하주차장 전경

7.1.2 건물 개요

① 건물명 : ○○ 골프장 지하주차장

② 위 치 : 경기도 용인시

③ 용 도 : 주차시설

④ 지 역 : 경지지역, 산림보호지역

⑤ 층 수 : 지하 1층

⑥ 구 조 : 철근 콘크리트조

⑦ 건축면적 : 7,196.5m^2

7.1.3 진단업무의 범위 및 내용

1) 진단업무의 범위

본 진단업무는 경기도 용인시 내사면 대대리 정수리 일원에 위치한 『○○골프장 지하주차장』에 대한 정밀안전진단이다.

2) 진단업무의 내용

본 업무는 관련자료 검토, 현장조사, 구조해석 및 안전성 평가와 보수·보강안, 검토 등 4단계로 나누어 실시되었으며, 업무의 내용은 다음과 같다.

(1) 관련자료 검토

(2) 건축물의 현황 조사

① 균열 및 하자 조사
② 콘크리트의 압축강도 조사
③ 철근배근 상태 조사
④ 부재치수
⑤ 중성화 조사
⑥ 처짐 조사
⑦ 지하주차장 상부 정원 흙 높이 조사

(3) 구조체의 응력 해석 및 안전성평가

(4) 보수 및 보강방안

(5) 종합 결론

7.1.4 진단업무 흐름도

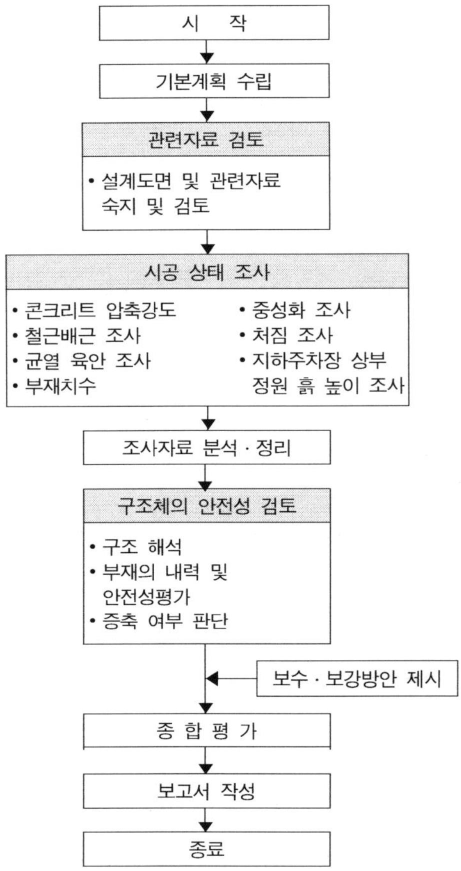

그림 7.2 진단의 업무 흐름도

7.2 건축물에 대한 현황 조사

7.2.1 균열 및 하자 조사

구조물은 시간이 경과함에 따라 내외적 요인에 의하여 표면 붕괴, 박리 등 열화현상이 발생하게 된다. 이러한 열화현상 중 균열의 발생은 일반적으로 구조내력, 내구성, 수밀성, 기밀성을 저하시키게 되고 균열부위를 따라 수분이 침투하게 되면 동결, 융해작용 등에 의해 구조체에 손상이 급속히 진전하게 되어 철근콘크리트 구조물에 급격한 악영향을 끼치게 되며 내구연한의 단축을 초래한다.

따라서 본 진단기관에서는 대상 구조물에 대하여 현장여건상 조사가 가능한 범위 내에서 균열의 발생현황, 누수현상 등 열화현상들을 조사하였다.

1) 균열 및 하자 조사 결과(표 7.1 참조)

본 진단 건물에 발생되어 있는 균열 및 하자 조사는 조사 가능한 부재를 대상으로 실시하였다.

① 지상 1층 바닥 가~하/20~29열의 일부 슬래브와 보에서 0.1~0.3mm 정도의 휨 및 전단균열이 발생되어 있으며, 일부 보와 슬래브에서 누수 백화현상도 발견되었다.

② 지상 1층 바닥 슬래브(28~29/차~카)와 보(사~아/28)에서 콘크리트 박락현상이 발견되었다.

③ 지상 1층 바닥 목공실(34A~35A/다~라 열과 34A~35A/가~나 열) 부분은 다수의 균열 및 누수로 인하여 심하게 손상되어 있었다.

④ 지상주차장의 난간부분에 다수의 균열이 발생되어 있었으며, 일부는 보수를 한 상태이며 일부 구간은 조적벽체와 콘크리트 구조체 사이가 이격되어 있었다.

표 7.1 균열 및 하자현황

균열 및 하자 사진	내용
	1층 바닥 보-난간 균열현황

균열 및 하자 사진	내용
	지상층 난간벽체 균열현황
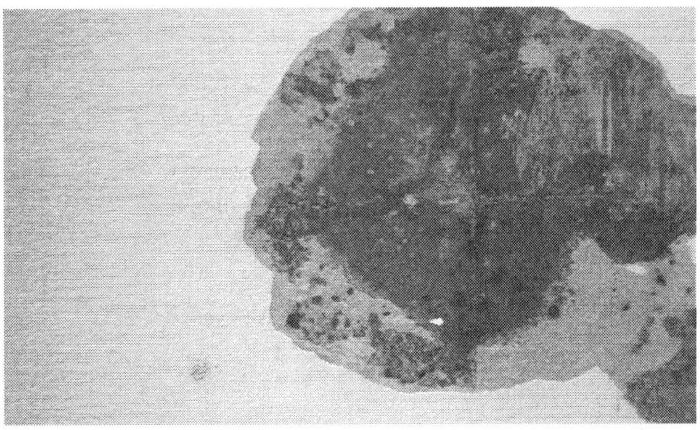	1층 바닥슬래브(33A~34A/나~다) 철근노출
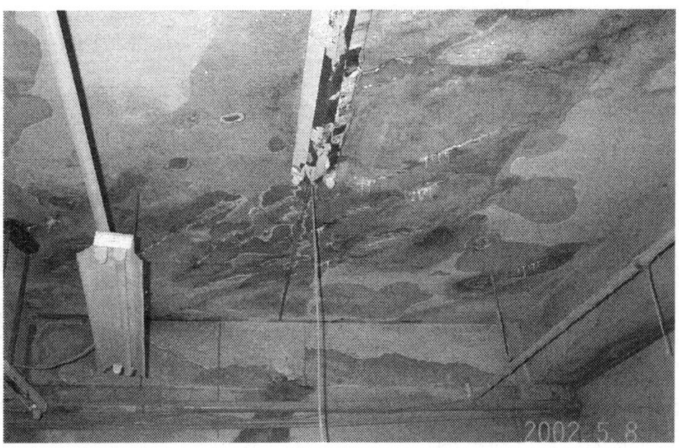	1층 바닥슬래브(34A~35A/다~라) 균열 및 누수 · 백화

균열 및 하자 사진	내용
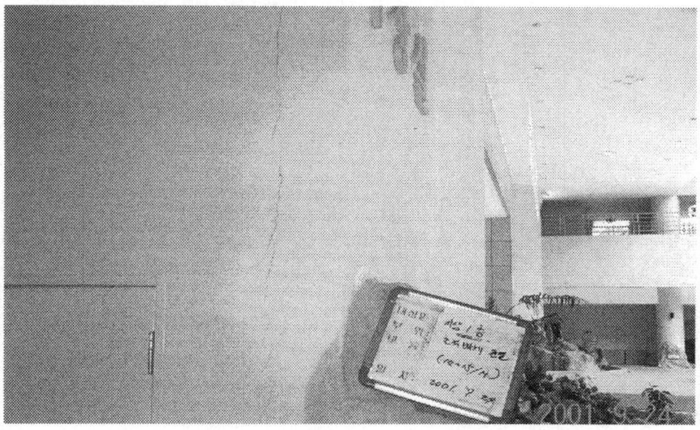	건물 내부 조적벽체 균열현황
	램프 진입부 보 균열 · 박락
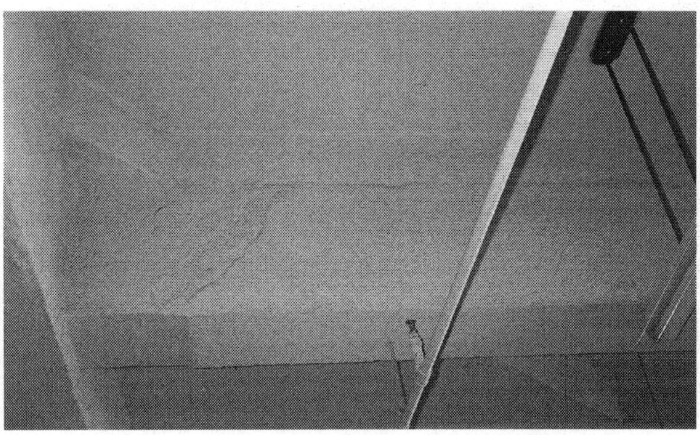	보 균열현황

7.2.2 철근배근 조사

본 건물의 구조체에 대한 철근배근 상태 조사는 조사 가능한 위치에서 비파괴 장비인 Ferroscan System FS 10을 이용하여 철근배근 상태를 측정하였다.

1) 측정기구(Ferroscan System FS 10)

① RS 10 Scanner

② RV 10 Monitor

③ 눈금종이와 자 : 모눈종이는 철근탐지기 RV 10/RS 10으로 탐지되는 600×600mm 구간 표시

④ TCU 12H 충전기

⑤ RB 10 배터리

2) 측정방법

① 상기의 장비를 결합한 후 작동자가 원하는 신호음의 볼륨, 날짜, 시간 및 사용언어 선택

② 측정 부재(기둥, 보, 슬래브)의 마감면 위를 이동할 때 철근이 배치된 위치에서 벨이 울린다.

③ 자가판독 시스템 작동 → 분석 실시

④ PC로 데이터 전송 → 후처리의 규격 등은 줄자를 사용하여 측정하였다.

3) 조사 결과

철근배근 조사는 조사 가능한 부위를 대상으로 비파괴 장비를 사용하여 조사하였다. 철근배근 조사 결과는 구조도면과 대부분 일치하는 것으로 나타났다.

표 7.2는 현장조사 결과에서 조사한 사항을 나타내고 있다.

표 7.2 철근배근 조사

위치	부재		구조도면		현장조사		조사번호	비고
지하 1층	-1C 12		주근	10-HD25	주근	10EA	#738 #739	
			대근	D13@200	대근	@200		
	-1C 13		주근	12-HD22	주근	12EA	#747	
			대근	D10@250	대근	@250		
1층 바닥	1B 15	중앙부	하부근	7-HD25	하부근	5EA	#742	2단 배근
			전단근	D16@150	전단근	@200		
		단부	하부근	4-HD25	하부근	-	#741	
			전단근	D16@150	전단근	@150		
	1B 19	중앙부	하부근	4-HD25	하부근	4EA	Q.S	
			전단근	D16@150	전단근	@200		
		단부	하부근	3-HD25	하부근	-	Q.S	
			전단근	D16@150	전단근	@200		
	1B 20	중앙부	하부근	7-HD25	하부근	5EA	#733	2단 배근
			전단근	D16@150	전단근	@200		
		단부	하부근	5-HD25	하부근	-	#732	
			전단근	D16@150	전단근	@200		
	1G 20	중앙부	하부근	7-HD25	하부근	5EA	#731	2단 배근
			전단근	D16@150	전단근	@200		
		단부	하부근	5-HD25	하부근	-	#730	
			전단근	D16@150	전단근	@200		

* Q.S : QUICK SCAN

그림 7.3 철근배근 조사

7.2.3 콘크리트 압축강도

1) 개요

건물 구조체의 콘크리트 압축강도는 비파괴시험방법인 반발경도법을 사용하였다. 반발경도법은 타격법 중 하나의 방법으로 콘크리트의 표면을 해머로 타격하여 표면의 손상 정도나 반발경도를 측정한다. 현재 각국에서는 반발경도를 구하는 슈미트 해머법이 가장 널리 사용되고 있다. 슈미트 해머법은 콘크리트의 강도에 따라 반발경도가 변화하는 성질을 이용한 방법이다.

2) 원리

반발경도법의 원리는 슈미트 해머로 경화 콘크리트면을 타격 시 반발도(R)와 콘크리트의 압축강도(F_c)와의 사이에 특정 상관관계가 있다는 실험적 경험을 기초로 한다. 타격 시 해머 내의 중추 반동량을 반발도(R)로 표시하며, 이 반발도의 크기에 따라 콘크리트의 압축강도를 추정한다.

타격 시의 반발도는 타격에너지 및 피타격체의 형상, 크기, 재료의 물리적 특성과 관계되는 물리량에 따라 다를 수 있다.

3) 검사방법

(1) 측정대상

콘크리트 공시체를 사용할 경우 정육각형, 각주형, 원주형 모두 이용 가능하다. 그러나 슈미트 해머 적용 시에는 한 변의 길이가 200mm 이상인 정육각형이나 각주형 공시체를 이용하도록 한다. 그 이유는 각 측정 단면에 대한 타격점이 평면 내에 있도록 하고, 면에 대해 수직타격이 용이하도록 하기 위함이다.

콘크리트 공시체를 타격할 시에는 압축바이스 등으로 공시체를 완전히 고정하고 타격에너지가 분산되지 않도록 주의해야 한다.

(2) 측정 개소의 선정

① 두께 100mm 이하의 판재, 한 변이 150mm 이하의 기둥, 보 등의 작은 치수의 부재에서 지간이 긴 것도 피한다.

② 보, 기둥 측정 시 우각부에서 최소 30~60mm 떨어진 곳에서 실시한다.

③ 측정면은 균질하고 응력상 중립축의 평활한 평면부를 설정한다.

④ 콘크리트 분리, 공극, 균열부위는 피한다.

⑤ 기둥의 경우 주두부 · 중앙부 · 주각부 등, 보의 경우는 단부 · 중앙부 등의 양 측면, $l_x/4$, 벽의 경우는 기둥, 보, 슬래브에 가까운 부분 및 중앙부 등으로 한다.

(3) 측정 면 정리

① 측정 개소가 단단히 지지되어 있는지 확인한다(지지가 불안정할 경우 R이 변할 수 있다.).

② 공시체 측정의 경우 2.5MPa 이상의 구속 압력을 가한다.

③ 도장면을 제거하고 콘크리트면을 노출시킨다(표면에 불순물이 있는 경우 R에 20~30% 오차가 발생할 수 있다.).

④ 콘크리트면을 숫돌로 평활하게 갈고 기타 부착물을 제거한 후 측정한다.

(4) 타격점의 선정

각 측정부위당 슈미트 해머의 타격점은 20점을 표준으로 한다. 왜냐하면, 건축물의 각 부위에서 실시한 강도 추정값(F_c)의 신뢰도와 타격횟수와의 관계를 보면 각 측정부위마다 20점을 타격할 경우 거의 만족할 만한 강도 추적이 가능하기 때문이다.

수직면에 직각이 되도록 서서히 힘을 가해 타격한다.

4) 강도의 판정

(1) 반발경도 측정값의 산출

① 총 20점 이상을 타격하여 얻은 R을 산술평균한다.

② 특히 반향이나 파인 곳 등 분명히 이상하다고 확인되는 개소의 값 또는 그 오차가 평균 약 20% 이상이 되는 경우는 그 측정값을 버리고 이것에 대신하는 측정값을 보충하여 평균값을 구한다.

(2) 환산강도의 산출

① 동경도 건축재료검사소 강도 추정식

$$f = (10R - 110) \times 0.098\ (\mathrm{MPa}) \quad (7.1)$$

여기서 R : 측정반발경도

② 위와 같은 방법으로 구한 콘크리트 환산 강도에 타격 방향, 재령, 압축응력에 의한 보정계수를 곱하여 보정한 다음 식 (7.1)에 대한 평균값을 산정한다(표 7.3 참조).

5) 측정 결과

비파괴시험방법인 슈미트 해머법으로 조사된 구조체의 콘크리트 압축강도는 평균 26MPa로 조사되었으며, 이는 구조체 안전성 검토의 기초자료로 사용되었다.

표 7.3 반발경도 보정값

반발경도	보정값				비고
	+90°	+45°	−45°	−90°	
10			+ 2.4	+ 3.2	상향 수직타격 +90°
20	− 5.4	− 3.5	+ 2.5	+ 3.4	
30	− 4.7	− 3.1	+ 2.3	+ 3.1	
40	− 3.9	− 2.6	+ 2.0	+ 2.7	하향 수직타격 −90°
50	− 3.1	− 2.1	+ 1.6	+ 2.2	
60	− 2.3	− 1.6	+ 1.3	+ 1.7	

표 7.4 재령에 의한 보정계수

재령(일)	4일	5일	6일	7일	8일	9일	10일	11일	12일	13일
보정계수	1.90	1.84	1.75	1.72	1.67	1.61	1.55	1.49	1.45	1.40
재령(일)	14일	15일	16일	17일	18일	19일	20일	21일	22일	23일
보정계수	1.36	1.32	1.28	1.25	1.22	1.18	1.15	1.12	1.10	1.08
재령(일)	24일	25일	26일	27일	28일	29일	30일	32일	34일	36일
보정계수	1.06	1.04	1.02	1.01	1.00	0.99	0.99	0.98	0.96	0.95

(표 계속)

재령(일)	38일	40일	42일	44일	46일	48일	50일	52일	54일	56일
보정계수	0.94	0.93	0.92	0.91	0.90	0.89	0.87	0.87	0.87	0.86
재령(일)	58일	60일	62일	64일	66일	68일	70일	72일	74일	76일
보정계수	0.86	0.86	0.85	0.85	0.85	0.84	0.84	0.84	0.83	0.83
재령(일)	78일	80일	82일	84일	86일	88일	90일	100일	125일	150일
보정계수	0.82	0.82	0.82	0.81	0.81	0.80	0.80	0.78	0.76	0.74
재령(일)	175일	200일	250일	300일	400일	500일	750일	1000일	2000일	3000일
보정계수	0.73	0.72	0.71	0.70	0.68	0.67	0.66	0.65	0.64	0.63

표 7.5 콘크리트 압축강도 조사 결과 표

구분	1층 바닥슬래브 (24~25/다~라)					1층 바닥슬래브 (나~다/28~29)				
타격값 (R)	58	58	59	56	58	52	52	52	54	48
	58	60	58	60	61	47	47	0	50	45
	56	58	52	56	56	45	49	48	54	51
	54	56	56	54	0	49	52	50	52	48
타격각도에 따른 보정계수	90/−2.54					90/−3.18				
타격 평균값(R_0)	57					50				
재령에 따른 보정계수(α_n)	0.63					0.63				
추정 압축강도(F_c, MPa)	26.8					22.1				
구분	1층 바닥슬래브 (다~라/27~28)					1층 바닥슬래브 (33A~34A/나~다)				
타격값(R)	59	54	55	53	58	44	48	47	40	42
	56	57	54	58	58	44	42	44	45	46
	58	56	58	58	58	44	46	44	44	49
	57	56	58	58	58	42	45	46	44	46
타격각도에 따른 보정계수	90/−2.62					90/−3.58				
타격 평균값(R_0)	57					45				
재령에 따른 보정계수(α_n)	0.63					0.63				
추정 압축강도(F_c MPa)	26.8					18.8				

그림 7.4 강도 조사

7.2.4 부재치수 조사

1) 개요

본 건물의 구조체를 대상으로 현재 시공된 부재의 크기 등을 확인하기 위하여 부재의 종류별로 실측하였다.

2) 결과

실측된 부재의 치수와 조사위치는 표 7.6과 같다. 조사된 부재의 크기는 도면과 일치하였다.

표 7.6 부재치수 조사 결과 표

부재		구조도면(mm)	실측 치수(mm)	비고(슬래브 제외)
지하 1층	−1C12	600 × 550	600 × 550	
	−1C13	500 × 500	500 × 500	
1층 바닥	1B15	500 × 900	500 × 750	
	1B19	500 × 900	500 × 750	
	1B20	500 × 900	500 × 750	
	1G20	500 × 1,400	500 × 1,250	
	1G27	700 × 1,000	700 × 850	
	1G28	700 × 1,000	700 × 850	
	1G45	450 × 800	450 × 650	

① 보의 경우는 슬래브 두께를 제외한 춤의 치수이다.

② 기둥 : 가로×세로, 보 : 폭×춤

그림 7.5 부재치수 조사

7.2.5 중성화시험

1) 개요

콘크리트 구조체의 중성화를 측정하기 위해 조사 가능한 범위 내에서 조사를

표 7.7 콘크리트 부재의 최소 피복 두께

	구 분	최소 피복 두께(mm)
현장치기 콘크리트	수중에서 치는 콘크리트	100
	흙에 접하여 콘크리트를 친 후 영구히 흙에 묻혀 있는 콘크리트	80
	흙에 접하거나 옥외의 공기에 직접 노출되는 콘크리트 • D29 이상 철근 • D25 이하 철근 • D29 이하 철근, 지름 16mm 이하의 철선	 60 50 40
	옥외의 공기나 흙에 직접 접하지 않는 콘크리트 • 슬래브, 벽체, 장선 – D35를 초과하는 철근 – D35 이하인 철근 • 보, 기둥 – 이 경우 콘크리트의 설계기준강도 f_{ck}가 40MPa 이상인 경우 규정된 값에서 10mm 저감시킬 수 있다. – 쉘, 절판 부재	 40 20 40 20

(콘크리트 구조설계기준, 국토해양부, 2012)

실시하였다. 콘크리트 부재는 그 종류와 환경적인 조건에 따라 일정치 이상의 피복 두께를 표 7.7과 같은 기준으로 확보하여 철근부식을 방지하도록 규준에 정하고 있다. 본 조사는 기둥을 대상으로 실시하였다.

2) 현장 중성화 깊이 조사

중성화 조사는 기둥을 대상으로 실시하였으며, 중성화 깊이는 1%의 페놀프탈레인 알코올용액, 그리고 버니어켈리퍼스를 사용하여 측정하였다.

조사 결과 부재의 중성화가 거의 진행되지 않는 것으로 조사되었다.

표 7.8은 중성화 시험 결과를 나타내고 있다.

표 7.8 중성화 조사 결과 표

위치		조사위치	중성화 깊이(mm)	비고
지하 1층	기둥	사/19	1	
		다/35A	1.2	

그림 7.6 중성화 조사

7.2.6 처짐 조사

1) 철근 콘크리트 슬래브의 허용처짐

설계하중을 받는 슬래브가 과도하게 처지는 경우에는 건물 사용자에게 심리적인 불안감을 주고 천장, 바닥 또는 칸막이 등에 균열을 일으키며 문 또는 창문 등의 기능을 저해한다.

바닥이나 지붕에서는 방수 등에 문제를 일으키기 때문에 부재의 설계에서 처짐에 대한 제한을 두고 있다. 현행 규준에서는 스팬에 대하여 보나 슬래브의 최소 두께를 규정함으로써 보나 슬래브가 충분한 휨강성을 가져 사용하중의 작용 상태에서 처짐에 의한 문제점이 발생하지 않도록 하고 있다.

철근 콘크리트 규준에서 정하는 최대 허용처짐은 표 7.9와 같다. 이 제한은 물 고임에 대한 안전성을 고려하지 않은 것이며, 지지 또는 부착된 구조 요소의 피해를 방지할 수 있는 적절한 조치가 취해지는 경우에는 이 제한을 초과할 수 있다.

표 7.9 최대 허용처짐

부재의 형태	고려해야 할 처짐	처짐한계
과도한 처짐에 의해 손상되기 쉬운 비구조 요소를 지지 또는 부착하지 않는 평지붕 요소	적재하중 L에 의한 즉시 처짐	$\frac{l}{180}$
과도한 처짐에 의해 손상되기 쉬운 비구조 요소를 지지 또는 부착하지 않는 바닥구조	적재하중 L에 의한 즉시 처짐	$\frac{l}{360}$
과도한 처짐에 의해 손상되기 쉬운 비구조 요소를 지지 또는 부착한 지붕 또는 바닥구조	전체 처짐 중에서 비구조 요소가 부착된 후에 발생하는 처짐 부분(모든 지속하중에 의한 장기처짐과 추가적인 적재하중에 의한 즉시 처짐의 합)	$\frac{l}{480}$
과도한 처짐에 의해 손상될 염려가 없는 비구조 요소를 지지 또는 부착한 지붕 또는 바닥구조		$\frac{l}{240}$

2) 조사방법

부재 및 바닥의 처짐량을 조사하기 위하여 컴퓨레벨(compulevel) 측량기를 사용하여 처짐량을 조사하였다. 처짐량은 아래의 그림 7.7과 같이 산정하였다.

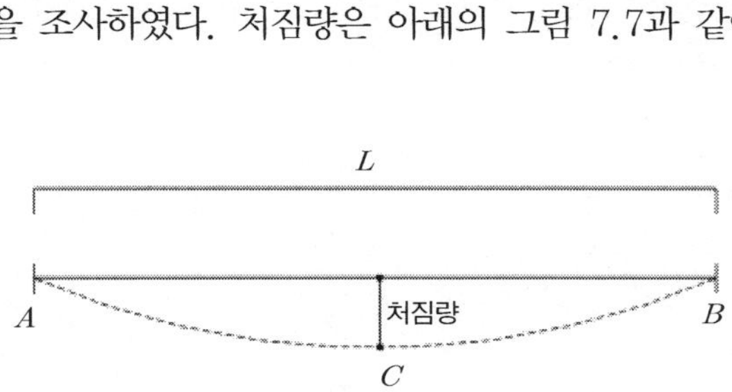

그림 7.7 처짐량 계산방법

$$처짐량= C - \frac{1}{2}(A+B)$$

3) 보 처짐 조사 결과

① 지상 1층 바닥보에 대해서 처짐을 조사하였다.

② 지상 1층 바닥보의 처짐을 측정한 결과 4.25m, 5.2m, 8.5m 길이 보의 처짐량은 각각 10mm, 4mm, 9mm 내외로 각각의 허용처짐 범위 17mm, 21mm, 35mm 내에 있는 것으로 조사되었다.

조사 결과 및 조사위치를 표 7.10 및 그림 7.8에 나타냈다.

표 7.10 1층 바닥보의 처짐 조사 (단위 : mm)

부재	측정 부위	처짐 조사(↓방향)			측정 거리 (L)	처짐량 환산값	처짐 제한값 (L/240)	비고
		A	C	B				
1층 바닥보	33A/가~나	3,038	3,032	3,006	4,250	10	17	O.K
	33A/나~다	2,990	2,962	2,928	8,500	3	35	O.K
	33A/다~라	2,906	2,900	2,902	5,200	−4	21	O.K
	자/24~25	3,392	3,366	3,344	8,500	−2	35	O.K
	자/25~26	3,340	3,325	3,294	8,500	8	35	O.K
	자/26~27	3,278	3,264	3,242	8,500	4	35	O.K
	아/25~26	3,340	3,325	3,272	8,500	19	35	O.K
	27A/나~다	2,970	2,976	3,018	8,500	−18	35	O.K

4) 지하 1층 바닥 처짐 측정 결과

측정 결과는 표 7.11에 나타냈고 측정위치는 그림 7.9에 표시하였다.

측정 결과 지반침하현상은 없는 것으로 나타났다.

표 7.11 수평 기울기 조사 결과 표 (단위 : mm)

부재	측정부위	기준점	열 번호									비고
			1	2	3	4	5	6	7	8	9	
지하 1층 바닥슬래브	25/바~머	25/차	−0.2	−0.4	−0.8	−1.2	0	−0.2	−0.8	−1.8	−4.6	
	차/21~29	25/차	−0.4	−1.8	−1.2	+0.6	0	−1.4	−1.2	+0.2	−1.4	

그림 7.8 지상 1층 바닥보 처짐 조사

그림 7.9 지하 1층 바닥 처짐 조사

7.2.7 지하주차장 상부 정원 흙 높이 조사

현재 지하주차장 상부(바~C열)는 도로 및 정원 용도로 사용하고 있는 상태이다.

일부 주차장 상부 캐디실로의 증축 여부 및 현재 구조체의 구조적 안전성 여부를 판단하기 위해 구조 검토 및 재해석을 실시함에 따른 하중을 산정하기 위하여 지하주차장 상부 흙 높이를 그림 7.10과 같이 조사하였다.

그림 7.10 지하주차장 상부 흙 높이 조사

7.3 종합 결론

7.3.1 상태평가

본 대상 건물의 주요 구조체 하자현황을 보면, 지상 1층 바닥 일부 보와 슬래브에 균열 및 누수가 발생되어 있었으며 균열로 인한 구조체의 내력저하가 우려되므로 구조물의 유지관리 측면에서 보수와 보강이 필요할 것으로 사료된다.

특히 목공실 부분(34A~35A/다~라)의 상부 슬래브에 균열 및 누수와 27열 및 나열의 지상 1층 바닥보에 휨, 전단균열이 집중적으로 발생되었다.

7.3.2 안전성평가

1) 기존 주차장 부위

현재 보 및 슬래브에 발생한 균열은 설계 당시(80년대 말) 지하주차장 지붕층의 적재하중이 4kN/m^{2}로 설계되어 현재의 차량 증가 및 차량 운전 시 진동 · 충격 등으로 인하여 균열이 발생된 것으로 판단된다.

대상 건물은 현 시점을 기준으로 하여 주차장 상부의 적재하중을 옥내 차로와 경사로의 승용차 전용 적재하중 6kN/m^{2}인 경우와 옥외의 승용차, 경량트럭 및 빈 버스 용도 적재하중이 12kN/m^{2}인 경우의 두 가지를 모두 적용하여 내력 검토를 한 결과, 적재하중을 6kN/m^{2}로 적용하였을 때는 슬래브, 보 및 기둥의 내력이 외력을 상회하는 것으로 나타났으나 적재하중을 12kN/m^{2}로 적용하였을 때는 슬래브 및 보에서 내력이 부족한 것으로 나타났다.

2) 증축부위

캐디실 증축부분은 현재 태양열 집판기가 설치되어 있으며, 초기 구조설계 시 정원 쪽의 부재와 동일하게 설계하였기 때문에 실제 재하되는 하중에 비해 부재 설계내력에 충분한 여유가 있는 것으로 나타났다.

따라서 캐디실 증축 시 상부를 경량철골조로 설계할 경우 보강이 필요하지 않으며 각 부재는 안정적인 것으로 판단된다.

지상 1층 바닥 주차장 수평증축부분은 하중증가로 인하여 기둥 C14 하부 기초

F5의 지내력이 부족하여 별도의 보강이 필요했다. 그러나 보강공사 시 평판재하시험 또는 지내력 시험을 실시하여 허용지내력이 400kN/m^{2}가 나올 경우 별도의 기초보강은 요구되지 않는다. W7 하부의 기초는 하중증가에도 불구하고 내력이 외력을 상회하여 안정적인 것으로 나타났다.

7.3.3 결론

현재 주차장은 적재하중이 약 6kN/m^2 정도에 견딜 수 있는 부재로 설계되어 있어 승용차 주차 용도로 사용하는 것에는 큰 문제가 없는 것으로 판단된다. 그러나 현재 일부 보에 전단균열이 발생되어 있는 부위는 조속한 시일 내에 에폭시 주입공법으로 보수공사를 실시해야 한다. 또한 지속적인 점검을 통해 추후 전단균열이 재발생될 경우 보의 측면을 철판($t = 4.5$mm)으로 보강하면 승용차 주차장 용도로서 안정성을 확보하여 사용할 수 있을 것이다.

캐디실 및 주차장 증축부분에서 캐디실은 보강 없이 증축이 가능하고 주차장 증축부분은 보고서에 제시된 방법으로 공사를 실시하면 증축이 가능하다.

현장 조사와 내력 검토를 토대로 본 진단대상 건물을 평가한 결과 제5장 보수 및 보강방안을 참고로 보수 및 보강공사를 실시한다면 본 건물은 안전할 것으로 판단된다.

7.3.4 주의사항

지하주차장 상부 지붕층에는 가능한 한 승용차 이외의 과하중 차량에 대해 출입을 제한하는 것이 구조물의 유지관리 차원에서 필요하다.

보수 및 보강공사 시 기존 구조체에 진동이나 손상을 주지 않도록 주의하며, 특히 보강공사 시 품질 확보에 만전을 기하도록 한다.

부록

구조진단 관련 용어

- **가소성(plasticity)** : 외력에 의해 형태가 변한 물체가 외력이 없어져도 원래의 형태로 돌아오지 않는 물질의 성질. 탄성한계점 이상의 힘이 작용할 때 나타남.
- **강섬유(steel fiber)** : 콘크리트 중에 균일하게 분산시켜 강섬유 보강 콘크리트 또는 강섬유 보강 뿜어붙임 콘크리트 제조에 사용되는 보강재. 모르타르 및 콘크리트 보강용 강섬유는 직경 0.1~0.5mm, 길이 10~15mm로서 재질은 주로 탄소강이며 용도에 따라서 스테인리스강이 사용됨. 부착강도를 개선하기 위한 제련의 유·무에 의해 스트레이트섬유와 이형섬유로 분류되며, 일반적으로 강섬유의 부착강도를 높이는 수단으로 그 단면을 축방향에 일정하게 비탄성 가공 및 끝부분을 가공하여 정착효과를 높임.
- **강성(stiffness)** : 구조물 또는 그것을 구성하는 부재는 하중을 받으면 변형하는데, 이 변형에 대한 저항의 정도, 즉 변형의 정도.
- **개수(improvement)** : 노후된 건축물 또는 그 부품의 성능 및 기능을 초기 수준 이상으로 개선하는 것.
- **거북등 균열(alligator crack)**

  ① 불안정한 노상이나 아스팔트 포장의 표층이 지나친 휨 작용으로 발생하는 균열.

  ② 거북등과 같이 블록 형상의 연속된 균열. 망상(網狀)균열이라고도 함.

- **건조수축(drying shrinkage)** : 재료가 건조함에 따라 그 함유된 수분을 방출함으로써 체적 또는 길이가 수축하는 현상. 물체 안의 모세관이 흡수한 물의 양에 따라 수축하는 정도가 달라지고 이렇게 수축할 때에는 훅의 법칙을 따름.
- **건축물 기울기** : 건축물의 기울어진 정도로서, 건축물 상단의 수평변위를 건축물 높이로 나눈 각변위로 표현.
- **결합재(binders)**
  ① 시멘트로 굳게 하는 재료. 시멘트, 수화물 또는 시멘트, 석탄, 반응성의 규산물질에 의한 것. 시멘트의 종류와 양생조건에 따라 형성되는 결합재의 종류가 정해짐.
  ② 응집력이나 접착력이 있어 물질을 결합하는 데 쓰는 재료.
- **경화 촉진제(accelerator of hardening)** : 시멘트의 응결을 촉진시켜 콘크리트의 조기강도를 증대시키는 혼화제. 보통 염화칼슘이나 규산나트륨이 사용됨.
- **고로 슬래그 미분말(ground granulated blast furnace slag)** : 급랭한 고로 슬래그를 분쇄한 미분말.
- **골재(aggregate)**
  ① 모르타르 또는 콘크리트를 만들기 위해 시멘트 및 물과 혼합반죽하는 모래, 자갈, 부순돌 기타 이와 유사한 입상의 재료.
  ② 주로 모래와 자갈을 사용하는데, 낱알의 지름에 따라 No.4체에서 거의 다 남는 굵은 골재, 10mm 망을 전부 통과하고 5mm 망을 무게로 85% 이상 통과하는 잔골재로 나뉨.
- **내구성** : 건축물 또는 부재의 노후화에 대한 저항성.
- **내용연수** : 성능의 저하로 인하여 건축물을 더 이상 사용할 수 없게 되기까지의 연수.
- **내하력** : 구조물 또는 부재가 외력에 대항하여 저항할 수 있는 능력.
- **노후도** : 노후화 현상의 정도를 나타내는 지표.
- **노후화(degradation)** : 장기간에 걸쳐 각종 인위적 · 자연적 원인에 의해 건축물 또는 그 부분의 성능이나 기능이 저하되는 것.
- **단면내력비** : 외력에 의해 발생하는 응력에 대한 부재내력의 비, 소요강도에 대한 설계강도의 비.
- **대표평가기준** : 설비 노후도를 평가하는 대표적인 평가기준으로, 주로 외관조사에 의하여 전문가가 평가하는 기준을 말함.
- **동결융해** : 물이 동결되거나 융해되면서 체적이 팽창 수축되는 현상.

• **리모델링**

① 건축물 전체 또는 부분의 기능 및 성능에 노후화 또는 진부화 등이 발생할 경우 보수, 수선, 개수 또는 증축, 개축(rebuilding) 등의 방법으로 그 기능 및 성능을 사용목적에 적합하도록 유지 또는 개량하거나, 불필요한 성능 또는 기능의 삭제 또는 새로운 기능 및 성능을 추가시키는 것.

② 건축물의 노후화 억제 또는 기능향상 등을 위하여 증축, 개축 또는 대수선하는 행위. (건축법 시행령 제6조)

• **백화** : 콘크리트 및 조적조 표면에 발생되는 흰색의 수용성 침전물.

• **보강** : 구조물 또는 부재의 안전성, 기능 및 사용성 등의 향상을 위하여 내력을 증진시킬 목적으로 실시하는 조치를 말함.

• **보수(maintenance)** : 건축물의 초기성능 및 기능을 유지할 목적으로 주기적 또는 연속적으로 소부품 등을 교체하는 등의 경미한 작업.

• **브레이스** : 목구조나 철골구조의 벽체에서 사선방향으로 빗대어 수평방향의 힘을 보강하는 경사부재.

• **비용분석** : 개 · 보수 비용(구조체 보수 · 보강 비용 및 성능회복 비용)과 재건축 비용을 LCC 관점에서 비교 · 분석하는 것을 의미하며, 편익은 고려하지 않음.

• **사용연수** : 건축물, 설비시설의 준공 혹은 변경 후 사용한 기간을 의미하며 경과연수라고도 함.

• **생애주기 비용(Life Cycle Cost_LCC)** : 건축물의 기획 · 설계, 건설, 유지(운용)관리, 폐기 · 처분의 각 단계에서 발생하는 비용을 합한 총비용.

• **성능회복** : 주택의 생애주기(Life Cycle)에 따라 진행되는 노후화와 사회적 진부화에 대응하기 위한 수선행위를 의미하며, 구조체 보수 · 보강을 제외함.

• **손상** : 구조물 또는 부재에 발생된 기능 및 성능저하로 인하여 경우에 따라서는 보수 또는 보강이 요망되는 상태.

• **수선(repair)** : 노후된 건축물 또는 그 부분의 성능 및 기능을 원상(건설 초기의 수준) 또는 실용상 지장이 없는 상태까지 회복시키는 것.

• **안전진단** : 현지조사 결과, 안전진단 실시로 결정된 경우에 구조안전성, 건축 마감 및 설비노후도, 주거환경, 비용 분석의 각 분야에 대하여 세부 평가 항목별 평가를 실시하고, 평가 결과를 종합하여 유지 · 보수, 조건부 재건축, 재건축 실시 여부를 판단하기 위한 평가행위.

- **연가법** : 매년 발생하는 유지비 등 생애주기 동안 불규칙적으로 발생하는 미래 비용을 생애기간 동안의 균등비용으로 환산하는 방법.
- **유지관리** : 건축물의 성능평가 시 적절한 상태로 유지할 목적으로 실시하는 유지보전의 모든 활동 및 그 관련 업무를 효과적으로 실시하기 위한 관리활동.
- **유지관리비** : 일반관리비, 청소비, 오물수거비, 소독비, 승강기 유지비, 난방비, 급탕비, 수선유지비, 공동 에너지비, 세대별 에너지비, 장기수선비(특별수선충당금) 등을 포함.
- **유지보수** : 일상적 유지관리+보수.
- **일상적 유지관리** : 유지관리 시기에 대한 판단 및 유지관리방법 등에 있어서 고도의 기술적 지식을 필요로 하지 않는 것으로, 당해 시설의 사용자 또는 소유자가 스스로 판단하여 특별한 안전, 방재 등의 조치를 취하지 않고 실시할 수 있는 유지관리를 말함.
- **조건부 재건축** : 안전진단 결과, 시급히 재건축을 시행할 정도로 구조 · 건축 마감 및 설비 등의 노후도가 심각한 상태가 아닌 경우, 시장 · 군수 또는 구청장이 주택 재고, 주변 환경 등을 고려하여 시기를 조정한 후 시행을 결정하는 재건축. 안전진단 결과 성능점수가 31~55점(또는 D등급)을 받은 경우가 여기에 해당함.
- **진부화(obsolescence)** : 사회적, 기술적 상황(정세)변화에 따라 사물의 기능, 성질 등의 상대적 가치가 저하하는 것.
- **코어공시체** : 재료의 성질을 시험하기 위해 일정한 규격에 따라 만든 시험용 코어.
- **콘크리트 동해** : 콘크리트 속의 수분이 동결융해(凍結融解)를 반복한 결과 갈라짐이 발생한다든지, 콘크리트의 표층이 벗겨져 떨어진다든지 하여 표층부분으로부터 파괴하여 점차로 열화(劣化)하는 현상.
- **표면노후화** : 콘크리트 표면이 사용환경, 열작용, 화학작용 등에 의해 손상되어 팝아웃, 박리, 박락, 철근노출 등이 생기는 현상.
- **헌치** : 연속보의 지점부나 라멘의 절점 부근에서 응력집중의 완화.

이중원

연세대학교 건축공학과 공학박사, 건축구조기술사
(주)쌍용건설, (주)SK건설 근무
한국콘크리트학회 이사(2015–2016)
현, 신안산대학교 건축과 교수
주 연구 분야 ; 건식 조적조 내진성능, 콘크리트 내화성능

최광호

연세대학교 건축공학과 공학박사
(주)쌍용건설 기술연구소 근무
한국콘크리트학회 부회장(2015–2016)
현, 남서울대학교 건축공학과 교수
주 연구 분야 ; RC 및 PSC 내화성능

김세환

건국대학교 건축공학과 공학박사
(주)엘씨엠, (주)위드엠텍 근무
건국대학교, 신안산대학교, 동원대학교 겸임교수
현, Black Buffalo 3D(구 HISYS(주)) 근무

철근콘크리트 구조물의 안전진단기술

2015년 8월 30일 1판 1쇄 발행
2022년 8월 25일 2판 1쇄 발행
2023년 8월 30일 2판 2쇄 발행

저 자	이중원 최광호 김세환
발 행 인	강 해 작
발 행 처	기 문 당
주 소	서울시 성동구 무학봉 28길 4-1
전 화	02) 2295-6171(代)~5
팩 스	02) 6971-8188
홈페이지	http://www.kimoondang.com
출판등록	1976. 10. 7(1-44)
I S B N	978-89-6225-968-1 93540